JN260297

グローバル・ファッションマーケティングの構図と戦略

―理論と事例研究―

鄭　玹朱著

文眞堂

はしがき

　ファッション産業は，1990年代に入って本格的に到来したグローバル化の時代の中で，新たな局面に立たされ，解決すべき諸課題に直面している。その第1の課題は，消費市場が成熟化し市場が細分化している中で，どの商品をファッション商品として選び出し付加価値をあげていくかである。第2の課題は，日本のファッション産業が，欧米先進諸国のファッション産業と肩を並べるほどに確固としたポジションを如何に構築していくかである。第3の課題は，日本のファッション産業の構造改革が遅れていることと関連している。日本のファッション産業はこれまで停滞し，世界に通用する競争力を持っておらず，世界のブランドが戦略を駆使して日本市場をターゲットにしている現状をみると，日本のファッション企業はファッションをビジネスとしてきちんと捉え直し，情報化時代に対応したシステムづくりを構築していくことを急務としていることである。しかし，このような現状は，他の先進諸国や日本だけでなく，韓国のファッション産業においても同様な状況がみられる。

　ところで，本書でとりあげるファッション産業の特徴は，ファッションそのものを取り扱っているビジネスであり，ファッションというものの性格上，その時代の社会状況が反映するという意味で，静態的でなく，動態的な側面を有しており，しかも国内でのみ伝播するのでなく，グローバルな規模でかつほぼ同時に進行する，といった側面を持っている。だからこそ，ファッション産業は絶えず不確実性に直面するという点では，きわめて大きいものである。いつの時代においてもこのリスクを回避することは避けがたいが，リスクを最小限に抑えることは可能である。それが，今日にあるファッション・マーケティング戦略の構築であるといえよう。

　本書は，「グローバル・ファッションマーケティング」の構図と戦略に焦

点を合わせて，これらの手法について国際移転の視点からの日・米・韓の手法を国際比較し，今日的課題を中心としてまとめたものである。この研究課題に辿り着いたきっかけは，上記のようなことを考慮したこともあるが，もともとファッション・マーケティングに関する研究は少なく，とくにグローバル視点からの包括的かつ体系的ファッション・マーケティング戦略の研究は皆無であるといっても過言ではないからである。

　本書の構成は次のとおりである。本書の第Ⅰ部では，ファッション概念とファッション・マーケティングの概念に関する諸理論のサーベイをしている。そのうえで，日本における「初期」のファッション・マーケティング技術の移転に関する研究を試みている。第Ⅱ部では，日本と韓国との国際比較の視点から，ファッション産業の発展過程とファッション・マーケティング活動の現状，およびファッション流通システムという制度的環境要因についての類似点と相違点を分析しつつも，さらにもう1つの制度的環境要因ともいえる経済過程によって生じる各国間のファッション・マーケティングの異同について移転論の視点から検討し，「グローバル・ファッションマーケティング」の構図と戦略の方向性を提示し検討している。さらに，第Ⅲ部では，第Ⅱ部での解決すべき事柄の方法論として位置づけ，ファッション・マーケティングの情報化戦略（QRS），提携戦略，およびアウトソーシング戦略といった3つの戦略を取り上げている。それらの戦略については，日本と韓国あるいはアメリカでの事例研究をふまえながら，移転論の視点から具体的に検討している。

　本書を書き上げることができたのは，指導教授である林田博光先生からマーケティングや国際マーケティング研究に対する厳しい姿勢とともに，いつも暖かいご指導とご激励をいただいた賜物であると感謝の意を表したい。また，副指導教授である高橋由明先生からご指導をいただいたことに厚くお礼を表したい。さらに，様々な角度からご指導をいただいた中央大学の三浦俊彦先生をはじめ，斯波照雄先生，奥本勝彦先生，佐久間英俊先生，他にお世話になった諸先生方々にも心からお礼を申し上げたい。

　最後になるが，調査の実施にあたり，種々の便宜を与えて下さったファッション産業人材育成機構（IFI）をはじめ，インタビューを快諾いただいた

IFI の恵美和昭氏と，東レ「TORAY」社のイタリア支社の元副社長の小林元氏に対して深くお礼を申し上げたい。本書を展開するにあたって，両氏のインタビューの結果がなければ，ここまでまとめることが出来なかったことも申し上げたい。また，ここでは，個々に名前をあげないが，多くの方にお世話になり，心からお礼と感謝の意を表したい。

2008 年 3 月

鄭　玹　朱

目　次

はじめに

序　章 ……………………………………………………………… 1

　第1節　問題提起と研究の課題 ………………………………… 1
　　1．問題提起 …………………………………………………… 1
　　2．本書の構成 ………………………………………………… 3
　第2節　本書の研究範囲と方法 ………………………………… 5
　　1．研究の範囲 ………………………………………………… 5
　　2．研究の方法 ………………………………………………… 6

第Ⅰ部　ファッション・マーケティング戦略と技術移転の理論的考察 …………………………………………… 9

第1章　ファッションとファッション・マーケティングの概念 … 11

　はじめに …………………………………………………………… 11
　第1節　ファッションの概念とその特性 ……………………… 12
　　1．ファッションの定義をめぐる諸見解 …………………… 12
　　2．ファッションの特性 ……………………………………… 16
　第2節　ファッション採用の動機とプロセスに関する諸見解 … 19
　　1．ファッション採用の動機と過程に関する見解 ………… 19
　　2．流行とファッションとの関係 …………………………… 21
　第3節　ファッション・ビジネス（産業）の成立とその範囲 … 21

　　　　1．ファッション・ビジネス（産業）の成立と成立条件………… 21
　　　　2．ファッション産業の範囲と構成……………………………… 26
　　第4節　ファッション・マーケティングの概念に関する諸見解…… 29
　　　　1．ファッション商品の特性……………………………………… 29
　　　　2．ファッション・マーケティングの定義……………………… 30
　　　　3．ファッション・マーケティングの特徴……………………… 32
　　おわりに ―ファッション・マーケティングの今後の課題―……… 34

第2章　日本における「初期」のファッション・マーケティング技術の移転と戦略……………………………………… 39

　　はじめに…………………………………………………………………… 39
　　第1節　ファッション・マーケティング技術の移転研究の位置づけ
　　　　　と方向性………………………………………………………… 41
　　第2節　日本におけるファッション・マーケティング技法の移転背景… 43
　　　　1．日本における本格的マーケティングの導入と展開………… 43
　　　　2．日本におけるファッション・マーケティング技法の移転背景… 45
　　第3節　ファッション・マーケティング技術の移転に関する既存文献
　　　　　研究と移転仮説………………………………………………… 47
　　　　1．技術移転に関する既存文献研究のレビュー………………… 47
　　　　2．ファッション・マーケティング技術の移転の前提条件と移転仮説… 53
　　第4節　移転仮説による日本の初期ファッション・マーケティング
　　　　　戦略の検証……………………………………………………… 58
　　　　1．日本における「初期」のファッション・マーケティング技術
　　　　　の移転と特徴…………………………………………………… 58
　　　　2．ファッション・マーケティング技術の移転枠組みと今後の課題… 63
　　おわりに…………………………………………………………………… 66

第Ⅱ部　グローバル・ファッションマーケティングの制度的環境と構図・戦略
　　　　―日本と韓国との国際比較の視点から―……………………… 73

第3章　日・韓のファッション・マーケティング活動の現状と特徴に関する比較 …………………………… 75

はじめに……………………………………………………………… 75
第1節　ファッション産業の特性………………………………… 76
第2節　日・韓におけるファッション産業の発展プロセスとその特徴… 78
　1．日本のファッション産業の発展プロセスとその特徴………… 78
　2．韓国のファッション産業の発展プロセスとその特徴………… 83
　3．日・韓ファッション産業の発展プロセスの国際比較………… 85
第3節　日・韓におけるファッション・マーケティング活動の現状… 87
　1．日本のファッション・マーケティング活動の現状と問題点… 87
　2．韓国のファッション・マーケティング活動の現状と問題点… 89
おわりに……………………………………………………………… 91

第4章　日・韓のファッション流通システムの特徴
　　　　　―国際比較― ……………………………………………… 95

はじめに……………………………………………………………… 95
第1節　流通システムとファッション流通システム…………… 97
　1．流通システムの概念とチャネル・キャプテン……………… 97
　2．ファッション流通システムの特徴……………………………100
第2節　日・韓のファッション流通システムの発展比較………102
　1．日本のファッション流通システムの発展過程………………102
　2．韓国のファッション流通システムの発展過程………………106
第3節　日・韓のファッション流通システムの構造比較………107
　1．日本のファッション流通システムの構造的特徴……………107
　2．韓国のファッション流通システムの構造的特徴……………109
　3．日本の比較の視点からの韓国のファッション流通システムの
　　　問題点……………………………………………………………112
おわりに　―流通チャネルの標準化戦略とファッション流通システム―…114

第5章　グローバル・ファッションマーケティングの構図と戦略…119

はじめに………………………………………………………………119
第1節　ファッション製品とグローバル化の意味………………120
　1．グローバル・ファッション製品ライフ・サイクル戦略………120
　2．ファッションの国際化とグローバル化の意味…………………122
第2節　ファッション製品のグローバル市場参入モードと戦略……123
　1．グローバル市場参入計画と戦略……………………………123
　2．グローバル市場参入モードと戦略…………………………124
第3節　グローバル・ファッションマーケティング戦略の構図……126
　1．経済過程とファッション・マーケティング戦略………………126
　2．グローバル・ファッションマーケティング戦略の構図………128
　3．ファッション・マーケティングの適用（標準）化―適応（修正）
　　　化戦略の問題…………………………………………………131
おわりに………………………………………………………………133

第Ⅲ部　グローバル競争時代のファッション・マーケティング戦略と今後の課題
―日・米・韓の国際比較分析の視点から―……………137

第6章　ファッション産業における情報化戦略（QRS）の取り組みと課題……………139

はじめに………………………………………………………………139
第1節　ファッションと情報化……………………………………140
　1．ファッション情報の種類と収集・活用……………………140
　2．ファッション産業の情報化の進展…………………………143
第2節　ファッション産業におけるクイック・レスポンス・システ
　　　ムの概要………………………………………………………144
　1．クイック・レスポンス（Quick Response：QR）の概念……144
　2．ファッション産業におけるクイック・レスポンスの運営と関連

技術 ··· 150
　第 3 節　アメリカのファッション産業におけるクイック・レスポン
　　　　　ス の事例研究 ··· 153
　　　1．アメリカにおける QR の現状 ··· 153
　　　2．Levi Strauss 社と WAL-MART の QR の事例研究 ········· 155
　第 4 節　日本のファッション産業におけるクイック・レスポンスの
　　　　　事例研究 ··· 159
　　　1．日本におけるクイック・レスポンスの現状 ······················· 159
　　　2．ワコール社と丸松商店の事例研究 ······································· 159
　おわりに　―QRS の取り組みの日本とアメリカの比較を中心に― ··· 162

第 7 章　ファッション産業における戦略的提携の展開と課題 ··· 168
　はじめに ··· 168
　第 1 節　戦略的提携に関する理論的考察 ··· 169
　　　1．戦略的提携の概念，背景，およびその定義 ······················· 169
　　　2．戦略的提携の類型化 ··· 172
　第 2 節　ファッション産業における戦略的提携の動機と必要性 ······ 174
　第 3 節　日・韓ファッション産業における戦略的提携の事例研究 ··· 177
　　　1．日本のファッション産業における戦略的提携の展開と事例 ··· 177
　　　2．韓国のファッション産業における戦略的提携の事例と特徴 ··· 180
　第 4 節　ファッション産業における戦略的提携の今後の方向性 ······ 182
　おわりに ··· 185

第 8 章　ファッション産業におけるアウトソーシング戦略の
　　　　　現状と課題 ··· 189
　はじめに ··· 189
　第 1 節　ファッション産業の環境変化とアウトソーシングの概念 ··· 190
　　　1．ファッション産業を取り巻く環境変化 ······························· 190
　　　2．アウトソーシングの概念 ··· 192
　第 2 節　ファッション産業におけるアウトソーシングの形態と特徴 ··· 196

第3節　日・米・韓のアウトソーシングの現状比較……………………199
　　　1．日・米・韓のアウトソーシングの現状……………………………199
　　　2．国際比較視点からの相違点と類似点………………………………203
　　第4節　ファッション企業のアウトソーシングの事例研究…………204
　　　1．鈴屋の事例……………………………………………………………204
　　　2．レナウン「07fun」の事例 …………………………………………205
　　おわりに………………………………………………………………………206

終　章 ………………………………………………………………………………210
　　第1節　本書の総括…………………………………………………………210
　　第2節　今後の研究課題……………………………………………………215

参考文献 ……………………………………………………………………………217
索引 …………………………………………………………………………………227

序　章

第1節　問題提起と研究の課題

1．問題提起

　本書の課題は，日・米・韓の国際比較の視点から，「グローバル競争時代におけるファッション・マーケティングの構図と戦略に関する理論的研究」を試みることである。しかし，「ファッション」および「ファッション・マーケティング」に関する研究の蓄積は，韓国はもちろん，日本でさえも，その質・量ともに乏しく，むしろ軽視されてきた傾向にさえあるといわざるを得ない。それゆえ，本来なら，本書で，理論的研究の一環として，グローバルな視点からのファッション・マーケティング戦略に関する一般概念の体系化を検討しなければならないといえよう。

　しかし，21世紀を迎え，先進国市場は成熟化し，途上国市場も拡大し，中国経済の開放体制化などにより，世界の企業間の競争は著しく激化している。日本と韓国の企業も，この構造的な変化のなかで生き残りをかけての競争に直面している。それを急速に進展させた要因こそが経済・社会のグローバル化であるといえる。このようなグローバル化のもとで，産業や企業を取り巻く環境変化は，ますます複雑化し，したがって不確実になっている。これらの内容を具体的にとりあげれば，「① 規制緩和と業際化のもとでのグローバル競争と規模間・集積間・業態間競争の激化，② 国際的な規模での企業間のM&Aや戦略提携の展開と開発輸入や並行輸入，物流の広域化，人的交流，③ インターネットの急速な普及にともなうIT革命とバーチャル経済化の進展，④ 消費者ニーズの多様化・ソフト化と"合理的な"ブランド消費の展開，⑤ 環境・資源視点からの経済社会の構造展開の課題，⑥ 都市環境が悪化するなかでのモータリゼーションの見直し，空洞化対応や地域

の活性化に向けたまちづくりへの気運の高まり」[1]ということになる。

とくに，ファッション産業においては，グローバル化，情報ネットワーク化，消費社会の成熟化など，ファッション生活をめぐる環境は急激な変貌を遂げている。そしてファッション生活者も「モノから心へ」「表層から中身へ」[2]と変化しており，これも，グローバリゼーションの影響をうけているからと思われる。こうしたなかで，ファッション産業に関する研究者や経営者は，これまでのファッション・マーケティング戦略の一般理論をふまえながら，グローバル化時代のファッション・マーケティングの構図と戦略に関する課題について検討せざるを得なくなってきている。

しかし，このような研究課題を検討するさい，大きな障害になったのは，ファッション・マーケティング戦略の一般理論ないし概念の理論的研究に関する先行研究が非常に少ないことであった。こうした状況のなかで，筆者なりにファッション・マーケティングを定義することにする。それは，「ある時代に流行するファッションそのものを受け入れる個人の需要を充足させるために，企業が，その機能性と感性と価格感について高度なバランスを有するファッション商品を企画し，かつそれを製造し，リーズナブルな価格を設定し，プロモーションを実施し，そして流通チャネルを計画して，消費者へ普及する過程である」ということができる。このようなファッション・マーケティングの活動は，対象となる商品が衣服であれ，装飾品であれ，またはバッグであれ，「ファッション」そのものを取り扱うことから，適切なファッション・サイクル，時限性，高い回転率，季節的側面が強いことによる大きい割引幅，付加価値が高い，といった諸特徴を有する商品ということになる。このことから，商品化または製品化の企画といったマーチャンダイジングの役割が大きいといえる。ファッション・マーケティングの諸活動にはこうした特徴が見られるが，本書では，ファッション産業におけるマーケティング活動を「ファッション・マーケティング」，ファッション産業におけるグローバル・マーケティング活動を「グローバル・ファッションマーケティング」とそれぞれ呼ぶことにする。

しかし，この「ファッション・マーケティング」という用語は，特別な印象を与える可能性がある。なぜなら，例えば，自動車産業では，「自動車

マーケティング」という表現が使われておらず，自動車産業におけるマーケティング活動や戦略といった用語の使用が，一般的であるからである。このようにマーケティングという用語と業界あるいは業種とを結びつける表現が研究レベルにおいて確立していない状況では，ファッション・マーケティングの一般概念の研究の方向性ないし枠組みを提示するのは困難であるといえよう。

そこで，本書では，日・米・韓の国際比較をしながら，「移転論」という視点に立って，日本と韓国のファッション・マーケティング戦略や技術の移転の可能性を検討することにより，ファッション・マーケティング戦略の一般概念の研究の方向性に関する諸問題に，一歩踏み込めるのではないかと考えた。本来なら，まず第1に，1国でのファッション・マーケティング戦略の一般概念の分析枠組みが検討されるべきであるが，すでに述べたように先行研究が少ない現状では，国際比較をすることにより，その一般概念の分析枠組みに接近できるのではないかと考えている。

それゆえ，「ファッション・マーケティング戦略の一般概念」についての本格的検討は，今後の研究課題とすることにし，本書では，ファッション・マーケティング戦略と技術を国際比較し，その技術を規制する制度的環境条件の下で，どのような技術が外国に移転できるかという移転論の視点から理論的に検討を試みる。つまり，本書の研究で検討したことは，ファッション・マーケティング戦略の一般概念の研究の方向性に接近するため，グローバル競争時代のファッション・マーケティング戦略と技術の性格を移転論の視点から理論的に検討し，終章で一定の結論を提示している。

2．本書の構成

本書の分析課題について概略的に述べると，本書は3部から構成されている。まず第Ⅰ部では，ファッションの概念とファッション産業，およびファッション・マーケティングの概念と戦略・技術移転に関する諸理論のサーベイを行っている。その上で，ファッション・マーケティング戦略や技術の内容・特徴を国際比較の視点から明らかにするため，筆者の主張である，「移転仮説」を設定し，移転論の視点から日本における「初期」の

ファッション・マーケティング戦略とその特徴について検討している。具体的に言えば，日本におけるファッション・マーケティング技術が，どの程度アメリカから日本に移転されたのか，またその技術がどの程度修正され現地に移転可能であったのか，あるいは移転不可能であったのか，不可能な場合は，それは何故だったのかについて明らかにする。さらに，ファッション・マーケティング戦略・技術の移転に関する枠組みを提示する。これを出発点として，ファッション・マーケティング研究の一般概念の体系化ができないかと考えたからである。

第Ⅱ部では，ファッション・マーケティングの制度的環境と構図と戦略について，とくにファッション産業および流通システムの日・韓比較を試みている。つまり，すでに提示したファッション・マーケティング技術の移転に関する枠組みに基づいて，具体的にファッション・マーケティング活動および流通システムについて日・韓比較の分析を行いながらその類似点と相違点を明らかにし，さらに「グローバル・ファッションマーケティング」の1つの思案について移転論の視点から理論的に裏付けすることを試みる。

第Ⅲ部では，移転仮説を念頭において，近年のグローバリゼーションの著しい進展のもとで，実践的ファッション・マーケティング戦略・技法の分析の対象として，「クイック・レスポンス・システム（quick response system；QRS）」，「戦略的提携」，および「アウトソーシング戦略」について，日・米・韓の国際比較を行い，各国でのそれぞれの戦略の相違点と類似点について明らかにしようとしている。第2章で提示する移転仮説の枠組みとは，「制度的環境条件の類似性」と，移転対象となる「技術のマニュアル化・プログラム化の可能性の度合」の多少という相関関係から，これらの異同について分析する枠組みを意味する。つまり，各国間の制度的環境条件の類似性と技術のマニュアル化の程度を比較し，そのファッション・マーケティング技術が，修正することなく直接に移転可能なことを意味する「適用化」（第Ⅲ象限）であるのか，または，修正されることにより移転が可能となる「適応化」（第Ⅰ象限）であるのかを検討することである。

第2節　本書の研究範囲と方法

1．研究の範囲

　ファッションとは,「ある時期, ある事柄に大勢の人が同調する現象」[3]であり, また「ある特定の期間あるいはシーズンに誕生または確立した衣服あるいは個人装飾品の1つ, もしくは一群のスタイルのことで, それが, 大勢に受け入れられ, 広く流行したものである」[4]といえよう。このようなファッションをビジネスとして成立させるためには, 人間の生態, 経済基盤, 市場性, 造型性, 技術性, 生産性, 伝統と流行など, すべての関連性を考えなければならない。広義にとらえたファッション・ビジネスは,「物を売る」のではなく,「環境を売る」産業であるといえる[5]。ここでいうファッション・マーケティングは, ファッション産業におけるマーケティングであり, それを扱う商品がファッション製品である。ファッション・マーケティングは, 諸産業でのマーケティングの概念と同じく, 生産者と消費者との間の時間的・空間的乖離を結びつける, という諸活動を行っている。しかし, このファッション・マーケティングの活動の範囲はかなり広くかつ複雑性を有している。

　それゆえ, 本書の研究範囲は, ファッション・マーケティングの機能のなかでも商的機能に限定し, その対象をファッション製品としている。そして, ファッション・マーケティングの環境と戦略の展開に関する研究においては, 国際比較の視点から, 日本と韓国のファッション産業における発展プロセス, ファッション流通システム, およびマーケティング活動について比較分析を行い,「グローバル・ファッションマーケティング」の構図と戦略について検討している。しかし, ファッション産業における運送, 保管などの物的マーケティング機能は考察しないこととする。もちろん, これらの部門もファッション・マーケティング研究の重要な領域であるが, これらの研究は今後の研究課題として位置づけたい。

　さらに, グローバル競争時代のファッション・マーケティング戦略の今日

的課題としては，クイック・レスポンス・システム（QRS）を中心とした戦略的情報化，戦略的提携，アウトソーシングを取り上げ，日・米・韓の国際比較の視点からそれらの今後の戦略と課題について，移転論の視点から検討している。ファッション産業を広義にとらえる場合，それに参画する産業も，第1の皮膚から始まって第4の皮膚に至るまで，ファッション生活に関連する商品・サービスを提供している企業なり産業が含まれる[6]。しかし，本書でいうファッション産業とは，広義のファッション産業ではなく，それより狭いテキスタイル産業，ファッション小売業，アクセサリー産業，アパレル産業を含むものとしてファッション産業を定義することにする。

2．研究の方法

本書の研究方法の第1は，ファッションの概念とファッション産業，およびファッション・マーケティング概念と戦略・技術移転に関するインタビュー調査と，国内外の先行研究による問題提起である。第2は，すでに述べたように，ファッション・マーケティングの制度的環境条件の類似性と，その技術のマニュアル化の可能性といった筆者の設定した移転仮説と日本，韓国，アメリカのファッション・マーケティング技術の比較による検証である。具体的には，インタビューは，2004年7月に，ファッション産業人材育成機構（IFI）の恵美和昭氏と，ファッション企業である東レ「TORAY」社のイタリア支社の元副社長の小林　元氏に対して行ったものである。文献の考察と事例研究は，日・米・韓におけるファッション・マーケティングの実際と戦略などに関する研究文献と統計資料などをベースに行われた。

それらの統計資料の収集は日本と韓国で行ったが，研究文献は少なく，かつほとんどの文献はファッション産業論の視点からの研究に偏っており，マーケティングの視点からの研究がごくわずかであったため，ファッション・マーケティングに関する文献の収集は困難であった。それゆえ，日本と韓国で出版された数少ない文献に基づきながら，欧米の統計資料や文献で補完し分析を試みた。とくに，ファッション・マーケティング戦略に関する文献研究は，日本と韓国ではほとんど行われておらず，そのため *Journal of Marketing, Journal of Fashion Marketing and Management, Journal of*

Clothing Technology and Management, Clothing and Textiles Research Journal, Journal of Retailing などの欧米の主要な学術誌に基づき，理論的研究を試みた。

　本書の研究は，全Ⅲ部8章から構成されている。第Ⅰ部（第1・2章）は，第Ⅱ・Ⅲ部の分析の前提となる，ファッションの概念とファッション・マーケティング戦略・技術移転についての理論的検討や研究全体の枠組みを，第Ⅱ部（第3・4・5章）は，ファッション・マーケティングの制度的環境と構図・戦略について日本と韓国との国際比較の視点から分析し，「グローバル・ファッションマーケティング」の1つの思案を移転論の枠組みからの裏付けを行う。第Ⅲ部（第6・7・8章）は具体的に「クイック・レスポンス・システム」，「戦略的提携」，「アウトソーシング戦略」を取り上げ，日・米・韓の国際比較を行い，各国でのそれぞれの戦略の相違点と類似点について，移転仮説に基づき分析を試みている。

注
1　陶山計介「21世紀型マーケティング戦略の新地平―「モダン」と「ポストモダン」の相克―」近藤文男・陶山計介・青木俊昭『21世紀のマーケティング戦略』ミネルヴァ書房，2001年，1ページ。
2　日本ファッション教育振興協会編著『ファッションビジネス戦略』日本ファッション教育振興協会，1996年，4ページ。
3　河合　玲『グローバル・ファッションと商品企画』ビジネス社，1992年，27ページ。
4　ファッション総研編『ファッション産業ビジネス用語辞典』ダイヤモンド，1997年，252ページ。
5　河合　玲，前掲書，39ページ。
6　日本ファッション教育振興協会教材開発委員会『ファッションビジネス概論』日本ファッション教育振興協会，1995年，14ページ。

第Ⅰ部

ファッション・マーケティング戦略と技術移転の理論的考察

第 1 章

ファッションと
ファッション・マーケティングの概念

はじめに

　人類が衣服をその源とした共通のファッション・スタイル（fashion style）を意識しはじめたのは，さほど遠い昔のことではない。元々ファッション（fashion）という用語は，衣服のみを表すものではなく，生活者の自己表現であった。「ファッション」は，生活者が何を身につけ，どこに住み，何を食べるか，といった衣食住の生活全般に様々な形で影響を与えている。また，ファッション産業においては，アパレル産業などがいち早くファッションの概念をビジネスとして取り入れ，大量生産・消費というシステムを構築しつつある。このようなファッションへの関与の主体が種々に変化する状況のなかで，今日のファッション・マーケティング概念へと変化してきたといえよう。

　ところで，20世紀末から21世紀初頭の世界を特徴づけているもっとも重要なキーワードの1つは，グローバリゼーションである[1]。このグローバル化は，現代の社会分析の対象として不可欠な現象である。今日では，グローバル経済が一層進展し，その分析の重要性が強調されている。グローバル化の影響は，ファッション産業にも与えており，消費者のファッションに対するニーズも量から質へ，個性化へ，「世界同時性」[2]へ，とドラスティックスに変化している。例えば，流行1つをとって，かつてはパリやミラノで発信されるトレンドが日本に浸透するには，かなりの時間を必要とした。しかし今日では，これらのトレンドは同時に流行しており，ファッションにおける

地域格差は著しく縮まっている。それゆえ,ファッションの概念と機能はもちろん,ファッション産業も大きく変化せざるを得なくなってきている。

このような状況を考慮し,本章においては,ファッションの概念,ファッション採用のプロセス,およびファッション・ビジネスないしファッション産業の成立とその範囲・構成についての理論的考察を試みる。その上で,ファッション商品の特徴とマーケティングの重要性,ファッション・マーケティングの定義と特性に関する諸見解について検討し,ファッション・マーケティングの理論化への基本的方向性を提示しようとしている。

第1節　ファッションの概念とその特性

1．ファッションの定義をめぐる諸見解

「ファッション (fashion)」という言葉[3]は,ラテン語のファクチォ (factio;行為,所作) からきた英語で,日本語では「流行,はやり,服装」などと訳されている。広義の概念においては,エチケットや行為などの流行の風習,はやりの型,流行などという意味,あるいは物の外形,方法,仕方,人の話し方,上流社会,流行界の人々などという意味である。

「ファッション化 (fashionizing)」の対象は,衣服のみではなく,生活の諸局面において幅広く適用できるものである。ファッション・ビジネス (fashion business),またはファッション産業 (fashion industry) というのは,繊維産業,自動車産業,および住宅産業などと同列で独立して存在するものではなく,衣服がファッション化し,自動車がファッション化し,インテリアがファッション化することである。すなわち,ファッションは,人間生活にとってもっとも重要な要素となり,さらに今日では産業デザインの発展に伴い,従来の衣服分野でのファッションの概念のみではなく,あらゆる産業で用いられるようになった。しかしながら,一般的にアパレル（衣服）産業がファッション産業の中核をなしており,ファッション産業と呼ばれる場合はアパレル産業を指す[4]こともある。

ファッションの定義においては,学者によってその研究のアプローチや見

解が異なっており，一律的に統一されていないのが現状である。それゆえ，以下においては，いくつかのファッションの定義に関する諸見解を紹介し検討する。

　Nystrom[5]は，ファッションの概念を，特定期間の支配的（流行の）のスタイルであり，その以上でも以下でもない（「Fashion is nothing more nor less than the prevailing style at any given time.」）と定義しており，Troxell＝Stone[6]らは「ある特定時期において大多数の集団が受容し使用するスタイルである」と定義している。そして，Robinson[7]は，ファッションとは「最も一般的定義においては新しいその自体を追求すること」[8]であり，そして「装飾的目的のための物品デザインにおける変化である」[9]と定義しており，Barber＝Lebelら[10]はファッションをアパレルと関連づけ，「アパレルファッションとは，特定の社会的役割に適したものであり，社会的に規定され受容される裁断（cut），色相，シルエット，材料（stuff）などと関連しており，特定のスタイルの反復的変化と関連されるものである」[11]と定義している。さらに，Jarnow＝Judelleら[12]も，ファッションの概念を，「ある特定の時期及び場所において，多くの種類の人間がそれを受け入れ，またそれに従う衣服スタイル（広義では行動を意味する）の変化過程の一連のものである」[13]と定義している。

　ウェブスター辞書（Webster's Unabridged Dictionary）においては，ファッションとは「ある特定のあるいはシーズン（season）に誕生または確立した衣服あるいは個人装飾品の1つ，もしくは一群のスタイルのことで，それが大衆に受け入れられ，広く流行したものである」[14]と定義している。そして，キャラシベッタ編『ファアチャイルド・ファッション辞典』においても，「現時点で行われている，衣服，アクセサリーを身につける流儀（モード）のことで，テキスタイル，毛皮，その他のマテリアルを通して表現される。広義には，デザイン，生産，販売促進，および，これらがかかえる商品アイテムの販売活動も含まれる。ハイ・ファッションはそのとき現在のモード，つまり，衣服，アクセサリーにおける現行のスタイルを指す。これらのスタイルは通常，1つのシーズンから次のシーズンに向かって変化していく」[15]と定義している。

一方，日本においても，ファッションについての定義は様々である。田中千代編『服飾辞書』[16]においては，ファッションの定義について，「一流デザイナーの頭からでた独創的な形がモードといわれるのに対し，既製服にまでなって一般に着られる段階になったもの，あるいはその流行している状態をファッションと呼んでいる。一般に行きわたっていることが，ファッションの場合重要な点であり，社会生活を営むいろいろな階層に属する人々を通過することになる。したがって新しく創造された形をファッションとはじめからきめてかかるのは正しくない。業者やデザイナーが勝手につくるものではない。デザイナーや業者は，ただファッションの材料を提供しているにすぎない」と詳細に述べている。

そして，文化出版局編『服飾辞書』[17]においても，ファッションの定義について，「① もともとは上流階級に見られる，流行しているマナー，行動などの風習あるいはその様式のことである。② 服飾を中心に生活行動の様々な面において，ある価値観に基づく共有現象が，少数の集団から多数のそれへと移行していくプロセスのことである。③ ファッション産業の面では，多くの大衆が受け入れているある衣服のスタイルのことである。④ ファッション現象がしばしば服飾に顕著に見られることから，服飾と同意語として用いられることもある。⑤ 服飾におけるファッション現象は，具体的にはデザインの特徴として捉えられるところから，デザイン及びそのフィーリングのことをいうこともある。⑥ ファッションは価値観の共有現象であるところから，美意識に根ざした明確な価値観のことをいう場合もある。⑦ デザイナーが造形作家としての自己表現を試みる前衛的作品は一種のアートとみなすべきものであるが，こうしたものをファッションと呼ぶこともある。」という7つの定義づけとして要約している。

さらに，筆者がインタビューを行ったファッション産業人材育成機構の恵美和昭氏は，ファッションの定義として，① ある時期にトレンドとして（傾向的に），② ある集団が受け入れる，③ 形状のコンフォミティ（conformity；類似性・画一性）をあげておられる[18]。さらに，ヨーロッパなどでは，ファッションが産業化されてからは，メッセなど展示会の開催により，その年のファッションが形作られるという。このような展示会のなかには，

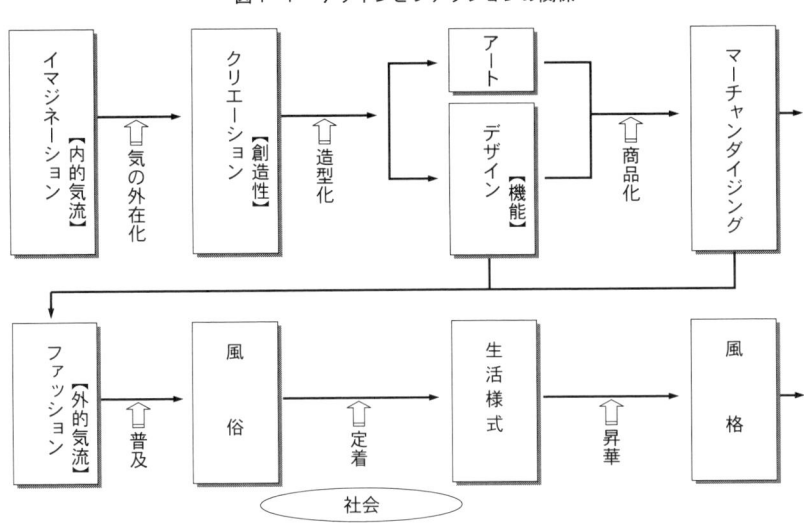

図1-1 デザインとファッションの関係

```
[イマジネーション【内的気流】] →気の外在化→ [クリエーション【創造性】] →造型化→ [アート] [デザイン【機能】] →商品化→ [マーチャンダイジング]

[ファッション【外的気流】] →普及→ [風俗] →定着→ [生活様式] →昇華→ [風格]

社会
```

出所：日本ファッション教育振興協会教材開発委員会『ファッションビジネス概論』日本ファッション教育振興協会，1995年，11ページ。

テキスタイルの情報としての仏プリミエールビジョン，伊イデアコモ，独インターストップなどのエキシビションの情報のほかにカラー情報として「ICA（国際流行色委員会）」とパリ・コレクションに代表されるコレクションショーが行われている。結論的にいえば，ファッションの定義としては，コンフォミティが形成され，ある特定の時期や場所において，ある集団の多くが受け入れるものであるといえる。しかし，「ファッション化」の対象は，衣服のみではなく，生活の諸局面において幅広く適用できるものであるが，ここでは，衣服に典型的にあらわれるので，アパレル産業を念頭におくこととする。

以上においては，ファッションの定義に関する理論的考察を試みたが，「ファッション」とは何かについては，その定義やアプローチが多種多様であるため，一言で要約するのは困難である。しかしながら，「ファッション」とは，少なくとも，特定時期に広く受け入れられ採択されるスタイルあるいは生活様式であり，新しいことを追求しサイクル的な特性を有する社会的

集合体であると解釈することができる。そして，最も一般的な見解からの「ファッション」とは，人間の行動様式[19]ともいえる。なぜならば，ファッションは，衣服や服飾品だけでなく，食べることや，住むことや，遊ぶことなどの生活の諸分野まで広がっている。換言すれば，「流行のスタイル」に止まらず，「生き方のスタイル」や「生活のスタイル」にまで含むことになる。とくに，アパレルはファッション志向的な行動の伝統的な対象であり，そしてファッションという用語と共に最も頻繁に使われる商品である。したがって，ファッション産業の視点からの「ファッション（clothing fashion）」とは，「特定の時期と環境において社会的に適合したものとして認識され，生活者が一時的に受け入れてアイデンティティを形成するアパレルスタイルである」と定義もできる。

2．ファッションの特性

ファッションの特性においても，ファッションの定義がさまざまであるように，学者によってその見解が異なっている。そこで，以下においても，小山栄三氏，川本　勝氏，韓国の研究者である李　好定氏の見解を中心として紹介し検討する。

小山栄三氏[20]は，ファッションの特性について，第1は，美的関心の一般性を持っている点である。つまり，ファッションは美しさを求める人間に共通な本能，欲望から発する。第2は，服飾における世論形成をするという点である。ファッションの持つ多様性は服飾の選択に自由があり，人間の心が相互に自由に作用し合うところでないと育たない。ファッションはいわば服飾スタイルの世論であるから，政治的世論と同じく慣習が強い圧力をもっている国や，自由が制限されている政治体制の社会的土壌には花を咲かせない。ファッションは，創作者（オリジネーター）としての役を演ずる個性的なデザイナー，指導者としての役を勤める少数のイノヴェーター，これらを中心に集まってくる多数の，散在しているファッション追従者の三段の流れを通じて形成されるものである。ファッションは，服飾に関する多数意見や「好み」の具象化したスタイルの集積だから，そこに強制力が働き，多数の散在している個人に同類的反応を起こし，その同類意識に基づいて，共属感

情，親和感が発生してくるのである。第3は，時宜に適するという点である。ファッションが成立するためにはタイミングが必要である。ことに四季や行事に関する場合には，ファッションは先取り的な時期を決定する。第4は，継続性と時限性を有している点である。ファッションは無限に続くものではない。ある時期がくると，いつの間にか消えてしまうそこには常に変動がある。第5は，ファッション・サイクルを持っている点である。ファッションには寿命があって，発生期，成長期，最盛期，安定期，衰退期，消滅期という諸段階を通過する。第6は，拘束性を持っている点である。ファッションの持つ多数性は，模倣せざるをえないという心理的強制力によって形成される。そしてファッションの最後の根源は，美に対する自我意識であり，伝統に対するレジスタン精神である。ファッションのイノヴェーターには，常に因襲を克服するところに誇りを感じ，自分のファッションに人を引き入れようとする積極的意志力が内在しているのである。第7は，変化テンポの加速性をもっている点である。ファッションの変化リズムは，社会変化の激しいところほど早く，ファッション交代の時間的短縮がおこなわれている。第8は，ファッションの飽和度である。ファッションはその含む人員に限界がある。満員にならないうちに次のファッションが発車する。第9は，螺旋的（スパイラル）に進行するという点である。ファッションは過去のスタイルの模写ではなく，新しいアルファを加えた過去の反芻であり，同類化への欲求と個別化への欲求との相克を動因として成長するものである。したがってその回帰曲線は，円形と直線形との合成すなわち螺旋形である。第10は，欲求不満の補償作用を有している点である。ファッションへの追随は，劣等感のカムフラージュ，見せかけのエリート意識の自己満足を感じさせるとしている。

また川本　勝氏[21]も，ファッション現象の特質について，以下のように述べている。第1の特質は，最新のもの（最新性）という点である。ファッションは，従来から存在している行動様式や思考様式とは異なる新奇性を，集団や社会のメンバーに知覚させる必要がある。第2は，一時性，短期性という点である。ファッションは長期間に渡って普及してしまうと，第1の「最新性」が失われてしまうからである。さらに今日では，マス・メディア

による情報サイクルが短くなり，人々は提示された新しい様式についての情報を，次々と消費する傾向になっている。第3は，その時代の社会的・文化的背景を反映している点である。とりわけ多勢順応型の日本人は，その時の社会情勢や文化，価値観に影響されやすい。第4は，基本的様式をアレンジしていくという瑣末性を持っている点である。言い換えれば，ファッションは，従来とは異なる様式の普及ではあるが，一般的には，そのもの自体の基本様式を基礎にして，部分的に変更可能な範囲で生じている。例えば，スカート丈の長さや形の変化は，スカートを履くという基本的行動様式の範囲内での変化である。第5の特質は，ファッションは一定の規模を持っているという点である。つまり，ファッションの規模は，それを採用している人数で決まる。ある様式を採用しファッションを実践することができるかできないかは，個人の持つ属性やそれを採用，実践するために必要とされる技術や社会的条件を所有しているかいなかによって左右される。また，ファッションの展開過程や規模は，その様式に対して周囲の人々や社会がどのような意味づけをし，評価しているかによって左右されるからである。さらに，川本氏は以上のように取り上げた5つの特質の他にも，ファッションは社会的な影響力を発揮するという特質も持っていると述べている。

　一方，韓国の研究者である李　好定氏[22]は，ファッションの特性について，ファッションの寿命（fashion duration）とファッション・サイクルという2点を取り上げている。そして，方　康雄と尹　明淑ら[23]も，ファッションの特性について，第1は，シーズンと年が変わるごとに使用原糸の種類，織物の織組構造とデザイン・色相，および衣服の形態とトリミングなどのファッションの変化は頻繁に変化すること[24]である。第2の特性は，新しいスタイルが流行すれば，古いスタイルは市場から消滅することである。第3のそれは，かつてはファッションの伝播が遅かったが，今日ではファッションの伝播が瞬時に広がっていることである。いわゆる時限性を持っている点である。第4は，ファッションは季節的要素（seasonal factor）を持っている点である。第5は，ファッションは動態的側面を持っている点である。最後の第6の特性は，ファッションはスパイラル的な形で変化するという点である。

以上においては，ファッション研究の一環として，ファッションの定義とその特性について学説史的な視点から考察し検討した。このような研究は，川本氏のいうファッションに関する研究方法論[25]のうち，第1は多様な側面を持つファッション現象の実態と特質を明らかにしようとする視点で，ファッションといわれる社会現象にみいだせる特徴的タイプを解明し，他の社会現象との違いを明らかにするという側面を持つことである。第2は，ファッションの社会的機能について明らかにしようとする視点で，ファッション現象が人びとの意識や生活，ひいては社会や文化に影響を与えるという側面を持つということである。

第2節　ファッション採用の動機とプロセスに関する諸見解

　以下においては，川本　勝氏の見解に従い，ファッション現象のメカニズムについて明らかにする。いわゆるファッションを担う個人を分析の視点として，ファッション採用者の採用動機やファッションに対する態度，行動を明らかにする。

1．ファッション採用の動機と過程に関する見解

　ファッション採用動機についての先駆的研究として，川本　勝氏[26]はSimmel＝Tarde の動機理論を取り上げ，それを検討している。Simmelは，人々の行為は，目の前にある形式を模倣することが多く，流行も特定の手本を模倣することであり，社会的順応への欲望を満たしてくれるものとした上で，人々が流行を採用するのは，他の人の行為を模倣し，社会に順応しようとする「同調性への欲求」と，それと同時に新しいものを採用し，他の人と区別したいと願う「差別化の欲求」との拮抗のダイナミズム[27]としたのである。

　そして，Tarde[28]は，かつて模倣の法則を論じたさい，その1つの法則として，「劣等者による優等者の模倣」を強調している。いわゆる新しい様式がまず上層階層で採用され，それを下層が模倣することによって伝播

(diffusion) するというもので，流行をトリクル・ダウン理論で説明している。

さらに，鈴木裕久氏は，従来の動機理論を検討した上で，その動機と心理的機能について，① 自己の価値を高く見せようとする動機，② 集団や社会に適応しようとする動機，③ 新奇を求める動機，④ 個性化と自己実現の動機，⑤ 自己防衛の動機，の5つに大別している[29]。

このようなファッション化の現象は，石山　彰[30]氏によれば，① 普及の時間的速度，② 地域，階層，年齢などに影響される空間的範囲，③ 要素の質的濃度といった3つの要因によって特徴づけられるという。つまり，このような要因はファッション採用過程に大きな影響を与えることになる。Solomon[31]は，ファッション採用過程（fashion adoption process）を，① 新しいスタイルの創造と紹介，② ファッション・リーダーの採択，③ 社会的可視度の増加，④ 社会的同調の増加，⑤ 社会的飽和状態，⑥ 下落と廃止という6段階で説明している。そしてSproles[32]も，ファッション採用過程を，① ファッションの先導力，② スタイルに対する社会的可視度の増加，③ 社会集団内部と集団間への同調，④ 社会的飽和，⑤ 衰退と廃棄という5つの段階で説明している。さらにStanton[33]は，製品ライフサイクル（introduction, rise, culmination, decline）と関連づけ，ファッションの採用過程として ① トリクル・ダウン理論（trickle down theory），② トリクル・アクロス理論（trickle across theory），③ トリクル・アップ理論（trickle up theory）を取り上げている。

しかし，King[34]は，古典的ファッション採用過程のモデルであるトリクル・ダウン理論は現代のファッション傾向には適用しがたいと述べており，これからは大量市場あるいはトリクル・アクロス理論を適用すべきであり，ファッションの伝播は社会階層の体系内から水平的な流れへと，そしてファッション採用過程においてイノヴェーター層と影響力をもつ階層（influential）への役割を強調している。さらに，Reynold[35]も，ほとんどのファッションの傾向は水平的な伝播と垂直的伝播とが同時に現れるということをマーケッターは理解すべきであると強調している。

2．流行とファッションとの関係

富澤修身氏[36]は，流行とファッションとの関係について，ファッションは流行ではあるが，流行のすべてがファッションではないと述べている。例えば，栄養補助食品やダンベル健康法をその事例として取り上げ，これらは流行ではあってもファッションとはいわない。そして，衣服の領域においては，1990年代半ばに形態安定加工シャツ（ジーンズも1つの事例である）が流行したが，個性表示との関連がなく，ファッションとはいわれなかったとしている。なぜならば，「流行がファッションになるには，特定機能の消費が不特定多数の人々によって同時に行われるだけでなく，この消費そのものが自己を意識し，個性を表示発信することが必要となる」[37]からであるとしている。

さらに，柳 洋子氏[38]は，「流行とは，単体や単品に見られる，新しい様式（style）を大量に受容した時点での社会現象の表現」[39]（1970年代のミニスカートとタートルネックが典型的な事例である。）であるのに対して，「ファッションとは，流行のシステム化現象，いわゆる生活文化を表現する概念」[40]であるという。ここでいう「生活」とは人間の生命過程の維持および管理を意味し，「文化」とはそのための事物の形式（pattern）と様式の力関係を意味する。しかし，その典型が衣文化に見られる。それゆえ，ファッション＝衣服という見解が妥当とされていると述べており，衣服という場合には和服も洋服もあるが，便宜上，洋服に限定すると，洋服は素材・デザイン・縫製・仕上げ・製品という大雑把な過程で製作される。洋服に適応する，下着・アクセサリー・バッグ・靴下・靴の選択が必要になる[41]という。

第3節　ファッション・ビジネス（産業）の成立とその範囲

1．ファッション・ビジネス（産業）の成立と成立条件
(1) ファッション・ビジネス（産業）の発生

ファッション・ビジネス（fashion business），またはファッション産業（fashion industry）というのは，繊維産業，自動車産業，および住宅産業

などと同列で独立して存在するものではなく，衣服がファッション化し，自動車がファッション化し，インテリアがファッション化することは日常的にみられることである。すなわち，ファッションは，人間生活にとってもっとも重要な要素となり，さらに今日では，産業デザインの発展に伴い，従来の衣服分野でのファッションの概念のみではなく，ほとんどの産業においても用いられるようになった。しかし，一般的にはアパレル（衣服）産業がファッション産業の中核をなしており，ファッション産業と呼ばれる場合は，アパレル産業を指す[42]ことも多い。それゆえ，本章においては，便宜的に，アクセサリー産業を含むアパレル産業をファッション・ビジネスないしファッション産業として捉えることにする。

歴史的にみれば，衣服の分野で，ファッションがビジネスらしき姿をとって展開するのは，16世紀のフランスのブルボン（ルイ）王朝の時代に，イタリアから嫁いだ女王がイタリアのファッションの衣服を作らせたことにみられるといわれるが，これはまったく特定の階級に属する人々の間で行われたものである。

ファッション産業人材育成機構の恵美和昭氏のインタビュー調査結果＊によると，アパレル市場が拡大し，ファッションが一般民衆の間に広がって行くためには，①衣服に対する関心の高まり，②一般民衆の購買力の上昇，③ニーズに応える商品の供給，の条件が必要である。同氏によると，ブルボン王朝の終了を告げるフランス革命（1789年）により平等思想が定着し，1830年の7月革命のときには，民衆（ブルジョア）が自分たちの果たした役割が評価されていないとの不満を強め，実質的な平等思想を強めそれを実現しようとした。その1つの行動が，ブルジョア的服装への同化志向を強め，上位階級の服装を模倣するようになったということである[43]。

また，イギリスでも，産業革命後の目覚しい経済発展により富の分散化が進み，高所得の職人・労働者の消費需要の増大が起こり，衣服に関してはこれらの人々が，貴族の真似をするようになり，衣服の階級格差がなくなっていった。イギリスでは，このころから，セールス・プロモーションがおこな

＊ インタビューは，2004年7月に，ファッション産業人材育成機構（IFI）の恵美和昭氏とファッション企業である東レ「TORAY」社のイタリア支社の元副社長の小林　元氏に対して行ったものである。

われるようになり，人々の欲求をかりたてるようになる。小売店では，商品を積極的にディスプレーし，通行人にアピールする工夫をするようになり，1830年頃には，イラストや商品知識を満載したモード雑誌も発行されるようになった，ということである[44]。恵美氏は，パリのオート・クチュールが，イギリス生まれのチャールズ・フレデリック・ワースによって設立されたことにもふれている。ワースが1850年代にパリに，インテリアや照明に思い切った工夫をこらし豪華なサロン風の高級モード専門店を設け，上流夫人たちの購買意欲を誘ったというのである。

アメリカでのファッション・ビジネスの展開は，どうであったのか。筆者がインタビューを行った恵美氏によると，シチアート＆エリザベス・イーウェンの著作（小沢瑞穂訳『欲望と消費』）に依拠し，19世紀の工業化が階級格差を広げる一方で，それまで富める者しか持ってなかった贅沢品も工業製品として生産されるようになる。そうなると，衣料でもファッション商品が一定程度大量に生産されるようになり，一般民衆に届くようになったというのである。しかし，アメリカの場合，薄井和夫氏の研究によれば，1つのマーチャンダイジングによるデザイナーの活動が本格的に展開されるのは，1920年代の終わりであり，しかもそれらは，耐久消費財のデザイナーであったとされているので[45]，ヨーロッパでのように衣料のファッション・ビジネスの発生・展開がいつごろ発生したのかについては，もう少し，歴史的事実の発掘が必要となろう。

同じく，恵美氏の文献（「ファッション・ビジネスの構造(2)」）によると，日本でのファッション・ビジネスの発生・展開は，江戸前期の元禄時代の頃に，越後屋などの両替問屋の台頭とまた大阪を中心とし，商業経済の発展とともに，西洋でいうブルジョア階級が出現してからだという。さらに，江戸末期の19世紀になると，札差商人（金融業）が大名相手に巨額の富を蓄積するようになり，これらの商人の妻たちが流行の主人公になっていったという。彼女たちをターゲットとした着物や小間物の商品が開発され，流行も目立つようになったという。同氏は，この江戸時代でのファッションの発展について，「16世紀以降，ブルジョア階級がファッションの担い手となっていったヨーロッパの状況と同じである」[46]と述べている。そして，「衣服が象

徴性や装飾性を具えていれば，社会生活を営んでいる人類の間に，模倣や同調行動が起こることになる。そして，流行が広がって陳腐化してくれば，次の新しいものを求めるようになり，新しい流行が生まれる」。上記の恵美氏によれば，ファッション・ビジネスという言葉が生まれたのは，20世紀になってからと思われるが，ファッション・ビジネスそれ自体は，18世紀に行われていたとしている[47]。

(2) ファッション・ビジネス（産業）の成立条件

先の恵美氏へのインタビュー調査結果によると，日本でファッション・ビジネス論を沸騰させる契機となったのは，J. A. ジャーナウとB. ジュデール（尾原容子訳）の『ファッション・ビジネスの世界』（東洋経済新報社，1968年）であったという。かれらは，ファッション・ビジネスにおいて，「女性の衣服のデザイン，生産，および販売に携わっている数多くの企業によって構成されるビジネスの複合体」[48]と定義している。すなわち，ファッション・ビジネスとは，製造業，流通業はもとよりそれを宣伝・普及する広告業，出版業，さらに新しいデザインを提供するデザイン業に属する，それぞれの企業が独自の機能を発揮し，特定のファッションないしスタイルを多くの消費者に受容させ，商品を販売していく事業なのである。

財団法人ファッション産業人材育成機構（IFI）ビジネス・スクール学長の尾原容子氏によると，ファッション・ビジネスの価値創造は，大きく「創」「工」「商」に分けられる。「創」とは，商品開発，デザイン企画などの創造的活動を意味し，「工」とは，製品化を行うエンジニアリングや技術面の活動を意味し，「商」とは，商品ラインの企画やマーチャンダイジング，マーケティング（販売）にかかわる活動を意味する。この3つの機能は，単に消費者の欲求に適合する商品を生産・販売するのではなく，消費者のなかにある潜在的ニーズを顕在化させ，多数の人々にそれを受容させる付加価値を商品に付加させることが目的なのである。ファッション・ビジネスとは，価値を創造し操作することにより需要を創造し，販売を拡大することなのである。その意味で，ファッション・ビジネスでは，価値創造部分，付加価値部分の比率が最も大きい産業ともいえるのである。このことについて，恵美氏の使用している以下の図1-2を用いてもう少し詳細に検討しよう。

図1-2にあるように,商品の品質は大きく分けて「基本的品質」と「付加的品質」からなる。前者は,①材料,成分などの「組成的・物的特性」,②寸法,重量,容積などの「数量的・計量的特性」,③メカニズム,運動性,利便性などの「実用的・機能的特性」からなる。後者の付加的品質は,④形,スタイルなどの「外観的・形態的特性」,⑤カラー,手造り,装飾などの「感覚的・装飾的特性」,⑥イメージ,権威などの「心理的・社会的特性」,⑦表示,説明などの「情報的特性」,品質保証,納期,代金決済の便宜性などの「サービス的特性」からなる。図1-2における付加的品質の特性に対する評価は,個々人により異なり,また時間の経過とともに変化するものである。この個々人によって異なる評価について,企業が生産し販売する商品に付加価値を加え,多くの人にこの商品を受容させ購買させるマネジメントをするときに,ファッション・ビジネスの成立を可能にするのである[49]。

図1-2 広義の品質要素

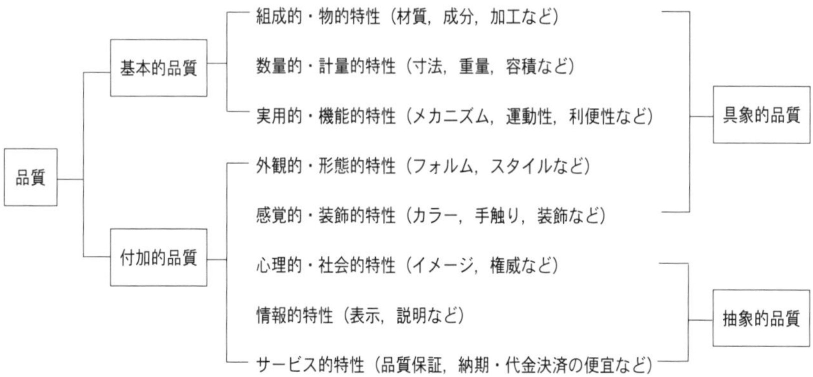

```
                ┌─ 組成的・物的特性（材質,成分,加工など）   ┐
        ┌基本的品質┼─ 数量的・計量的特性（寸法,重量,容積など）  ├─具象的品質
        │        └─ 実用的・機能的特性（メカニズム,運動性,利便性など）┘
品質 ───┤
        │        ┌─ 外観的・形態的特性（フォルム,スタイルなど）
        │        ├─ 感覚的・装飾的特性（カラー,手触り,装飾など）
        └付加的品質┼─ 心理的・社会的特性（イメージ,権威など）  ┐
                 ├─ 情報的特性（表示,説明など）              ├─抽象的品質
                 └─ サービス的特性（品質保証,納期・代金決済の便宜など）┘
```

出所:恵美和昭「ファッション・ビジネスの構造(1)」『衣生活』4月号,1990年,19ページ。

恵美氏は,日本経済新聞社が主婦とOL向けに行った「商品に期待される効用」に関する調査結果を紹介し,衣料品でファッション・ビジネスが展開されやすい理由を説明している。すなわち,食品(13種),薬品(5種),化粧品(11種),衣料品(24種),機械器具(15種)の商品種類に対して,主婦とOLが,①健康(栄養,人体無害),②機能(取り扱い,材質),③

官能(形,デザイン,色,道味,香り,舌触り),④社会心理(高価,舶来,新型,皆が使う,ブランド品),⑤経済(安価)の5つの効用のうち,どれを重視するか,という調査である。衣料品では,③「官能」の効用を重視する割合は38.6%,④「社会」の効用を重視する割合が17.2%で,合計55.8%であり,この評価の定まらない変動する割合が半分以上であるところに,ファッション・ビジネスが成立する根拠があるというのである[50]。

2. ファッション産業の範囲と構成

ファッションの概念は学者によって様々であるように,ファッション産業の範囲に関する見解においても,学者によっていくつかの相違点が見られる。Greenwood＝Murphyら[51]は,ファッション産業を1次原料産業の繊維産業,既製服市場のためのアパレル(衣服)とアクセサリーの販売,商品展示・パタン会社,雑誌・モデル,広告業などを含め,広範囲の領域としてみなしている。それに対して,Troxell＝Stoneは,「ファッション産業とファッション・ビジネスとに分類しており,ファッション産業は衣類製造業とアクセサリー関係の出版業,教育事業,広告業,ファッションスペシャリスト,それらをコントロールするシステム産業,ファッション・コンサルティングなどの補助関係のビジネスをも含まれる」[52]と言及している。

そして,韓国ソウル大学教授の呉　相洛氏は,「ファッション産業は一般的に衣服産業として称されるが,その理由はアパレルほどファッションの要素を多く内包する商品がないからである」[53]と述べ,「消費者は衣服そのものを購入するのではなく,色相,紋儀,およびデザインとして表現されるフィーリング(feeling)またはイメージ(image)というファッションそのものを購入する」[54]という。

一方,西山和正氏は,『ファッション産業』[55]の序文において,ファッション産業のフレームワークとして,以下のように論述している。「繊維産業は,素材を買う時代から,ファッションを買う時代にはいった。繊維製品は,原材料の割合をできるだけせばめ,知的要素,情報的要素を高めることによって,新しい時代の商品として発展することができた。いかにしてそれを行うかを考えるのが,ファッション・ビジネスであり,うまく軌道にのせること

によって，はじめて情報化時代の産業として発展することができる。極言するならば，ファッション・ビジネスは，ファッションだけを売るのであって，モノはそのファッションを表現する一手段にすぎない。したがって，原料メーカーや総合商社のように，原料を売ることが根本にあってその手段として行われるファッションからは，真のファッションは生まれてこないかもしれない。消費者は，小売店や衣類メーカーのイメージを買い，フィーリングを買う。それがストア・ブランドであり，ナショナル・ブランド（NB）であるが，実は，それは消費者との交流から生まれたものであり，世界の情報から抽象されたものである。消費者は，自分の感覚・個性にあったものを，多くのファッションのなかから選択する。そこで買われるものは，ファッションそのものであり，ブランドのもつフィーリングである。それは，小売店や衣料メーカーが消費者の情報を商品化したものであって，コストは情報コストである」[56]。

　福永成明と境野美津子は，ファッション産業の範囲は，ファッションの範囲を狭義のファッション（アパレル，アクセサリー），やや広義のファッション（織物，ニット，ボタンなどの付属品など），広義のファッション，最も広義のファッションという4段階に分類している[57]。

　日本ファッション教育振興協会では，「ファッション・ビジネスまたはファッション産業を広義にとらえた場合，それに参画する産業も，第1の皮膚から始まって第4の皮膚に至るまで，ファッション生活に関連した商品・サービスを提供している企業なり産業が含まれる」という。しかし，一般的には，「ファッション商品の創・工・商（企画・生産・流通）に携わっている企業群」[58]と定義されており，ファッション産業は図の1-3に示されているように，狭義およびやや広義の範囲で解釈することが多い。つまり，狭義の視点からのファッション産業の範囲は，アパレル産業とアクセサリー産業が含まれる。やや広義の視点からのファッション産業の範囲は，テキスタイル産業，ファッション小売業などをはじめ，アパレル産業とアクセサリー産業が含まれると定義することもできる。しかしながら，ファッション産業の中核をなしているのは，あくまでもアパレル産業であり，そのアパレル産業は繊維産業の一部とみなされることも多い。アパレル産業とは，日本ファッ

図1-3 ファッション産業の分類

もっとも広義のファッション産業

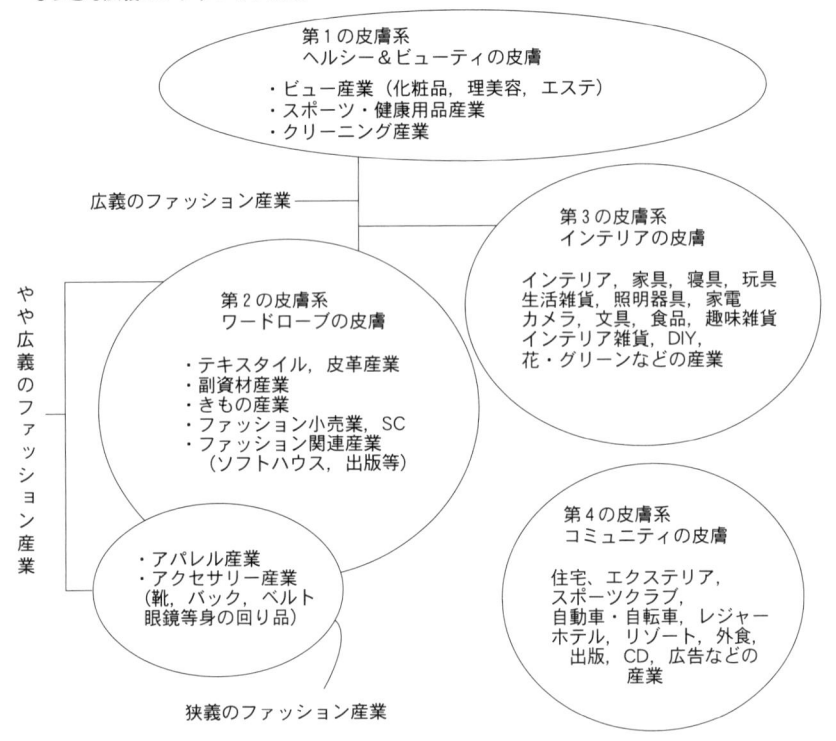

第1の皮膚系　ヘルシー＆ビューティの皮膚
・ビュー産業（化粧品，理美容，エステ）
・スポーツ・健康用品産業
・クリーニング産業

広義のファッション産業

第3の皮膚系　インテリアの皮膚
インテリア，家具，寝具，玩具
生活雑貨，照明器具，家電
カメラ，文具，食品，趣味雑貨
インテリア雑貨，DIY，
花・グリーンなどの産業

やや広義のファッション産業

第2の皮膚系　ワードローブの皮膚
・テキスタイル，皮革産業
・副資材産業
・きもの産業
・ファッション小売業，SC
・ファッション関連産業
　（ソフトハウス，出版等）

・アパレル産業
・アクセサリー産業
　（靴，バック，ベルト
　眼鏡等身の回り品）

第4の皮膚系　コミュニティの皮膚
住宅，エクステリア，
スポーツクラブ，
自動車・自転車，レジャー
ホテル，リゾート，外食，
出版，CD，広告などの
産業

狭義のファッション産業

出所：日本ファッション教育振興協会教材開発委員会『ファッションビジネス概論』日本ファッション教育振興協会，1995年，14ページ。

ション教育振興協会によると，「アパレル生産企業とアパレル卸商（中間流通企業）の企業群を意味し，広義にはアパレル小売企業も含む」[59]と見るのが一般的な解釈であるという。

　ファッションの捉え方と同じく，ファッション産業の範囲に関する見解においても，学者によってその解釈が異なっている。しかしながら，本書においては，日本ファッション教育振興協会の見解に従い，アパレル生産企業・卸商の企業群をアパレル産業，アパレル小売企業の企業群を「アパレル小売産業」として捉えることにする。そして，ファッション産業の範囲は，テキ

スタイル産業，ファッション小売業などをはじめ，アパレル産業とアクセサリー産業を含む「やや広義のファッション概念」として解釈し，それらを「ファッション産業」として捉えることにする。

第4節　ファッション・マーケティングの概念に関する諸見解

1．ファッション商品の特性

　ファッション・ビジネスは，ファッション生活を営む消費者と，ファッション商品を提供するファッション企業の2者によって成り立っている[60]。つまり，ファッション商品とは，消費者のファッション生活とファッション企業の間に介在する財貨，いわゆる商品やサービスであるといえる。具体的にいえば，ファッション商品は，「ファッション性のあるアパレル（衣服）のことであり，はやり・すたりのある衣服，美意識や感性によって買われる衣服を意味する。なお，広義にはアクセサリー（装身具，ベルトなど）や靴もファッション商品に含まれる」[61]。言い換えれば，ファッション企業はファッション商品の創・工・商（企画・生産・流通）に携わって消費者へのファッション性のある商品やサービスを提供することになる。

　しかし，本章の第1・2節でもすでに指摘したように，ファッションそのものは，最新性，一時性，螺旋的（スパイラル）進行，瑣末性などの特徴を有している。それゆえ，ファッション商品も，ファッションの特性を考慮しなければならないのである。マーケティングの視点からの考慮すべき事柄としては，第1は，新しいスタイルのアイデアは消費者に魅力を与える色彩・デザインでなければ流行されないことである。第2は，生活水準が高ければ高いほどその人口の移動性が大きく，情報の交換が広ければ広いほどファッションの強調度も大きくなる。第3は，ファッションの強調度が大きく，ファッション・サイクルが短ければ短いほど生産と流通のコストが高くなるということがあげられる[62]。

　もう1つの考慮すべき点は，ファッションの変化速度[63]は，図1-4に示されているように，ファッション・サイクル（fashion cycle）あるいは

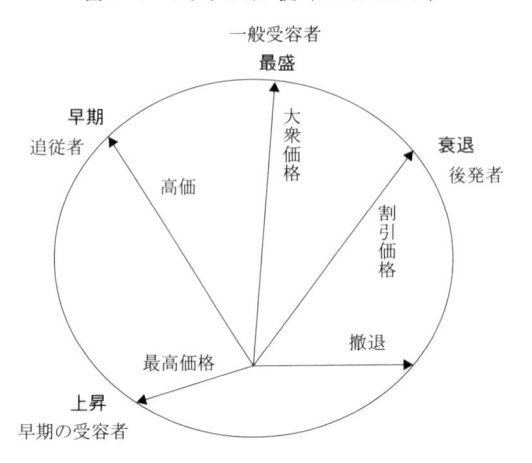

図1-4 ファッション弧（arc of fashion）

出所：Packard, S., Winters, Arthur A. and Nathan Axelrod, *Fashion Buying and Merchandising,* Fairchild Publication, Inc., N. Y., 1976, p.9.

ファッション弧（arc of fashion）という4段階を経るということである。第1段階は，ファッション製品が最も高い価格で販売され，早期の受容者がファッション主導的店舗で購入する段階である。第2段階は，ファッション製品が高価格で販売され，早期の追従者が中間または高価格で在庫（stock）として専門店や百貨店で購入する段階である。第3段階は，ファッション製品が低価格で販売され，広範囲の消費者が受容される段階であり，ほとんど小売店で売買される。第4段階は，ファッション製品が最も低い価格でかつ割引陳列台（markdown rack）で在庫され，撤収前に低価格で販促する段階である。このようなファッション・サイクルは，かつては3年とみなされてきたが，今日では非常に加速されており，そのサイクルがだんだん短くなっている。

2．ファッション・マーケティングの定義

Kingは，マーケティングの視点からファッションについて，「ファッションの受容とは，新しいスタイルあるいは商品がデザイナーと製造業者によって商業的に紹介されたあと，消費者に受容される社会的伝播プロセスで

ある」[64]と論述している。また，Wheelerは，「テキスタイル・マーケティングとは，企業と消費者との現実的かつ潜在的収益の機会を発見するため，テキスタイルの市場調査をはじめ，そのような機会を発見していく戦略の樹立，必要な生産品およびサービスの創出と価格設定，現在の消費者との関係を向上させる方法による分配（流通）であり，テキスタイル・マーケティングは販売よりも最も広い範囲の概念である」[65]と述べている。さらに，Greenwood＝Murphyらは，ファッション・マーケティングとは，「季節別ファッション商品が原資材から衣類製造業を経て，そして購買活動を行う小売商を経て消費者に至るまでの商品の流れを維持しようとする多角的活動である」[66]と定義している。以上の諸定義で共通していることは，ファッション・マーケティングはある時代の人々に受け入れられるスタイル，モード，デザインが前提になるといえるであろう。

　一方，日本においては，宇野正雄氏は，アメリカ・マーケティング協会（AMA）のマーケティング定義[67]や，コトラーのマーケティング定義[68]などを検討し，マーケティングとは，広義の意味においては「企業活動」を意味し，狭義の意味においては「消費者の動向を反映した商品の企画・生産・販売割当」であるとし，そのうえで，「ファッション・マーケティングは，ファッション産業におけるマーケティングであり，その扱う商品がファッション製品である」[69]と明確に主張している。

　以上のように，ファッション・マーケティングの捉え方は，研究者によって幾分異なっている。しかし，ファッション・マーケティングを筆者なりに定義をすると，「ある時代に流行するファッションそのものを受け入れる個人の需要を充足させるために，企業が，その機能性と感性と価格感について高度なバランスを有するファッション商品を企画し，かつそれを製造し，リーズナブルな価格を設定し，プロモーションを実施し，そして流通チャネルを計画して，消費者へ普及する過程である」ということができる。しかし，その活動は，ほとんどの商品が「ファッション」そのものを取り扱っているので，ファッション・サイクル，付加価値，消費者のファッション受容度などが重要な前提になる。

3. ファッション・マーケティングの特徴

　また，韓国の研究者である李　好定氏[70]は，ファッション・マーケティングの活動[71]について，適切な商品（right goods or right products），適切な価格（right price），適切な流通（right place），適切なプロモーション（right promotion），適切な時期（right time），適切な物量・質（right amount or right quality），適切な品揃え（right assortment）を提供する企業活動であると述べている。そのうえで，同氏は，ファッションそのものの特徴を踏まえ，ファッション・マーケティングの特徴について，以下のように言及している。

　第1の特徴は，適切なファッション・サイクルである。つまり，ファッション製品はファッション予測，ファッション・トレンドの正確な把握，ファッション・サイクルでの意思決定が重要となる。ブランドのイメージまたはターゲット顧客，および商品の特性によって，適切なファッション・サイクルへの適用が必要となる。

　第2の特徴は，時限性（factor of obsolescence）[72]である。とくにファッション企業がファッション・マーケティングを遂行するさい，ファッション商品はファッション・サイクルの短縮という時限性に制約を受けるという特質を有しており，計画的陳腐化（planned obsolescence）という製品戦略が要求される。

　第3の特徴としては，今日での情報化社会または消費者の高感度化現象はファッション・トレンドの迅速な回転率をもたらし，ファッション・サイクルが短くなり，ファッション・トレンドを反映する商品の回転率も早くなり，それがファッション・マーケティングの重要な要素となると指摘し，迅速な回転率（faster turnover）[73]をあげている。

　第4の特徴として，価格の高い割引幅[74]を取り上げ，それは，ファッション・トレンドあるいはファッション・サイクルの側面から，新しいファッションを紹介し，ファッション・トレンドが適切な導入期の価格水準と，成長期または衰退期の価格水準は割引の幅で調整される。とくにファッション商品の場合，商品の稀少価値と新奇性，供給過剰または飽和状態からくる消費者の倦怠感は，価格割引が不可避な状況をもたらすことになる。

第5の特徴は，季節的要素（seasonal factor）[75]である。つまり，ファッション商品の購買要因には春夏秋冬という季節の変化と気象条件が重要な影響要因である。したがって，気温と季節の変化は，ファッション・サイクルを刺激し，消費者の購買決定を促進させる要素となり，ファッション・マーケティングの重要要素となる。

　最後に，ファッション・マーケティングの第6の特徴は，付加価値の商品であることである。今日，商品に対する消費者の欲求は，単に商品の物質的側面だけではなく，商品のもっている付加価値とイメージを最も重要視している。したがって，ファッション・マーケティング活動はこのような2つの要素のバランスを整えるべきである。

　田村正紀氏は，日米の比較の視点からファッション・マーケティング戦略を分析したうえで，アメリカにおける戦略の特徴として「第1は，アメリカのアパレル企業においては，デザイナーとスタイリストを峻別して，商品企画における企画責任と事業責任を区別すること，第2は，各シーズンの売れ残り商品は海外市場や国内の家庭縫製市場で処分すること，第3は主たる商品クラスとしてはベターゾーン品といわれる付加価値の高い高級品を取り扱うこと，といった戦略を採用している」[76]と言及している。

　さらに，塩浜方美氏[77]は，ファッション産業においては，マーチャンダイザーというポジションで行う活動の範囲そのものが，狭い意味でのマーケティングの内容である。それは，①企画する商品の対象となる顧客の選定，②顧客の嗜好動向，③新しい付加価値の創造という3つの要素から成り立っている。言い換えれば，デザイナーが中心となったファッション産業は，「特定顧客」のための商品生産であったから，デザイナーは常に顧客の嗜好を熟知しなければならない。ファッション産業では，顧客はつねに，「市場」という形で存在する不特定多数である。したがって，商品を企画するその始めから，自己の顧客の特性を把握しなければならない。それゆえ，ファッション市場のなかから，自己の企業の対象とする顧客がだれであるか，どういう特性と属性を持っているのか，それはどのくらい存在しているのかを発見し，それを想定するのがマーチャンダイジングの役割だというのである。ファッション・マーケティングにおいては，他の産業と違って，こ

のマーチャンダイジングの役割が大きいのである。日本におけるマーチャンダイジングの解釈は，アパレル企業においては「商品化または製品化企画」，小売業においては「品揃え，商品選定仕入れ企画」のことを意味している。

以上のように，ファッション・マーケティングの特性に関する捉え方は，学者によって若干異なっている。しかし，これらの諸見解においては，適切なファッション・サイクル，時限性，高い回転率，大きい割引幅，季節的要素が強いこと，付加価値の高い商品などが共通の特徴としていえよう。だからこそ，商品化または製品化企画などに関するマーチャンダイジングの役割が大きいということが，ファッション・マーケティングの特徴であるといえる。

おわりに
―ファッション・マーケティングの今後の課題―

本章においては，ファッションをめぐる諸見解とその特性，ファッション採用動機とプロセスに関する諸見解，およびファッション商品とファッション・マーケティングの概念に関する諸見解を紹介してきた。しかし，ファッションそのものは多面性を持っており，ファッションがとらえにくくなっている。この現象は，ファッション・ビジネスにおいても同じく，まさしくパラダイム・シフトである。つまり，これまでの枠組みが崩壊し，新しい考え方や手法をとらえなければ，ファッション・ビジネスが成り立たなくなってきていると小原　博・鈴木紀江氏ら[78]は述べながら，さらにその要因について以下の3点を指摘している。

まず，同氏らは，第1に，ビジネス面では，競争条件の変化があげられるとしている。規制緩和とグローバル化により，これまで温室効果におかれていた日本市場が，世界市場に押し出された。競争相手は巨大なパワーや規模をもっている。日本国内で通用してきた商慣行や経営手法も，世界が最適だと認めない限り，変革を求められていることは否めない。また，厳しい競争が，情報技術革新と，驚異的なスピードで戦われることも重要な要因であ

る。第2に，消費者の意識や価値観の変化があげられるとしている。マズローの欲求段階説からも明らかなように，今や自信と知識を十分に持つに至った消費者は，『もう一枚必要な服』というより，むしろ「快適で豊かな自分の生活づくり」に関心を持ち始めた。衣料品においては，若いヤング層を除けば，「快適で豊かな自分の生活づくり」の手段の一部に過ぎなくなった。アイテムも，『私のヨリ良いもの』が求められるようになった。第3に，ファッションの変化であるとしている。豊かさと消費者の変化に関連して，ファッションが日常化するとともに，トレンドを追う消費者が減少して，自己のスタイルを追及する消費者が増加傾向にある。高齢化社会もこのような傾向を加速させている。その結果，ファッションにおけるブランドが信頼と自己アイデンティティの意味をなし，特に大きなウェートを占めてきた[79]。

　以上，同氏らの主張からみると，今後のファッションのあり方とファッション・マーケティングの対応すべき課題としては，ファッションの創造者（企業）から享受者（消費者）へのパワーシフトであり，かつファッションまたはファッション・ビジネスのグローバル化の進展の影響であり，さらに情報化の進展と賢い消費者の台頭などがあげられる。

注
1　鶴田満彦「グローバル経済の矛盾」徳重昌志・日高克平編著『グローバリゼーションと多国籍企業』中央大学企業研究所研究叢書23，中央大学出版部，2003年，1ページ。
2　日本ファッション教育振興協会教材開発委員会『ファッションビジネス概論』日本ファッション教育振興協会，1995年，はじめに，190ページ。
3　国民金融公庫調査部『日本のファッション産業』中小企業リサーチセンター，1979年，2ページ。被服文化協会編『服装大百科事典』文化服装学院出版局，1969年。
4　呉　相洛「韓国繊維産業の市場拡大とファッション産業化方案」『ソウル大学経営論文集』第6集，ソウル大学経営学科，1978年，2-3ページ。（原文は韓国語である）
5　Nystrom, Paul. H., *Economics of Fashion*, Ronald Press, New York, 1928, p.4.
　　さらに同氏は，モードとはファッションの類似語である（Mode is a synonym for fashion）と定義している。
6　Troxell, Mary. D., and Elane. Stone, *Fashion Merchandising*, The Gregg/McGraw-Hill Book Company, N. Y, 1981. p.3.
7　Robinson, Dwight E., "Fashion Theory and Product Design", *Harvard Business Review 36,* November-December, 1958, pp.126-138.
　　Robinson, Dwight E., "The Economic of Fashion Demand", *The Quarterly Journal of Economic,* Vol.75, 1961, pp.376-398.
8　Robinson, Dwight E., "Fashion Theory and Product Design", *Ibid.*, p.127.
9　Robinson, Dwight E., "The Economic of Fashion Demand", *Ibid.*, p.376.

10 Bernard. Barber and Lyle. S. Lebel, "Fashion in Women's Clothes and the American Social System", *Social Force 31*, December, 1952, pp.124-131.
11 *Ibid.*, p.126.
12 Jarnow, Jeannette A., and Beatrice Judelle, *Inside the Fashion Business—Text and Readings—*, John Wiley & Sons. Inc., New York, 1974.
13 ファッション総研編『ファッション産業ビジネス用語辞典』ダイヤモンド，1997 年，252 ページ。
14 前掲書，252 ページ。
15 C. M. キャラシベッタ編『ファアチャイルド・ファッション辞典』鎌倉書房，1992 年。
16 田中千代編『服飾辞書』同文書院，1973 年。
17 文化出版局編『服飾辞典』文化出版局，1979 年。
18 この調査は，2004 年 7 月に，ファッション産業人材育成機構の恵美和昭氏とファッション企業である東レ「TORAY」社の元副社長の小林元氏を対象とし，インタビュー方式で行った。
19 人間行動の視点からファッションを概念化しようと試みた代表的な学者は，Simmel (1904), Sapir (1931), Blummer (1969), Sproles (1974) らである。
20 小山栄三『ファッションの社会学』時事通信社，1977 年，32-34 ページ。
21 川本　勝『流行の社会心理』勁草書房，1981 年，39-52 ページ。川本氏は，ファッションという概念を流行の概念として取り上げて流行現象の特質を展開している。しかし，本書では流行の概念をファッションとして取り扱っている。
22 李　好定『ファッション・マーケティング』教学研究社，1993 年，15-16 ページ。
23 方　康雄・尹　明淑「小売機関とファッション商品化政策」『大田大学論文集』第 10 巻第 1 号，大田大学経営学科，1992 年，68-70 ページ。（原文は韓国語である）
24 Kolodny, R., *Fashion Design for Modern*, Fairchild Publication, Inc, N. Y., 1968, pp.15-16.
25 川本　勝「流行の理論」藤竹暁編著『流行・ファッション』至文堂，2000 年，34 ページ。
26 前掲書，33-41 ページ。
27 前掲書，37 ページ。
28 前掲書，37-38 ページ。
29 鈴木裕久「流行」池内　一編『講座社会心理学 3 集合現象』東京大学出版会，1977 年。
30 Ishiyama Akira, *Cosume Lexicon for Fashion Business*, dauitudosya, 1972, p.601.
31 Solomon, Michael R., *The Psychology of Fashion*, Lexington Book, 1985, p.56.
32 Sproles, G. B. (宋　瑢燮・鄭　恵栄訳)『ファッション・マーケティング』法文社，1994 年，21-23 ページ。（原文は韓国語である）
33 Stanton, William J., *Fundamentals of Marketing*, 6th Edition, New York: McGraw-Hill, Inc,1981, p.212.
34 King, Charles W., "A Rebuttal to the 'Trickle down' Theory", *Fashion Marketing*, London, George Allen & Ltd., 1973, p.226.
35 Reynold, William H., "Car and clothing; understanding Fashion Trend", *Fashion Marketing*, London, George Allen & Ltd., 1973, p.371.
36 富澤修身『ファッション産業論―衣服ファッションの消費文化と産業システム―』創風社，2003 年，123-124 ページ。
37 前掲書，124 ページ。
38 柳　洋子「ファッションと流行」藤竹　暁編著『流行・ファッション』至文堂，2000 年，97-106 ページ。

39　前掲書，97 ページ。
40　前掲書，98 ページ。
41　前掲書，98 ページ。
42　呉　相洛「韓国繊維産業の市場拡大とファッション産業化方案」『ソウル大学経営論文集』第 6 集，ソウル大学経営学科，1978 年，2-3 ページ。(原文は韓国語である)
43　恵美和昭「ファッション・ビジネスの構造 (2)『衣生活』5 月号，1990 年，64 ページ
44　前掲稿，64 ページ。
45　薄井和夫『アメリカ・マーケティング史研究』大月書店，1999 年，198-214 ページ。
46　恵美和昭「ファッション・ビジネスの構造 (2)『衣生活』，前掲稿，65 ページ。
47　前掲稿，65 ページ。
48　恵美和昭稿「ファッション・ビジネスの構造 (1)』『衣生活』4 月号，1990 年，18 ページ，同訳 5 ページ。
49　前掲稿，18-19 ページ。
50　前掲稿，19-20 ページ。
51　Greenwood, Moore, K., and M. F. Murphy, *Fashion Innovation and Marketing*, N. Y; Macmillion Publicity Co., 1978.
52　Troxell, Mary. D., and Elane. Stone, *ibid.*, p.384.
53　呉　相洛，前掲誌，3 ページ。
54　前掲誌，3 ページ。
55　西山和正『ファッション産業』東洋経済新報社，1971 年。
56　前掲書，はしがき。
57　福永成明・境野美津子『アパレル業界』教育社，1995 年，19 ページ。
58　ファッション総研編，前掲書，255 ページ。
59　日本ファッション教育振興協会教材開発委員会，前掲書，46 ページ。
60　前掲書，13 ページ。
61　チャネラー『ファッションビジネス入門読本』チャネラー，1996 年，16 ページ。
62　方　康雄・尹　明淑，前掲誌，70 ページ。
63　Packard, S., Winters, Arthur A., and Nathan Axelrod, *Fashion Buying and Merchandising*, Fairchild Publication, Inc, N. Y., 1976, p.9.
64　King, Charles W., "The Innovator in the Fashion Adoption Process", In L. George Smith, ed., *Reflections on Progress in Marketing*, Chicago: American Marketing Association, 1964, p.324.
65　Report of the Definitions Committee (The American Marketing Association), *Journal of Marketing*, Vol.14., No.2, 1948, p.211.
66　Kathryn Moore Greenwood and Mary Fox Murphy, *Fashion Innovation and Marketing*, New York: MaCMillian Publishing Co., 1978, p.174.
67　Marketing Definitions : A Glossary of Marketing Terms, Committee, on Definitions (Chicago Marketing Association, 1960.) 村田昭治監修『マーケティング原理』ダイヤモンド社，1992 年，13 ページ。
68　前掲書，14 ページ。
69　宇野正雄『ファッション・マーケティング』実業出版社，1985 年，22 ページ。
70　前掲書，11 ページ。
71　李　好定『ファッション・マーケティング―ファッションマーチャンダイジング・システムの開発に関する実証的研究―』教学研究社，1993 年，12-14 ページ。

72 Packard, Sidney, and Abraham Raine, *Consumer Behavior and Fashion Marketing*, Wm. C. Brown Company Publishers, 1979, p.23.
73 *Ibid.*, p.23.
74 *Ibid.*, p.23.
75 *Ibid.*, p.23.
76 田村正紀「日本企業におけるアメリカ型マーケティング戦略導入と条件」『国民経済雑誌』第140巻第6号,神戸大学経済経営学会,1979年,55-56ページ。
77 塩浜方美『ファッション産業』日本経済新聞社,1971年,164-166ページ。
78 小原 博・鈴木紀江「外資系企業の日本市場マーケティング―ファッション・ビジネス "Max Mara" の事例―」『経営経理研究』第65号,拓殖大学経営経理研究所,2000年,63-92ページ。
79 前掲誌,65ページ。

第2章

日本における「初期」のファッション・マーケティング技術の移転と戦略

はじめに

　日本におけるマーケティングの本格的展開の始まりは，家庭電器製品に典型的にみられるように，1955年の日本生産性本部によるアメリカへの経営視察団の派遣後に行われたマーケティング技術の導入に求めることができる。しかし，アパレル産業などのファッション産業において，ファッション・マーケティングが展開されるのは，それより遅れており，日米繊維貿易摩擦後の1970年代に入ってからである。それゆえ，ファッション・マーケティングに関する研究は少なく，未だに体系的な研究や著作の出版も少ない状況である。しかも，ファッション・マーケティングの研究は，移転論的アプローチはもちろん，産業論的なアプローチにおいてもほとんど行われていない状況である。

　そこで，本章の目的は，その空白を埋めるための試みとして，マーケティング技術の移転の視点から日本における「初期」のファッション・マーケティング戦略とその特徴について解明することである。本研究の分析枠組みは，数少ないマーケティング技術の移転研究に関する国内外の諸見解を踏まえながら，ファッション・マーケティング技術の移転仮説を設定する。その移転仮説の検証は，既存研究の分析とインタビュー調査による手法を採り入れて行う。具体的に言えば，日本におけるファッション・マーケティング技術が，どの程度アメリカから日本のファッション産業に移転されたのか，またその技術がどの程度修正され現地に移転可能であったのか，あるいは移転

不可能であったのか，不可能な場合それは何故だったのかについて明らかにする。

　第1節においては，ファッション・マーケティング技術の移転研究を整理し，マーケティング技術の国際移転をめぐる諸見解を検討し，ファッション・マーケティング技術の移転研究の方向性について検討している。

　第2節においては，東レの例をあげて，日本でのファッション・マーケティングが総合的・全社的流通問題を解決するマネジリアル・マーケティングの導入と同時になされたこと，さらにインタビュー調査に基づき，ファッション・マーケティングが1970年代初期の日米繊維貿易摩擦後に展開されるようになったことを検討している。

　第3節においては，宇野正雄氏らのファッション・マーケティングの先行研究をはじめ，田村正紀氏の日・米比較研究，安保哲夫氏の日本的生産システムの国際移転モデル，および高橋由明氏の経営管理方式の国際移転についての研究を考察した。その上で，日本での先行研究の限界を考慮に入れて，ファッション・マーケティング技術の移転を規定する制度的環境条件を検討し，日本における「初期」のファッション・マーケティング技術の移転仮説を提示している。

　第4節においては，ファッション・マーケティングの問題を取り扱った数少ない論文である田村正紀氏の「日本企業におけるアメリカ型マーケティング戦略導入と条件」についての研究結果に関して，移転仮説を検証分析する視点から，日本の初期ファッション・マーケティング戦略の展開と特徴について検討している。つまり，日本とアメリカのファッション・マーケティング戦略の内容の類似点と相違点に関しても，アメリカの戦略を日本に移転するさいの平易性（適用・標準化）と難易性（適応化）の視点から検討している。さらに，それを踏まえて移転仮説による技術移転の検証結果に基づいてファッション・マーケティングの技術移転の枠組みを提示している。つまり，「移転対象となる技術のマニュアル化・プログラム化の可能性の度合」を横軸とし，それらを規定する「制度的環境条件の類似性」を縦軸にとって，4つのグループに分類し，ファッション・マーケティング技術の移転に関する一般論的枠組みを試みている。

第2章 日本における「初期」のファッション・マーケティング技術の移転と戦略　41

第1節　ファッション・マーケティング技術の移転研究の位置づけと方向性

　日本においては，アメリカからマーケティング研究が導入されてから半世紀を経過した。しかし，移転論の視点からの日本のファッション・マーケティング研究文献は皆無であるといっても過言ではない。それゆえ，以下においては，マーケティング技術の移転に関する諸見解から，日本におけるファッション・マーケティング技術の移転研究の課題について検討し，そのうえでその移転仮説を提示することにする。

　マーケティング技術の移転に関する研究領域は，Hunt の3つの範疇，すなわち①営利セクターの研究，②マクロ経済の研究，③規範的研究に属することになる[1]。①規範的研究は，マーケティング技術の移転の観点から，何が存在すべきか，組織および個人は何をすべきかを検討するものである。②マクロ的研究は，集計水準に基づく分類において，1国の経済発展を取り扱うものであり，マーケティング・システムを考察するという点から，マクロの領域にあたるといえる。そして，③その設定された目標が利益の実現を含むような組織あるいはその他の実体の研究を含んでおり，さらに利益志向の視点を採る研究が中心であるので，営利セクターに属するといえる。したがって，ファッション・マーケティング技術の移転に関する研究は，営利セクター，マクロ，規範，の各領域に属することになる。その他，これらの領域には，効果・効率的なインフラストラクチャーの開発の重要性，発展途上国におけるマーケティングの社会的責任，経済開発の促進におけるマクロ対ミクロの投入の相対的有効性などに関する研究がある[2]。

　このようなマーケティング技術の移転に関する研究では，以前からその可否をめぐって論争がなされてきた。その論争の主な内容は，現代的マーケティング技術を諸外国の環境に適合することができるのか否かであった。これについては，Wood と Vitell の論文「マーケティング開発と経済開発」に基づき，その見解を考察することにする[3]。

Emlen は，発展途上国における現代的マーケティング技術の直接輸出の必要性を主張した初期の研究者であり，先進国が輸出しうる商品（exportable commodities）としてのマーケティング技術（marketing know-how）を軽視してきたと述べ[4]，その技術の移転の重要性を主張した。また，Elton は，Emlen と同じく，「発展途上国においては，マーケティング管理の能力が欠如しており，それが経済発展の主たる障害物であると述べ，事業を展開するための不可欠の部分となる現代広告（modern advertising）やマーケティング技法（marketing procedures）が必要である」[5]と述べている。さらに，Cranch も，発展途上国への現代マーケティング技術の移転を支持しており，その具体的なマーケティング技術としてマーケティング・リサーチ，流通，プロモーション，パッケージング，メディア選択を取り上げている。しかし，発展途上国へのマーケティング技術の移転は，それらを現地環境にあわせて最小限に修正することにより，発展途上国は，それらに直接に適応することができ，結局は，マス・マーケットへ到達することができる[6]，と述べている。つまり，発展途上国へのマーケティング技術の移転は，その国の経済発展を促しているといえる。

　一方，発展途上国への現代マーケティング技術の移転は，不適用（non-applicability）であるという見解も少なくはない。その論者の1人である Moyer は，アメリカにおいては，確固たる伝統的商業が欠如してきたこと，それゆえイギリスから技術と経営管理技術を迅速に接収してきたことがアメリカ独自の歴史を作り上げ，その新しい事業形態としてマーケティングを誕生させ，発展してきたと述べている。それゆえ諸外国の社会へのアメリカのマーケティング機関，マーケティング・コンセプト，およびマーケティング慣行の移転の場合は，極度の注意を払うべきであると述べている。とくに，近隣または文化的に類似したカナダなどへのアメリカのマーケティング技術の移転はともかくとして，世界人口のほぼ半分を構成する伝統的農業社会と遊牧社会経済においてはほとんど関連性を持たない[7]と述べ，発展途上国へのマーケティング技術の移転については，悲観的見解を示唆している。それに対して，Preston は，最初は Moyer と同様の見解であったが，経済発展のテイク・オフないしテイク・オフ後の段階においては，アメリカのマーケ

ティング技術の移転が可能である[8]ことを示唆している。

　以上，諸外国社会へのアメリカのマーケティング技術の移転に関する見解は，経済発展の段階が単に異なるという理由だけではなく，アメリカの経済発展を支えてきた資本主義の理念や文化的要素などが，マーケティング技術に影響を与えているということである。言い換えれば，風土も習慣も宗教も異なる諸外国へアメリカのマーケティング技術を問題なく移転することは困難であるが，日本における初期のファッション・マーケティング研究においては，それらの環境条件に対してマーケティング技術をどのように修正し適応化していくかがその課題であったといえる。しかし，今のところ，日本においては，ファッション・マーケティングがアメリカから導入されたにもかかわらず，移転論からのファッション・マーケティング研究はほとんど行われていない状況である。

第2節　日本におけるファッション・マーケティング技法の移転背景

1．日本における本格的マーケティングの導入と展開

　日本におけるマーケティングの導入は，第二次世界大戦を境として，アメリカから日本に導入されたとする戦後導入説が通説とされている。Keithの見解[9]に従えば，彼のいう第1段階の「生産志向の時代」，第2段階の「販売志向の時代」，第3段階の「マーケティング志向の時代」，第4段階の「マーケティング・コントロールの時代」のうち，日本にマーケティングが本格的に導入されたのは，第3段階であったといえるのである。

　すなわち，日本において，マーケティングという考え方が一般に知られるようになり，かつ本格的・体系的なマーケティング研究が始められたのは1955年前後である[10]。さらに「マーケティング」という用語が使われ始めたのも1950年代に入ってからであるといわれている。このようにマーケティングの導入が遅れた理由について，片岡一郎氏[11]はつぎのように述べている。「アメリカとの比較の視点から，第1の理由には戦前における日本資本

主義発展の特異性，特に国内市場形成の不十分さの故に製品の販路を海外市場に求めざるを得なかったことがあり，いま1つは，商業資本の特殊な日本的存立状態，すなわち，商業資本は例えば財閥下の商業資本として強大な力を持ち，故に大企業も製品販売に関してはこれらの商業資本に依拠することをもっとも有利としたからである」[12]。片岡氏によると，こうした状態は第二次大戦後を契機に大きく変化したという。すなわち，「わが国の企業は海外市場を喪失し，また財閥も解体された。そして技術革新の発達と消費者の生活意識，消費態度の変化を大きなテコとして，わが国におけるマーケティングへの関心が急速に高まり，マーケティング論の研究も活発に展開されていった」[13]というのである。

1955年の日本の経済的状況については，「早くも特需に依存した経済からの脱却を可能とし，経済発展の新たなる飛躍の段階を迎えていた。それは，大量生産体制の確立と強化という大きな課題が提示された時期でも」[14]あった。「もはや戦後ではない」といわれた1955年には，1人当りのGNPは300ドルにも及ばないころであったが，その後は，軍事費の重みから解放されていたので，消費者のニーズは旺盛であった。食衣両生活面においては，需要が満足され，三種の神器ブームが起こる直前でもあった[15]。これらのうち家庭電機製品は，文化的生活に不可欠なものであったが，最初から黙っていても売れるとは考えられなかったという。すなわち，日本におけるマーケティングの導入期においては，大量生産体制を整えつつあった大規模製造業者にとって，製造業者の立場からの市場調査，製品計画，価格政策，広告政策，販売経路政策，物的流通政策などといった個々のマーケティング問題を解決しなければならなかった。しかし，他面でそれらを消費者志向という統一的観点から統合するというマーケティングの実践も急務であった[16]といえる。

このような状況のなかで，第二次大戦後，日本への本格的マーケティング導入時の研究は，戦前のその萌芽的マーケティング研究とは全く異なっていた。むしろ，戦前のマーケティング研究とは，断絶したものとして展開されてきたといえる[17]。1956年に，日本生産性本部が12名からなる「マーケティング専門視察団」を派遣し，その視察団が，視察後，「日本においては

マーケティングが遅れている」との発言をするが，日本経済新聞は，これについて「学ぶべき市場対策」として報道した。さらに翌1957年に出版された「マーケッティング専門視察団」の報告書の中においては，アメリカの企業では，マーケティングはきわめて重要となっており，「販売」から「マーケッティング」へのコペルニクス的回転が行われ，消費者満足を図る努力が実践されていることが記録された。

こうして，日本におけるマーケティングの本格的導入は，「マーケッティング専門視察団」の報告書の出版を契機としたといわれており，戦後導入説が有力である。以来，マーケティングは，日本における経済の高度成長期を通じて主として大規模製造業者に普及していったのであった。その状況の中でのマーケティングとは，競争企業間との総合的，全社的販売・流通問題を解決するマネジリアル・マーケティングであり，企業が競争優位に立つための技術としてのマーケティングとして性格づけられるものであった[18]。こうした状況はもちろん，ファッション産業においても例外ではなかった。なぜならば，生産性本部から派遣されたのは，繊維産業企業のほかに電気，食料品，製鉄，製紙各産業，通産省，宣伝機関などの人達からなる混成チームであった（繊維業界からは森浩氏が選ばれた）[19]。その後，アメリカからの直訳型のマーケティングに対する反省を経て，幾多の経験を積み重ねながら，日本におけるマーケティングは，若干の時間的ズレはあるものの，アメリカにおける発展プロセスと同じ軌跡をたどりながら今日に至っている[20]。しかし，ファッション・マーケティングの本格的展開は，次項で述べるように，1970年代に入ってからである。

2．日本におけるファッション・マーケティング技法の移転背景

日本におけるファッション・マーケティングの概念がいつ，どのように導入されたかについては未だに明確にされておらず，その研究さえも皆無である。このことについて，塚田朋子氏は，欧州（とくにフランス）においては，文化を具現化する「産業」としてファッションが位置づけられているが，日本においては社会科学の重要な研究対象と位置づけられたことがなく，アメリカにおいてもファッションそのものを対象とするマーケティング

研究はほとんど見当たらない。同氏は，マーケティング研究者が，自国のファッションそのものをなおざりにしていたという事態は，重大な問題である[21]と指摘している。

とはいえ，日本へのファッション・マーケティング技術の移転は，アメリカからのマーケティング導入の時期に比べ若干遅れたが，その内容といえば，マネジリアル・マーケティングであり，その個別経済的研究アプローチとしてのファッション・マーケティングの概念であったといえよう。なぜならば，日本において，1950年代アメリカからマーケティングを導入するさい，ファッション産業においては，構造的に停滞しつつある繊維産業再生の切り札としてファッション・マーケティングが注目されたのであった。その当時，ファッション産業を育成する方法論としては，ほとんどの場合日米の比較視点からそれぞれの差異を分析し，そのギャップを埋めるような戦略提案が多かったからである。

ファッション産業においては，その性格上，企業の扱っている製品は流行品（ファッション製品）である。この種の流行品については，消費者の嗜好はきわめて多種である。ファッション製品を特徴づける製品属性次元としては，シルエット，装飾，素材，色，柄などがある。それについての消費者の選考は，きわめて多様かつ異質であり，個人によるサイズの相違，価格の相違も異なるのである。それゆえ，多品種少量生産は宿命となり，その取り扱っている品種の数は数えきれないくらい多いのが普通である。しかも，それらの多品目の商品の各々がきわめて短い製品ライフサイクルを持つ。要するに，ファッション産業が直面している不確実性はきわめて大きいといえる。ファッション産業がこのような性格を有していたがゆえに，企業は，市場の不確実性の問題を解決する手法として積極的にファッション・マーケティングの概念・技術を移転しようとしたといえる。

「ファッション産業人材育成機構」の恵美和昭氏へのインタビュー調査[22]によれば，ファッション産業企業において，マーケティング部門が設置されファッション・マーケティングを展開するようになったのは1970年代初期である。それは，日米繊維交渉が決裂し，国内需要を掘り起こさなければならなくなったことによるという。東レなどが，化学繊維製品の大量生産が可

能になって，シャーベット・トーンのファッションキャンペーンを展開したのが，その典型的な事例であるということである。要するに，ポリエステルでは，初期は鮮やかな色を作ることができなかった。それゆえ，東レは，それを流行させるため，百貨店などでイベントを企画し実行した。つまり，ファッション・マーケティングの中核をなすのは，市場の不確実性に対して，ファッション企業がどのように対処するかの戦略として行われたというのである。

第3節　ファッション・マーケティング技術の移転に関する既存文献研究と移転仮説

1．技術移転に関する既存文献研究のレビュー
(1) 宇野正雄氏らの先行研究と限界

一方，日本において，アメリカからマーケティングが導入されて以来，マーケティングの研究の視点もすでに量のマーケティングから質のマーケティングへと変化している。とくにファッション・マーケティング分野においては，衣料品や身回品のみならず，生活全般の商品サービスに関わる問題を取り扱っており，今日でもその研究が要請されている。ファッション・マーケティングの先行研究のレビューの意味はそこにある。しかし，日本において，ファッション・マーケティング研究の総論的な研究といえば，宇野正雄・江尻　弘・菅原正博・十合　暁共著の『ファッション・マーケティング』[23]の文献を除いては，ファッションを体系的に扱った文献は出版されていないのが，現状である。そこで，宇野氏らの先行研究をレビューしながら，日本におけるファッション・マーケティング研究の限界と課題について検討する。

宇野氏らの『ファッション・マーケティング』は，日本におけるファッション・マーケティングに関する最初の研究文献であった。宇野氏らの『ファッション・マーケティング』の文献は，第4編全16章構成となっている。第1編においては，第2・3・4編の分析の前提となるファッション・

マーケティング研究について，宇野氏が総論的研究を行っている。第2編以下においては，江尻　弘，菅原正博，十合　暁の諸氏が理論と実践の両面からそれぞれの問題について論じている[24]。

第1編の「ファッション・マーケティングの研究」において，宇野氏は，日本においても，アパレルだけでなく，幅広くファッションがクローズアップされたことにより，ファッション時代が到来したと述べ，それは結局，既存の生活などが量的拡大から質的充実へと変化し，消費者はひと時のようなファッションへの関心から，さらに高次元でのファッションを求めたと述べている。そのことを通して消費者の購買行動にもその変化が現れ，流通の再編成の必要性を述べている。さらに，ファッション・マーケティングの基本原理については，マーケティング研究の基本原理は，ファッション関連であれ，そうでないものであれ，変わるものではないとしている。しかし，これをファッションに適応しようとする場合には，市場細分化戦略として，いかなる市場に細分化するかを明確にせねばならないと述べ，市場標的の設定の重要性を論述している。ファッション・マーケティングはここから出発して，商品計画，セールス，アフタサービス，物流などを，いかに具体的に展開するかであると述べている。

以上の宇野氏らによる既存研究から考察すると，ファッション・マーケティング研究は，マーケティング研究の基本原理と同様であるが，ファッションの場合は市場の細分化戦略と市場標的の設定が重要であると述べている。しかし，ファッション・マーケティングはファッションそのものが商品であるので，宇野氏はそれとの関わりを論じていない。このことは，既存研究の限界といえよう。また，ファッション・マーケティングの概念と定義などに関する諸研究はほとんど行われておらず，その結果ファッション・マーケティングの範囲があいまいであることも，その限界といえよう。さらに，日本におけるファッション・マーケティング研究は，産業論的な視点からも，個別企業の視点からも十分になされているとは，いえないであろう。この点についての研究が課題といえる。

(2) 田村正紀氏の研究と限界

田村正紀氏は，日本のアパレル産業を対象として実態調査を行い，アメリ

カのアパレル企業のマーケティング戦略（以下はアメリカ型ファッション・マーケティング戦略と省略する）の各要素と日本のアパレル企業のマーケティング戦略の各要素との間には，どのような類似点と相違点が存在するかについて明らかにしている（表2-1を参照）[25]。結論を先どりして言えば，日本のファッション・マーケティング戦略は，アメリカ型ファッション・マーケティング戦略に傾いているものの，両者の間にはかなりのギャップが

表2-1 日本アパレル企業のアメリカ型マーケティング戦略への類似度　　N＝123

アメリカ型マーケティング戦略	平均値	標準偏差	同質性係数
① 消費者調査，消費者パネル，アンテナショップなどを通じて最終消費者の嗜好の動向を直接につかもうとしている。	4.4	1.7	0.72
② 目標となる消費者層を明確に確定した上で，商品企画を行っている。	5.8	1.0	0.85
③ 目標とした消費者層については素材メーカーと十分に連絡がとれている。	5.1	1.5	0.77
④ 素材メーカーとよく共同商品企画を行う。	3.7	1.9	0.66
⑤ 営業成果については素材メーカーと共同責任体制をとる（例えば，取引契約の履行）	3.0	1.9	0.61
⑥ 目標とした消費者層については販売先と十分に連絡がとれている。	5.4	1.3	0.81
⑦ 販売先と共同商品企画をよく行う。	4.6	1.5	0.75
⑧ 営業成果については販売先と共同責任体制をとる（例えば，取引契約の履行）	3.2	1.9	0.62
⑨ デザイナーは，商品企画責任だけで事業責任は負わせない。	5.3	1.9	0.73
⑩ 各シーズンの売残り商品は見切ってその期で処分してしまう。	5.3	1.7	0.76
⑪ 主たる商品クラスとしてはベターゾーン品を取り扱っている。	4.9	1.7	0.74

注1：1＝全く似ていない，2＝殆ど似ていない，3＝やや似ていない，4＝どちらでもない，5＝やや似ている，6＝殆ど似ている，7＝全く似ている，という7点尺度による評価システムを用いた。

注2：同質性係数Hは次式で算出した。$H = \dfrac{1}{1+\dfrac{\sigma}{X}}$, $0 \leq H \leq 1$　ここでX＝平均値，σ＝標準偏差

出所：田村正紀「日本企業におけるアメリカ型マーケティング戦略導入と条件」『国民経済雑誌』第140巻第6号，神戸大学経済経営学会，1979年，56ページ。

存在しており，そのギャップは，具体的な戦略の使われ方によってかなり異なっているとしている。

例えば，アメリカ型ファッション・マーケティング戦略と最も類似性が高い戦略は，表2-1の②の「目標となる消費者層を明確に確定した上で商品企画を行っている」という市場細分化戦略である。しかし，市場細分化戦略におけるターゲットの設定にさいして用いられる情報については，アメリカと日本では異なっている。

素材メーカーおよび販売先のいずれの場合においても，協調度が高まるにつれて類似性が低下していく。この点については，「情報伝達」（表2-1の③・⑥），「共同商品企画」（表2-1の④・⑦），「共同責任体制」（表2-1の⑤・⑧）というように協調度が高まるにつれて，その平均値が低下していくことに現れている。とくに，共同責任体制の確立については，素材メーカー，販売先のいずれを問わずアメリカ型のそれとのギャップは非常に大きい。

素材メーカーと販売先との企業間連携システムと共同責任体制の平均値をみると，販売先を相手方とする企業間連携システムと，共同責任体制の方が少し高くなっている。そして，デザイナーとスタイリストの区別や売れ残り品の処分については，相対的に高い類似性を有している。しかし，「主たる商品クラスとしてベターゾーン品を取り扱っている」という戦略においては，その類似性が相対的に高いとはいえない。

しかしながら，以上の田村氏のこの研究調査は，日米のファッション・マーケティング戦略について日米の比較の視点から，それらの格差が包括的かつ明確に示されているが，ファッション・マーケティング戦略の中核をなしている構成要素（fashion marketing mix）については言及されておらず，かつ体系的に論じられていないことが，その限界といえる。つまり，ファッション・マーケティング戦略の構成要素のうち，どの要素が類似しているか，どの要素が異なっているかについてまでは分析されていない。

(3) 安保哲夫氏の日本的生産システムの国際移転モデル

安保哲夫氏は，生産システムの構成要素として23項目を取り上げ，それらを6つにグルーピングした「6グループ・23項目」から作業枠組みを作

成し,日本の親工場をモデルとしそれの国際移転モデルを提示し,実証研究を行った。安保氏らは,「適用」とは「無修正での直接利用」であるのに対して,「適応」とは「現地に合わせての修正的利用」を意味する適用・適応（ハイブリッド）度評価表に基づき分析している。以下,それぞれの要素の日本的生産システムの移転内容の結果のみを簡潔に紹介することにする[26]。

　グループⅤ「労使関係」とⅥ「親－子関係」の適用度（直接利用度）が最も高く[27],グループⅡ「生産管理」は,「作業組織とその管理運営」とともに分析枠組みではコアシステムを構成するものであるが,適用度は総平均と等しい3.3となった[28]。しかし,グループⅠ「作業組織とその管理運営」では,その適用度は2.9と総平均を下回り,6つのグループのうちでもっとも低くなったが,日本方式をある程度制度的には持ち込みえたことがこの平均に反映されている[29]といえる。またグループⅢ「部品調達」は,適用度が3.0となり,総平均を下回っており,日本からの部品の「直接」持込みの程度と現地における日本的な部品調達の「方式」との2つの側面を判断する項目から成り立っている[30]。さらに,グループⅣ「参画意識」の適用度においても3.2と総平均を僅かに下回ったが,日本と環境条件の異なるアメリカにおいて,コアシステムの適用を促すための雰囲気を形成しようという日本企業の姿勢がかなり強いことを示している。

　しかし,アメリカにおいては一定の制約もあり,適用度が下がる要因となっている。つまり,日本的経営・生産システムのコア部分の適用度は相対的に低く,むしろコアシステムの適用を支えるサブシステムの適用度のほうが高い。他方では,労使関係面で日本方式の適用を容易にする環境条件の選択やそのための施策の結果を意味する「労使関係」や,日本人派遣社員ないし日本側の主導力を測る「親－子関係」のグループの適用度は高い。そのもとで部品をほどほどに現地調達しながら,生産設備主導の「生産管理」の高適用によって,全体としての適用度の水準を維持されていることが明らかになった。

　以上の安保氏の国際移転モデルについて,高橋由明教授[31]は,「生産設備・生産技術」の移転の場合は,本国企業から海外現地企業への生産設備および生産技術の移転は,比較的に容易であるとしている。なぜなら,それは

機械そのものであったり，人間と機械の関係に依存しており，どちらかというとその国の技術レベルに関係しても，その国の人々の文化（価値）からは比較的中立的であるからである。つまり，これらの諸要素は，ペーパーにマニュアル化・図示化することができ，かつコンピュータにプログラム化できる技法である。換言すれば，それは一種のルーティン化された技術であるから，これらの諸要素は海外事業の経営に容易に移転することができるというのである。しかし，ここで企業が考慮すべきことは，ルーティン化可能な生産技術ないし生産システムともいえども，それが移転されスムーズに機能するかどうかは，その国の科学・技術のレベルに強く依存するということである。すなわち，正確には，生産技術ないし生産システムが移転できるかどうかは，その国の科学者・技術者のレベルに，ひいてはその国の教育・訓練システムに強く依存するといえるのである[32]。しかし，「生産工程のメインテナンス及びセット・アップ技術は，その国の科学・技術のレベルだけでなく作業組織編成のレベルにも依存する。このような機械と人間の関係に基づく技術ないし技法は，本国から海外に移転しやすいといえる。なぜならば，これらの技術は，繰り返される生産技術であり，マニュアル化しやすいからである」[33]としている。

　一方，人間と機械の関係だけでなく人間と人間の関係に依存する経営管理方式とか経営組織の移転の場合は，同教授によれば，本国から海外の現地企業へのその移転は決して容易とは言えないとしている。これらの諸要素は，その企業やその国の人々の風土・文化（価値）と結びついて長時間かけて作り出されたものであるから，海外の子会社であっても，さらに外国企業の場合はなおさら，その移転は困難である。その移転は，海外企業の現地人管理者，従業員がそれを理解し納得しそれを価値として受け入れないかぎり，スムーズにはいかない。経営管理方式，経営システムの移転には時間がかかる[34]というのである。

　以上，安保氏の国際移転モデルは，その移転対象となる技術が製造業であるが，ファッション・マーケティング技術の移転研究において，直接的な影響を与えないとしても，間接的には影響を与えているといえる。なぜならば，ファッション・マーケティング技術の移転においても，移転対象となる

技術は機械そのものであったり，人間と機械の関係に依存したり，人間と人間の関係に依存したりするからである。しかし，ファッション・マーケティング技術は，機械または人間と機械の関係に依存する技術的側面よりも，人間（その国の消費者）と人間（ファッションを提供する企業経営者）に依存する，つまり文化と深く関係する管理的な側面が強いといえる。

2．ファッション・マーケティング技術の移転の前提条件と移転仮説
(1) ファッション・マーケティング技術の移転の前提条件

以上，既存の技術移転の文献研究においては，宇野氏らのファッション・マーケティング研究と，田村氏の日米を比較する視点からのファッション・マーケティング戦略の研究，さらに安保氏の「日本的生産システムの国際移転モデル」について検討してきた。

田村氏が行った実証研究調査においては，日本とアメリカのファッション・マーケティング戦略の間にはかなりの異同が生じている，ことが明らかになった。その異同が生じた理由について，同氏は，マーケティング戦略は環境条件適合的であるため，ファッション・マーケティング戦略を，それが形成された制度的環境条件から切り離し，別の制度的環境条件のもとで導入しても必ずしも成功するとは言い切れないと述べ，その移植の成功条件として，「制度的関連性」が低い場合と高い場合に分けて考察していた[35]。

この場合，同氏のいう「制度的環境条件」とは，その国特有の流通システム，大型仕入先業態などのマーケティングに関する制度を意味していることは明らかであろう。制度的関連性が低いということは，その国の社会的・文化的影響を受けない単なるマーケティング技術などであり，制度的関連性が高いということは，その国の特有な社会的・文化的影響を受けるマーケティング技術・経営制度といえよう。

田村氏によると，第1の移植の成功条件は，その戦略の制度的関連性が低いことである[36]。制度的関連性とは，ある戦略が制度的環境に埋め込まれている程度であり，その関連性が低いほど，環境の異質性を超えて，種々な条件のもとで有効である。それは，複数の異質的環境に対してマーケティング戦略を「標準化」[37]することができるからである。

第2のその成功条件は，制度的関連性が高い場合の戦略の実施の仕方にある[38]。この場合は，その戦略が，①環境依存型なのか，②環境改変型なのかによって分類できる。言い換えれば，マーケティング戦略が環境を改変し，長期的にはその戦略を有効に作用させる場を創造する能力を自ら持っているかどうかによって分けられている。①環境依存型ファッション・マーケティング戦略の場合においては，その能力を有していないから移植の成功条件は2つの国の環境（例えば，アメリカと日本の経営システム）の類似性にある。その類似性が大きくなればなるほど，移転の成功率は高くなるといえる。これに対して，②環境改変型ファッション・マーケティング戦略においては，あらゆる環境条件のもとで，ファッション・マーケティング戦略の標準化が可能となるといえる。つまり，2つの環境条件を同じにすることができるので，類似性が多くなる。

つまり，ファッション・マーケティング技術の移転の成否は，移転しようとする国と導入国の間において，「制度的環境条件」と移転対象となる技術の類似度またはマニュアル化・プログラム化の可能性の度合によって決定されるといえる。ここでいう「制度的環境条件」は，移転対象となるファッション・マーケティングの技術の規定要因を指すが，田村氏はそれらについて定義していないのである。

しかしながら，高橋由明教授[39]は，移転対象となる技術を規定する「制度的環境」の要因として，「文化構造」，「経済過程」，「企業内外の諸『組織』」という3つの要因をあげている。これらの諸要因は，「ある時代には，文化構造の要因が他の2つの要因の両者ないし片方に強く影響を及ぼすこともあるが，別な時代には，経済過程の要因が他の2つの要因に強く影響を及ぼす場合がある。一般的には，文化構造の変化は遅く暫時的であるのに対して，経済の変化は速く，その変化が激しいときは，経営組織やそれぞれの価値をもつ人々の行動にも激しい影響を及ぼすとしている」[40]としている。

以上の高橋氏の見解で，特に注目すべき点は，文化構造とは個々人の思考・行動様式とは，各国の消費者の行動も含まれており，経済過程とは単なるマクロ的な経済発展のみでなく企業間の取引関係をも含まれており，したがって高橋氏は，「制度的環境条件」についてより明確に提示しているとい

える。

　第1の「文化構造」について，同教授は，ある時代のある国の個々人の思考・行動様式，すなわち生活目的・目標，価値体系，社会的格付（social ranking），行動基準の型（pattern of conduct）を意味するという中川敬一郎氏の見解を述べ，「そのほかに文化そのものを構成するといえるその国の宗教，政治，法律，教育といった各制度によって形づくられたものとしている。この直接に文化構造を形成する諸制度は，国によって異なり，しかも他の2つの要因から影響を受ける場合もあれば，経済過程や企業内外の諸組織に影響を与える場合もある」と文化構造要因を規定している。

　第2の「経済過程」の場合は，企業家ないし経営者の意思決定を制約する外部的経済要因を意味するとしている。ある国の企業家ないし経営者によってなされる意思決定との関連で経済過程を具体的に分析しようとするならば，その国の経済発展を個別歴史的観点から考察するだけではなく，他国との比較歴史的視点が必要である。

　第3の決定要因は，「企業内外の諸『組織』」である。この要因は，先の2つの要因と比較すると，移転対象となる技術を規定するという観点からみれば相対的に独立した要因である。この企業内外の諸組織は，他の2つの要因に比べ相対的独立性を有しているとはいえ，文化構造と経済過程からの影響を看過してはならない。なぜならば，企業組織を構成する個々人の行動は，その国のその時代の文化構造や経済過程によって規定されるし，また企業経営者の行う意思決定も，相手競争企業の行動動向，その企業の属する産業部門の動向，さらには全体経済の動向といった経済過程はもちろん，自社内の従業員の意識動向にも制約される。

(2)　ファッション・マーケティング技術に関する移転仮説

　以上の技術移転の既存研究と前提条件から検討することにより，以下のような日本における「初期」のファッション・マーケティング技術の移転に関する仮説が提示できる。

《移転仮説1》

> ファッション・マーケティング技術の移転は，移転しようとする国と導入国の間において，マーケティング・インフラストラクチャーの発展度合などの制度的環境条件（「文化構造」，「経済過程」，「企業内外の諸『組織』」）や移転対象となる技術の類似性が大きくなればなるほど，そのまま導入するという「適用化（Application）」（第Ⅲ象限），もしくは「部分的適用化」（第Ⅱ象限）による移転が容易である。

ここでいう「技術の類似性が高い」というのは，ペーパーにマニュアル化・図示化することができ，かつコンピュータにプログラム化できる，いわゆる一種のルーティン化された技術を指す。これらの諸技術は機械そのものであったり，人間と機械の関係に依存しており，どちらかというとその国の技術レベルに関係しても，その国の人々の文化（価値）からは比較的中立的である。しかし，ここで企業が考慮すべきことは，ルーティン化可能な技術といえども，それが移転されスムーズに機能するかどうかは，その国の科学・技術のレベルにも強く依存するといえる。部分的適用化（第Ⅱ象限）とは，移転対象となる技術はマニュアル化・図示化することができるものの，それらを規定する制度的環境条件に僅かな影響を受ける技術であり，完全な適用化ではなく，どちらかというと適用化に近い技術移転である。

《移転仮説2》

> ファッション・マーケティング技術の移転は，移転しようとする国と導入国の間において，マーケティング・インフラストラクチャーの発展度合などの制度的環境条件（「文化構造」，「経済過程」，「企業内外の諸『組織』」）や移転対象となる技術の類似性が小さくなればなるほど，その技術は修正の必要が生じ，適用が困難になり，「適応化（Adaptation）」（第Ⅰ象限）もしくは「部分的適応化」（第Ⅳ象限）による移転とならざるをえない。

ファッション・マーケティング技術の移転は，移転しようとする国と導入国の間において，マーケティング・インフラストラクチャーの発展度合など

の制度的環境条件(「文化構造」,「経済過程」,「企業内外の諸『組織』」)や移転対象となる技術の類似性が小さくなればなるほど,その技術は修正の必要が生じ,適用が困難になり,「適応化(Adaptation)」(第Ⅰ象限)もしくは「部分的適応化」(第Ⅳ象限)による移転とならざるをえない。

ここでいう「技術の類似性が低い」というのは,ペーパーにマニュアル化・図示化することができず,かつコンピュータにプログラム化ができない,いわゆる一種のルーティン化できない技術を指す。これらの諸技術は人間と機械の関係だけでなく,人間と人間の関係つまり文化に深く依存しており,制度的環境条件に強く依存するといえる。部分的適応化(第Ⅳ象限)とは,移転対象となる技術はもともとマニュアル化・図示化することができないが,それらを規定する制度的環境条件に比較的に影響を受けない技術であり,どちらかというと完全な適応化(修正)ではなく,適応化に近い(部分的修正の)技術移転である。

しかしながら,国際移転の研究においては,その移転対象となる技術をめぐって「標準化(Standardization)・現地化(Localization)」仮説と「適用化(Application)・適応化(Adaptation)」仮説がある。まず,「標準化・現地化」仮説に関する諸研究においては,Buzzellの研究[41],Sorenson=Wiechmannの研究[42]をはじめ,1980年代に入るとLevittの研究[43],Porter[44]らはグローバル・マーケティングの標準化を推奨する議論が多かった。しかし,これらの研究の共通点は国際移転研究の視点からいえば,「内なる国際化」の概念よりも,「外なる国際化」の概念の側面が強く反映されており,移転対象となる技術を受け入れる側(企業・産業・国)を無視する傾向があるといえる。それに対して,安保哲夫氏による「日本的生産システムの国際移転モデル」における「適用化・適応化」の仮説においては,どちらかというと「内なる国際化」の視点から技術の移転を捉えているといえる。つまり受け入れ側の視点からの移転研究であるといえる。

それゆえ,以上の2つの移転仮説においては,安保哲夫氏による日本的生産システムの国際移転モデル」の見解に基づき,「適用化」・「適応化」の概念として用いることにする。つまり,① 日本企業は,アメリカにおける現地生産で,日本的経営・生産システムを「適用」しようとする。ここで,

「適用」とは，日本的生産システムのアメリカへの持ち込み，つまり移転を意味する。しかし他方，②そうした「適用」が，現地の経営環境や諸条件によってさまざまな制約を受け，変形・修正されたり，むしろ現地諸条件への「適応」を迫られる場合もある。これは，日本システムの修正ないしアメリカ方式の採用を意味する[45]。いわゆる移転対象となる技術は適応化のプロセスを辿ることになる。

第4節　移転仮説による日本の初期ファッション・マーケティング戦略の検証

　日本におけるマーケティング導入の1つの特徴は，アメリカで生成・発展してきたマーケティングの理論や技法をほとんど無批判的に導入し展開してきたことであるといわれている。ファッション産業においても例外でなく，多くの企業がマネジリアル・マーケティングを中心とするマーケティング技法の導入に努力してきた。それは，マーケティングについての単純な一元的発展観，いわゆるアメリカで成功したマーケティング戦略を日本へ導入すれば，日本のマーケティング問題は解決できるという考え方である。しかし，ファッション・マーケティングの技術が日本に導入されて以来，それがどのように展開されたかについての研究は，今のところ田村正紀氏の研究[46]しか見当たらない。それゆえ，以下においては，同氏による一元的発展観についてアパレル産業を対象とした実証研究の貴重な成果を踏まえつつ，第2節で提示した「移転仮説1・2」に基づき，国際移転論の視点から日本における「初期」のファッション・マーケティング戦略の展開とその特徴，およびその移転の条件について検証する。

1．日本における「初期」のファッション・マーケティング技術の移転と特徴

　すでに指摘したように，日本においてファッション・マーケティングを導入しようとした契機は，日本のファッション市場の不確実性にどのように対

処するかの戦略の方法論として導入したといえる。その後，それがどのように移転され展開されたかが大きな関心事となる。その際，すでに2節でレビューした田村氏の実証研究は，日本における「初期」のファッション・マーケティング戦略の展開に関する研究の土台であるといえる。同氏による実証研究において明らかになったアメリカ型ファッション・マーケティング戦略は，以下のようにまとめることができる[47]。

　第1に，アメリカにおいては消費者調査，消費者パネルなどを通じて最終消費者の嗜好の動向を直接的に把握し，その最終消費者情報に基づいて市場標的が設定され，その標的に訴求する製品の企画が行われている。つまり，最終消費者情報に基づく市場細分化戦略が徹底的に追及されているのである。

　第2に，アメリカにおいては市場標的の確定を基礎として，素材メーカー，アパレル企業，および流通業者の間に垂直的な企業間連携システムが作り上げられている。アパレル企業は素材メーカーや販売先に対して市場標的とする消費者層の情報を流し，その市場標的を対象とした製品を開発するために，素材メーカーや販売先と共同商品企画を行っている。

　第3に，アメリカにおいては，アパレル企業と素材メーカーおよび販売先との間に取引条件が明記され，それについての契約を通じて営業成果についての共同責任体制が確立されている。つまり，アパレル製品についての生産・流通システムにおける集団規範が明確になっている。

　さらに，アメリカのアパレル企業においては，デザイナーとスタイリストを峻別して，商品企画における企画責任と事業責任を区別し，各シーズンの売れ残り商品は海外市場や国内の家庭縫製市場で処分し，主たる商品クラスとしてはベターゾーン品といわれる付加価値の高い高級品を取り扱う，といった戦略を採用している。

　しかし，日本における「初期」のファッション・マーケティング技術の移転の特徴は，第2節の表2－1で示されるように，類似度の平均値が高い項目（5.0以上）は，②「目標となる消費者層を明確に確定した上で，商品企画を行っている（5.8）；プロダクト・ポジショニング」，⑥「目標とした消費者層については販売先と十分に連絡がとれている（5.4）；プロモーション

戦略」，⑨「デザイナーは，商品企画責任だけで事業責任は負わせない（5.3）；商品企画」，⑩「各シーズンの売残り商品は見切ってその期で処分してしまう（5.3）；価格割引政策」，③「目標とした消費者層については素材メーカーと十分に連絡がとれている（5.3）；製品差別化」といった順番になっている。

　類似度の平均値が4.0程度の項目は，⑪「主たる商品クラスとしてはベターゾーン品を取り扱っている（4.9）；高価格政策」，⑦「販売先と共同商品企画をよく行う(4.6)；製品開発」，①「消費者調査，消費者パネル，アンテナショップなどを通じて最終消費者の嗜好の動向を直接に掴もうとしている（4.4）；市場細分化戦略」といった順番になっている。

　一方，類似度が総平均より低かった項目（4.0以下）は，④「素材メーカーとよく共同商品企画を行う（3.7）；製品の多様化」，⑧「営業成果については販売先と共同責任体制をとる（3.2）；川下の流通チャネル戦略」，⑤「営業成果については素材メーカーと共同責任体制をとる（3.0）；川上の流通チャネル戦略」といった順番になっている。さらに，調査項目には示されていないが，市場細分化戦略におけるターゲットの設定にさいして用いられる情報については，アメリカと日本では異なっていることである（マーケティング・リサーチ）。つまり，アメリカのアパレル企業は最終消費者の嗜好の動向を直接的にリサーチするのに対して，日本のアパレル企業はこの種の戦略をそれほど採用していないことである。日本のアパレル企業が用いているファッション情報源は，主にその企業の海外提携先であることが多い。

　以上の視点から分析すると，ファッション・マーケティングの構成要素のうち製品戦略と深く関係する技術は，②・⑨・③・⑦の項目である。これらの項目の類似度の平均値が4.0以上と高かったのは，移転論の視点から言えば，日本においてアメリカ型ファッション・マーケティング技術がスムーズに移転された結果（適用）といえる。これらの諸技術の類似度（適用度）が高い理由は，すでに第4節においても述べたように，ファッション製品の属性は，シルエット，装飾，素材，色，柄などがあるが，それについての消費者の選考はきわめて異質的であり，さらに個人によるサイズの相違，価格の相違も付け加わる。それゆえ，多品種少量生産は宿命となり，その取り

扱っている品種の数は数えきれないくらい多いのが普通である。しかも，それらの多品目の商品の各々がきわめて短い製品ライフサイクル（PLC）を持つ，という特質から構成されているからである。

しかし，製品戦略と深く関係する④の項目（製品の多様化）の類似度は3.7と総平均をわずかに下回ったが，日本はアメリカより商品属性についての消費者嗜好が多面的かつ異質的だからである。

価格戦略と深く関係する技術は，⑩・⑪の項目である。例えば，これらの技術の類似度（適用度）が高い理由は，ほとんどのファッション商品はPLCの短い商品であり，そのPLCが切れたときには大幅な値引きをしないと売れない商品である（⑩の項目），さらに付加価値の高い商品である（⑪の項目），という特徴を有しているからである。

プロモーションと市場細分化の戦略の技術と深く関係する項目は，それぞれ①と⑥である。これらの諸技術においても，類似度（適用度）が高い理由はすでに取り上げたファッション商品の属性と深く関係することはもちろん，本書の第1章の第1節でもすでに論じたように，次のファッションの特性と密接な関わりを持っているからである。つまり，ファッションの特性としては，①美的関心の一般性を持っている，②服飾における世論形成をする，③時宜に適する，④継続性と時限性を有している，⑤ファッション・サイクルを持っている，⑥拘束性を持っている，⑦変化テンポの加速性をもっている，⑧螺旋的（スパイラル）に進行する，⑨欲求不満の補償作用を有している，点などが上げられる。

流通チャネル戦略と深く関係する項目は，⑤（川上の流通チャネル）・⑧（川下の流通チャネル）の項目であるが，13項目のうち類似度が一番低い項目となっている。その理由について，田村氏は，日本のアパレル産業では書面契約を欠いた取引契約が横行し，また百貨店取引などに典型的にみられるように優越的地位を用いた返品制などが存在することを反映したものであり（⑤の項目），また日本では素材部門とアパレル部門との分断傾向を表したものである（⑧の項目）[48]からとしている。

それぞれ異なった環境については，田村氏が実証分析した研究成果[49]からいえば，以下のように指摘することができる。

第1の日本的ファッション・マーケティングの特質は，市場細分化戦略と関連する環境変数が，大型の仕入先業態，大型小売業における売上比率の高さ，流通チャネルの長さ，商品企画リードタイムの短さ，消費者嗜好の変化度が多面的であることであり，アメリカに比べ著しく異なることである。これらの環境変数のうち特に指摘すべきことは，日本では，商品属性についての消費者嗜好の多面的かつ異質的であり，変化が大きいことである。

　第2の特徴は，仕入先業態は素材メーカーや総合商社などの大手企業であり，そしてその販売先も百貨店やスーパーなどの大型小売企業であり，このケースにおいては，流通チャネルは短いことである。

　第3の特徴は，第2の特徴と関連して，素材メーカーから仕入れる場合に限って，素材メーカーへターゲットについての情報を伝達し，共同商品企画や共同責任体制などの共同化売上比率や大型小売売上比率が大きいという特質に，その戦略が規定されるという戦略を採っていることである。しかも，取り扱い品種や品目が少なく，主として専門店や大型小売店を販売先としている。他面では，その商圏も広範囲である。言い換えれば，ファッション企業が，大規模な買手と取引している点にある。この場合，消費者嗜好の変化度は大きくないが，その方向は多面的で異質的であるという特質をも持っている。

　最後の第4の特徴は，仕入先に素材メーカーや総合商社が入らず，販売先に百貨店・スーパーが入らない場合は，流通チャネルが複合化し，流通チャネルは長くなる傾向がある。これに対して，アメリカにおいては，ファッション・マーケティングの流通チャネル戦略は太くかつ短い流通チャネルを通じて製品が流れている[50]。日本においては，流通チャネルの長さは，多くの場合，負の影響を与えているが，他面で，主たる商品をベターゾーンにするという戦略においては，消費者嗜好の変化が多面的であり異質的であり変化度が高いときは，この複合的な長い流通チャネルが採用される傾向もある。

　以上，ファッション・マーケティング戦略の展開において，両国の間には類似点もあり，相違点もある。その類似点が生じた理由は，「移転仮説1」から解釈すれば，日本におけるファッション・マーケティング技術の移転

は，アメリカと日本の間において，ファッション・マーケティング技術を規定する制度的環境条件（文化構造，経済過程，企業内外の諸「組織」）や移転対象となる技術の中身の類似性が大きかった結果であり，それゆえその技術を日本の環境条件に修正せずにそのまま適用化・標準化（第Ⅲ象限）もしくは部分的適用化（第Ⅱ象限）による移転が容易であった結果である。

しかし，その相違点が生じた理由は，「移転仮説2」から解釈すれば，日本でのファッション・マーケティング技術の移転は，アメリカと日本の間において，ファッション・マーケティング技術を規定する制度的環境条件や移転対象となる技術の中身の類似性が小さく，その技術の移転が容易とはいえない。その場合，移転対象となるアメリカ型の技術を日本のファッション・マーケティング環境に合わせて修正し，適応化（第Ⅰ象限）または部分的適応化（第Ⅳ象限）による移転を行った結果であり，それが相違点として表れたことが明確になったといえる。例えば，「書面契約を欠いた取引契約」と「優越的地位を用いた返品制」は日本独自の制度的環境条件であり，それは「文化構造」に影響を受けたものであるといえる。また，「企業内外の諸『組織』」に影響を受けた事例は，日本では素材部門とアパレル部門との分断傾向を表したことである。しかし，「経済過程」の制度的環境条件に影響を受けた技術と特定することは困難である。その理由は，「経済過程」だけでなく，「文化構造」と「企業内外の諸『組織』」とが深く関連するからであるといえる。

2．ファッション・マーケティング技術の移転枠組みと今後の課題

以上の移転仮説による検証結果からいえば，ファッション・マーケティング技術の移転は，日本とアメリカの両国において，文化構造や経済過程や企業内外の諸「組織」といった制度的環境条件と移転対象となる技術の類似性が大きいか否かによって，移転の仕方（適用化・適応化）が異なるということが，明らかになった。しかし，移転対象となるファッション・マーケティング技術のうち，どのような技術がマニュアル化・プログラム化しやすいか否かまでは検証できず，「部分的適用化」（第Ⅱ象限）・「部分的適応化」（第Ⅳ象限）に関する技術移転の仕方については明確にすることができなかっ

た。

そこで，以下では，今後の移転研究の課題として移転仮説による検証結果を踏まえつつ，図2-1のようなファッション・マーケティング技術の移転に関する枠組みを試みた。つまり，同平面空間において，移転対象となる諸技術のマニュアル化・プログラム化の可能性の度合を横軸とし，それらを規定する制度的環境条件（文化構造，経済過程，企業内外の諸「組織」）の類似性を縦軸にとると，4つのグループ空間ができあがる。このような関係を定式化すれば，図2-1のとおりである。

図2-1　ファッション・マーケティング技術の移転に関する枠組み

	可能	不可能
低（制度的環境条件の類似性）	グループⅡ（第Ⅱ象限）部分的適用（標準）化	グループⅠ（第Ⅰ象限）適応（修正）化
高	グループⅢ（第Ⅲ象限）適用（標準）化	グループⅣ（第Ⅳ象限）部分的適応（修正）化

移転対象となる技術のマニュアル化・プログラム化の可能性の度合

グループⅠ（第Ⅰ象限）：このグループに属するファッション・マーケティング技術の特徴は，移転対象となる技法を規定する制度的環境条件（文化構造，経済過程，企業内外諸「組織」）の類似性が非常に低い。なおかつ，それらの諸技術はペーパーにマニュアル化されかつ図示化されることができない，そしてコンピュータにプログラム化ができない技術である。つまり，これらの諸技術は，ほとんど人間に内在化されており，かつマニュアル化やプログラム化ができない，いわゆるルーティン化ができない技術である。言い換えれば，これらの諸要素は，人間と機械の関係のみではなく，最も人間

と人間の関係に依存することが多く,現地にあわせて大幅な修正をしないと本国から海外現地小売企業への移転は決して容易とはいえない。例えば,このグループに属する技術としては,品揃え,マーチャンダイジング計画,仕入または在庫管理システムなどが考えられる。

　グループⅡ（第Ⅱ象限）：このグループに属するファッション・マーケティング技術は,ペーパーにマニュアル化されかつ図示化されることができるが,移転対象となる技法を規定する制度的環境条件の類似性が比較的に低い,という特徴がある。例えば,このグループに属する技術としては,POSシステム,店舗デザイン,ストアレイアウト,発注業務,コミュニケーション方法などがあげられる。

　グループⅢ（第Ⅲ象限）：このグループに属するファッション・マーケティング技術の特徴は,移転対象となる技法を規定する制度的環境条件の類似性が非常に高い。なおかつ,それらの諸要素はペーパーにマニュアル化されかつ図示化されることができる,コンピュータにプログラム化することができる技術である。いわゆる一種のルーティン化された技術といえる。なぜならば,これは機械そのものであったり,人間と機械の関係に依存しており,どちらかというとその国の技術レベルに関係しても,その国の人々の文化（価値）からは比較的中立的であるからである。例えば,ユニフォーム,アフタサービス,社名もしくはブランドネームなどがその事例として考えられる。

　グループⅣ（第Ⅳ象限）：　このグループに属する技術の特徴は,移転対象となる技法を規定する制度的環境条件の類似性が比較的に高い。しかし,それらの諸技術はペーパーにマニュアル化されかつ図示化されることができない,そしてコンピュータにプログラム化ができない技術である。例えば,このグループに属する技術としては,商品配送,チャネル,ベンダー・ネットワーク,ファッション小売業態のコンセプト（国によってその定義が異なる）などがあげられる。

　以上の視点から検討すると,ファッション・マーケティング技術の移転においては,制度的環境条件の類似性の度合と,移転対象となる技術のマニュアル化・プログラム化の度合との間は,相関関係が成立することがわかっ

た。しかし，ファッション・マーケティング技術のうち，どのような技術が制度的環境条件の類似度は高いか否か，かつマニュアル化・プログラム化がしやすいか否かについては，国内外の諸企業を対象とする実証研究を行い，ファッション・マーケティング技術の移転に関する枠組みを構築することが，今後の研究課題としたい。

おわりに

　本章においては，移転論から初期の日本ファッション・マーケティング戦略の展開とその特徴について解明することが，その目的であった。具体的に言えば，日本におけるファッション・マーケティング技術が，どの程度アメリカから日本のファッション産業に移転されたのか，またその技術がどの程度修正され現地に移転可能であったのか，あるいは移転不可能であったのか，不可能な場合それは何故だったのかについて明確にすることであった。

　その目的を明確にするため，第1節ではファッション・マーケティング技術の移転研究の位置づけとその方向性について検討した。第2節では，日本へのマーケティングの導入は，1956年の「マーケッティング専門視察団」の派遣後，マネジリアル・マーケティングとして導入されたが，ファッション・マーケティングの本格的導入が，1970年代初期まで遅れたこと，それは，日米繊維交渉決裂・貿易摩擦後にアパレル産業でマーケティング部門が本格的に設置されたことに示されることを明らかにした。さらに，ファッション・マーケティング技術の移転背景についても明確にした。第3節では技術移転に関する田村氏と安保氏の既存文献研究を検討しながら，それらの既存研究が提示しなかった移転の環境条件について高橋氏の見解に従ってファッション・マーケティング技術の移転に関する前提条件を試みた。その上で，ファッション・マーケティング技術の移転に関する2つの移転仮説を提示した。

　第4節では，第3節での「移転仮説1・2」に基づき，日本とアメリカのファッション・マーケティング戦略の比較を実証的に行った田村氏の論文を

とりあげその内容を検討した。そのうえで，移転論の視点から日本における「初期」のファッション・マーケティング技術の移転とその戦略の特徴について明らかにした。

　ファッション・マーケティングの製品戦略，価格戦略，プロモーション戦略と深く関係する技術の項目においては，類似度の平均値が高く，移転論の視点から言えば，日本においてアメリカ型ファッション・マーケティング技術がスムーズに移転された結果（「適用化；第Ⅲ象限」）といえる。これらの類似度が高い理由は，ファッション製品の属性について消費者の選考はきわめて異質的であり，さらに個人によるサイズの相達，価格の相達も付け加わる。それゆえ，多品種少量生産は宿命となり，その取り扱っている品種の数は数えきれないくらい多いのが普通である。しかも，それらの多品目の商品の各々がきわめて短い製品ライフサイクル（PLC）を持つ，という特質から構成されているからである。もう1つの理由は，ファッションの特性と密接な関わりを持っているからである。特に，価格戦略と深く関係する技術の項目において，類似度の平均値が高い理由は，ほとんどのファッション商品はPLCの短い商品であり，そのPLCが切れたときには大幅な値引きをしないと売れない商品である，さらに付加価値の高い商品である，という特徴を有しているからである。

　その類似性が生じた要因は，「移転仮説1」から解釈すれば，日本におけるファッション・マーケティング技術の移転は，アメリカと日本の間において，「文化構造」や「経済過程」や「企業内外の諸『組織』」といった制度的環境条件と，移転対象となる技術の中身の類似性が大きかった結果であり，それゆえその技術を日本の環境条件に修正せずにそのまま適用化・標準化（第Ⅱ象限）もしくは部分的適用化（第Ⅱ象限）による移転が容易であった結果である。

　しかし，流通チャネル戦略と深く関係する項目は，13項目のうち類似度が一番低い項目となっている。その理由は，日本のアパレル産業では書面契約を欠いた取引契約が横行し，また百貨店取引などに典型的にみられるように優越的地位を用いた返品制などが存在することを反映したものであり，また日本では素材部門とアパレル部門との分断傾向を表したものである。つま

り，日本とアメリカのファッション・マーケティング戦略に関して考慮すべき相違点として，つぎのことなどが明らかになった。① 仕入れ先企業が，素材メーカーや総合商社という大企業であること，さらに販売先が百貨店やスーパーであるため大型小売店での売上高比率が高いこと。その場合，流通チャネルが短いこと。② アメリカに比べ，共同企画，共同責任体制の戦略を採用することは少ないが，多くは素材メーカーや販売先にターゲットする情報を伝え，共同企画，責任体制を採用すること，③ 大手仕入先や大手販売先との関係が無い場合は，流通チャネルは複合化し長くなり，商品企画リードタイムは長くなる傾向があるが，消費者の嗜好が多面的であり異質的である場合は，この複合的チャンネルを採用することがある，ことなどである。

その相違点を生じさせた要因は，「移転仮説2」から解釈すれば，日本でのファッション・マーケティング技術の移転は，アメリカと日本の間において，「文化構造」や「経済過程」や「企業内外の諸『組織』」といった制度的環境条件と，移転対象となる技術の中身の類似性が小さく，その技術の移転が容易とはいえない。それゆえ，移転対象となる技術を日本のファッション・マーケティング環境に合わせて修正し，適応化（第Ⅰ象限）もしくは部分的適応化（第Ⅳ象限）による移転を行った結果であり，それが相違点として表れたことが明確になった。

換言すれば，日本のファッション企業が必ずしもアメリカ型のファッション・マーケティング戦略を採用していない理由は，企業の経営管理方式を規定する要因，いわゆる経済的・法律的・文化的環境要素がアメリカのそれと異なっており，その環境に合わせて修正し，適応するからである。他方では，その戦略が類似しているケースにおいては，移転対象となるファッション・マーケティング戦略の要素が企業の経営管理方式を規定する要因と類似しているか，またはマニュアル化しやすい要素であるからといえよう。

したがって，ファッション・マーケティング戦略についても，標準化・マニュアル化され得る戦略はアメリカと日本において類似性が発見され，それに対して，標準化・マニュアル化不可能なファッション・マーケティング戦略は，日本とアメリカでは著しく異なっているということである。将来の研

究方向としては,本研究で明らかになったファッション・マーケティングの技術移転の枠組み(図2-1)に基づき,同じようなことが,ヨーロッパとの比較,韓国,台湾等のアジア諸国との比較においてもいえるのかを検討することである。

注

1 Hunt, S. D., *Marketing Theory:* Conceptual Foundations of Research in Marketing Grid Inc., 1976. 安田武彦「経済発展とマーケティング技術の移転」『商学集志』63巻4号,日本大学商学研究会,1994年,65-78ページ。
2 Wood, Van R. and Scott J. Vitell, "Marketing and Economic Development: Review, Synthesis and Evaluation", *Journal of macromarketing,* spring 1986, p.44.
3 Wood, Van R. and Scott J. Vitell, *op. cit.,* p.44.
4 Emlen, W., "Let's Export Marketing Know-how", *Harvard business Review,* 36 (November-December), 1958, pp.70-76. In Van R. Wood and Scott J. Vitell, *op. cit,* p.38.
5 Elton, W. W., "The Developing World", in *Changing Marketing System: Consumer, Corporate and Government Interface,* Reed Moyer, ed., Washington, DC: American Marketing Association, 1967, pp.142-243. in Van R. Wood and Scott J. Vitell, *op. cit,* p.38.
6 Cranch, Graeme, "Modern Marketing Techniques Applied to Developing Countries", in *The Environment for Marketing Management,* 3d, edition, R. J. Holloway and R. S. Hancock, eds., New York: John Willey & Sons, 1974, pp.412-416. in Van R. Wood and Scott J. Vitell, *op. cit.,* p.38.
7 Moyer, K. H., "Marketing's Role in the Economy", in *Towards Scientific Marketing,* Stephen A. Greyser, ed., Chicago: American Marketing Association, 1963, pp.355-365. in Van R. Wood and Scott J. Vitell, *op. cit,* p.38.
8 Preston, L. E., "Marketing Development and Market Control", in *Changing Marketing System: Consumer, Corporate and Government Interface,* Reed Moyer, ed., Washington, DC: American Marketing Association, 1967, pp.223-227.
9 Keith, Robert J., "The Marketing Revolution", *Journal of Marketing,* Vol.24 (January), 1960, pp.35-38.
10 松江 宏「マーケティングの概念」松江 宏編『現代マーケティング論』創成社,2001年,11ページ。
11 片岡一郎・田村 茂・村田昭治・浅井慶三郎『現代マーケティング総論』同文舘,1964年。
12 前掲書,8-11ページ。
13 前掲書,8-11ページ。
14 松江 宏・前掲書,12ページ。
15 八巻俊雄『マーケティング論』日本放送出版協会,1989年,13ページ。
16 松江 宏,前掲書,12ページ。
17 荒川祐吉「マーケティング研究の歴史」日本マーケティング協会編『マーケティング・ニュース』No.171,1972年(同論文再録 荒川祐吉『流通研究の潮流』千倉書房,1988年,12ページ。)
18 小原 博『日本マーケティング史―現代流通の史的構造―』中央経済社,1994年,1-3ページ。
19 森 浩「米国繊維業界におけるマーケティング・リサーチについて」『日本紡績月報』No128,日本紡績協会,1957年,2ページ。

20 村田昭治「マーケティングとは何か」田内幸一・村田昭治編著『マーケティングの基礎知識』同文舘，1981年，7-8ページ。
21 塚田朋子「わが国のファッションに対するマーケティング史研究の方向」『経営論集』第51号，東洋大学経営学部，2000年，176ページ。
22 この調査は，2004年7月に，ファッション産業人材育成機構の恵美和昭氏とファッション企業である東レ「TORAY」社の元副社長の小林元氏を対象とし，インタビュー方式で行った。
23 宇野正雄・江尻　弘・菅原正博・十合　暁共著『ファッション・マーケティング』実業出版社，1980年。
24 第1編においては，ファッション時代の到来，「生活の質」とファッション，購買行動の変化とこれからの流通再編，およびファッション・マーケティングの基本原理について論じている。第2編においては，アパレル・メーカーのマーケティング戦略として位置づけ，市場標的の設定をはじめ，商品企画の技術突破，およびマーケティング・ミックスなどについて論じている。第3編においては，企業開発モデルと戦略的システムの開発のアパレル・マーケティングの開発について論述している。第4編においては，小売業者の役割，小売業態別政策，および顧客の需要とファッション・マーチャンダイジングに関する小売業におけるファッション・マーチャンダイジングについて論じている。
25 田村正紀「日本企業におけるアメリカ型マーケティング戦略導入と条件」『国民経済雑誌』第140巻第6号，神戸大学経済経営学会，1979年，53-68ページ。
26 安保・板垣・上山・河村・公文『アメリカに生きる日本的生産システム』東洋経済新報社，1991年，63-102ページ。
27 グループVの適用度（3.6）が高かったのは，日本的経営・生産システムが労使関係の安定に支えられており，日本企業はアメリカでも，極力労使関係の安定を志向し，そのための環境条件の選択と施策に心がけているからである。また，グループVIの適用度（3.6）も高くなったのは，現地工場の操業や経営において，日本人派遣社員が重要な役割を演じ，また日本本社が現地工場の意思決定に対して大きな権限を有していることを反映しているからである。
28 そのことは生産管理の面では日本的生産システムのコアの持込みがかなり成功しているとも捉えうるが，それは生産設備という「モノ」の持ち込みに支えられたもので，必ずしも日本的な生産管理の「方式」がアメリカに充分に適用された結果とは判断できないとしている。
29 それは，日本的生産システムの中核となる生産現場における「ヒト」の側面に大きくかかわる作業組織のあり方や管理運営方式について評価したものであるが，こうした組織やその運営に慣れない作業者にそうした日本方式を適用することは困難が予想される。
30 前者の面では，部品という「モノ」の日本からの持ち込み志向は強いが，結局それを現地化への配慮が上回ったことである。それに対して，後者の面では，日本とは経営環境条件の異なるアメリカにおいて日本方式を実行することが容易ではないことから適用度を下げる要因となった。
31 高橋由明「標準化概念と経営管理方式の海外移転―移転論の一般化に向けての覚書」高橋由明・林　正樹・日高克平編著『経営管理方式の国際移転―可能性の現実的・理論的諸問題』中央大学出版部，2000年，273-314ページ。
32 前掲書，296ページ。
33 前掲書，296-297ページ。
34 前掲書，297ページ。
35 田村正紀，前掲稿，62-68ページ。
36 前掲稿，61-62ページ。
37 Buzzell, R. D., "Can you Standardize Multinational Marketing?", *Harvard Business Review*, Nov.-Dec., 1968. Wiechmann, V. E., *Marketing Management in Multinational*

Firms, 1976.
38 田村正紀，前掲稿，62 ページ。
39 高橋由明，前掲書，273-314 ページ。
40 前掲書，283 ページ。
41 Buzzell は，多国籍企業がマーケティングを世界的に標準化・統合化することによる潜在的利益について論じている。生産やマーケティングにおける規模の経済の実現によるコスト削減，多国籍の顧客との取引関係の一貫性の確保，優れたマーケティング・アイデアの移転などがあげられている。しかし，Buzzell は標準化への国際環境的障害も指摘しており，産業や経済発展段階，物的環境，文化的環境，PLC の段階，競争環境，マーケティング制度などがあるとしている。つまり，マーケティングの全面的標準化ではなく，標準化と現地適応化の適正なバランスが必要であると述べている。(Buzzell, R. D., *Ibid.*, pp.102-113.：藤井　健訳「多国籍マーケティングは標準化できるか」，ベーカー・ライアンズ・ハワード編，中島・首藤・安室・鈴木・江夏監訳『国際ビジネス・クラシックス』文眞堂，1990 年，第 20 章所収。)
42 Sorenson＝Wiechmann は，1970 年代初期に欧米多国籍企業のマーケティング戦略について実証研究を行い，強いマーケティング標準化志向がみられること，標準化度はマーケティング機能分野によって異なることを明らかにした。(Sorenson R. Z., and U. E. Wiechmann, "How Multinationals View Marketing Standardization", *Harvard Business Review*, May-June, 1975.)
43 Levitt, T., "The Globalization of Market", *Harvard Business Review*, May-June.：諸上茂登訳「市場のグローバル化」中島他監訳『国際ビジネス・クラシックス』文眞堂，1990 年，第 24 章所収。
44 竹内と Porter らは，各国においてマーケティング活動の標準化の難易度について，比較的難しい項目と比較的容易である項目とに分類している。比較的難しい項目は，流通，人的販売，セールスマン訓練，価格設定，媒体選択としてあげており，比較的用意である項目はブランド名，プロダクト・ポジショニング，サービス基準，品質保証，広告テーマをあげている。(M. E. Porter ed., *Competition in Global Industries*, Harvard Business School, 1986. 土岐　坤 [ほか] 訳『グローバル企業の競争戦略』ダイヤモンド社，1989 年，第 3 章所収。)
45 安保・板垣・上山・河村・公文，前掲書，27-28 ページ。
46 田村正紀，前掲稿，53-63 ページ。
47 前掲稿，55-56 ページ。
48 前掲稿，57 ページ。
49 前掲稿，65-67 ページ。
50 江尻　弘『ファッション産業のゆくえ』日本実業出版社，1975 年。
　　繊維工業審議会「アパレル・ワーキング・グループ報告」『明日のアパレル産業』日本繊維新聞社，1977 年。

第Ⅱ部

グローバル・ファッションマーケティングの制度的環境と構図・戦略
―日本と韓国との国際比較の視点から―

第3章

日・韓のファッション・マーケティング活動の現状と特徴に関する比較

はじめに

　すでに本書の序章でも述べたように，筆者の主張によるアパレル産業を含めた「やや広義のファッション産業」[1]の概念としてのファッション産業は，元来社会生活の基本である「衣食住」の「衣」を提供する役割を担ってきたが，今や衣類分野に限らず，他の用途，分野とも深いかかわりをもっている。さらに，ファッション製品用途は人々の生活に密着しており，いわゆるファッション産業は「生活文化産業」とも呼ばれている。しかし，ファッション産業の特色の1つは，化学繊維工業のような例外はあるが，一般的には労働集約的でかつ比較的小資本と低技術で成り立つ産業であることである。そしてファッション産業は，衣食住の1つである衣類という生活に不可欠な資材を提供する基礎的な産業であることから，各国の工業化の初期段階に発達する産業であり，歴史的にとくに繊維産業が牽引車となって工業化が進められてきた国が多い[2]。つまり，ファッション産業は，発展途上国の工業化の初期段階において不可欠な重要産業である[3]。

　日本の歴史においても，明治以降の産業近代化の担い手はファッション産業の1つである繊維産業であった。明治初期の輸出額の約60％は生糸・絹織物で占められており，繊維産業（ファッション産業）は，近代化に必要な外貨獲得のためのコア的な産業であった[4]。その後，このファッション産業は日本の中心的な産業としてますます発展することになった。一方，韓国においても，繊維（ファッション）産業は製品の市場性からみても他製品より

広く,商品化しやすい点を考慮し,工業化初期から他産業に比べて早期に発展または導入されてきた産業であり,その成長も早く,韓国経済全体における経済的効果も大きかった[5]。

このような状況を考慮しながらも,本章においては,日本と韓国のファッション産業はどのような特徴を有しているか,またどのような発展段階に属しているかを検討し,さらにファッション・マーケティング活動の現状と問題点についても比較分析を行いながら,その類似点と相違点を明らかにする。その上で,すでに第2章で提示したファッション・マーケティング技術の移転に関する枠組みに基づき,両国の間で明らかになった類似点と相違点について,移転論を理論的に裏付けすることを試みることが,その目的である。そのため,第1節ではファッション産業の特徴を,第2節では日本と韓国のファッション産業プロセスについて比較分析をし,各国のファッション産業の位置づけとその特徴を,第3節ではファッション・マーケティング活動の現状と問題点について日本と韓国の比較分析の視点から考察し検討している。

第1節　ファッション産業の特性

ファッションの定義からも見られるように,ファッションは消費者の財貨およびサービスの使用を方向づけており,我々の生活にとってファッション産業は最も重要な産業の1つである。ファッション産業は,男性用・女性用・児童用といった商品カテゴリーに属する衣類,およびアクセサリーの生産に使用される原料と関連する産業である[6]といわれている。それゆえファッション産業は,ファッション要素の含まれている財貨およびサービスと関連する生産・流通・広告・出版などの諸事業が含まれる[7]。しかしながら,一般的にファッション産業は,アパレル産業が中核となっており,ファッション産業をアパレル産業ともいわれている[8]。以下においては,ファッション産業を,繊維産業,ファッション小売産業,アパレル産業,およびアクセサリー産業を含む「やや広義のファッション産業」の概念として

捉え，その特徴を考察する。

　ファッション産業，とくに繊維産業の1つの特性は，労働集約的であり，かつ比較的小資本と低技術で成り立つ産業である[9]。それゆえ，既に本章の冒頭で取り上げたように，ファッション産業は各国の工業化の初期段階に発達する産業であり，歴史的にとくに繊維産業が牽引車となって工業化が進められてきた国が多い[10]。ファッション産業のもう1つの特性は，知識集約型産業であることである。言い換えれば，ファッション産業は，後進国的・労働集約的性格の強い衣類工業を，ファッションへの適応という知識集約性を持たせることによって先進型産業に転換させることによって，生まれたといえる[11]。

　日本ファッション教育振興協会においても，ファッション産業の特徴として，第1に，生活者に夢と潤いを与える「生活文化提案産業」であること[12]，をあげている。つまり，「ファッションは生活者の自己表現の様である。生活者は日常の行為のなかで，服を身にまとったり，道具を使ったり，空間に身を置いたりするが，それらの行為には個人が生活シーンに接するときの感じ方，考え方が強く反映している。生活者のファッション表現とは，生活のコーディネーションを通じて，その時々のライフスタイルとして顕在化する世界である。ライフスタイルとは，人々の生活様式，行動様式，思考様式といった生活の諸側面の文化的・社会的・集団的な差異をトータルな形で表すことである。したがって，企業のライフスタイル提案とは，主体性をもって自らの生活様式をもとうとする生活者の意識を想定して，企業側がそのための生活メニューを提供することである。ファッション産業が，生活者に対して，明日の生活を想像する夢と発見を提案することは，まさに生活者のライフスタイルを提案することにほかならないのである」[13]。

　第2の特性[14]は，デザイン創造産業の側面をもっていることである。デザインはファッションをつくり，ファッションはデザインをつくる。両者が相互に刺激し合うことによって生活を進展していくが，このようなデザイン創造とライフスタイル提案を，マーケットを通じて伝播させていく産業がファッション産業である。第3の特性は，情報産業としてのファッション産業であるということである。ファッションは，意識と身体を一元化する共

感，共鳴のメディアである。心の世界である感動によって，生活者とコミュニケーションをするファッション産業は，まさに情報産業であり，情報受発信産業である。要するに，ファッション産業は，情報創造産業であると同時に，情報流通産業であり，メッセージを発信し，伝達する産業である[15]。

第2節　日・韓におけるファッション産業の発展プロセスとその特徴

1．日本のファッション産業の発展プロセスとその特徴

日本において，ファッション産業という言葉が使われはじめたのは，1970年代に入ってからであり，今日的なファッション産業の概念が定着したのは1980年代のことである。当時は，現在の繊維アパレル産業（当時は繊維2次製品業界）をファッション産業と呼び，次第に小売段階や毛皮・皮革部門なども包含するようになってきた[16]。

以下，日本ファッション教育振興協会の『ファッションビジネス概論』に基づき，日本ファッション産業の変遷過程を，① アパレル産業の戦前史，② アパレル産業の1950～60年代，③ ファッション産業革命の時代，④ 1970～80年代のファッション産業，⑤ 現在のファッション産業という5つの段階に分類し考察することにする[17]。

(1)　アパレル産業の戦前史

日本は，織物や衣類については古い歴史を持つ国であるが，この国で繊維産業が成立したのは明治時代（1868～1912年）である。一方で，絹，綿，毛の製糸・紡績・織布が全体としては内需よりも輸出に重点を置きながら産業化をし，他方では，既製衣料が制服とメリヤス（肌着と靴下）の分野を先頭として産業化を図っていった。とくに綿紡績の発展は顕著であり，1890年代から1950年代にかけて日本の経済をリードしたのは，綿紡績を核とする繊維工場であった。

衣料といえば，和装一辺倒であった日本社会に，洋装がいっせいに持ち込まれたのは明治初期（1870年代）である。現在の服種の原点になっている

ような洋装，つまり婦人服，紳士服，軍服，制服，ワイシャツ，ニット（当時はメリヤスといい，肌着と靴下だけ）などは，この時期にほぼ横一線でスタートを切っている。やや遅れたのは子供服，婦人インナーくらいのものであった。しかし，婦人服と紳士服はオーダー主体で，既製服化率が50％を超えるのは約100年後（1960年代に婦人服，1970年代に紳士服）のことであり，いずれも既製衣料産業の主流にはなりえなかった。これらに対して肌着や靴下は，当初から機械編み（ただし手動）による工場生産の衣料としてスタートし，一部軍需に助けられながらも，急速に民需と輸出を拡大する方向へと展開していった。1880年代末には手袋，続いてセーターの生産も始まっている。

　その後を追って，婦人既製服，紳士既製服，布綿製品などの生産も次第に増え，業界も成立するようになるが，第二次世界大戦（1941～45年）終了までに産業らしい骨格を整え終わっていたのは，ニット産業だけであったといわれている。ニット産業のみが，戦中・戦後の衣料統制をくぐり抜けていち早く復興・成長し，新しい取引慣行や企業システムをつくり出して，他の既製衣料業界を「右へならえ」させていく原動力になった[18]。

(2) 1950～60年代のアパレル産業

　1950～60年代は，第二次大戦の敗戦の影響で，日本の衣類業界が壊滅状態であった。家庭和洋裁とわずかに残ったオーダー店や縫製工場，およびニット工場がせめてもの衣料供給源であった。しかしながら，1950年の朝鮮戦争をきっかけとして，既製衣類の生産業者（縫製，ニット）が急成長を遂げた。しかし，このような作れば売れるという「生産者の時代」は2～3年で終わり，「卸商の時代」に移っていく。その卸商の主力は，① 戦前派の織物卸商，② 戦前派のニット系総合卸商，③ 新興のニット専門卸商，④ 戦前派・新興両系の現金卸商の4タイプであった。ちなみに，婦人服やブラウスの卸商も台頭してきていたが，家庭洋裁や洋裁店に押されて，まだそのパワーは弱かった。4タイプのうち，① の戦前派の織物卸商は生地店や洋裁店，呉服店を主力販路にしていて，既製衣料ルート（つぶし屋ルート）の比率は少なく，まして既製衣料を扱うところはまだ皆無に等しかった。したがって，1950年代中期から1960年代前期にかけての既製衣料の産業体制や

取引慣行は，②③④の3タイプの卸商がリーダーになって築いていったといわれている。しかし，衣生活の洋装化が急ピッチに進行したが，一方で好不況の波が交互に押し寄せ始めると，既製衣料産業のパラダイム（産業の構造，秩序，規範などの枠組み）にも，次第に内部矛盾が蓄積されてくる[19]。

図3-1　戦後の日本のアパレル産業の発展過程

	1945年	1955年	1965年	1975年	1985年	1988年	1991年
	復興期		高度成長期		低成長期(成熟期)		バブル期
政治・経済・社会	敗戦	「もはや戦後ではない」経済白書	大阪博覧／東京オリンピック／カラーテレビ／白黒テレビ／「三種の神器」	第一次オイルショック／日米繊維交渉			
繊維・アパレル		合成繊維生産開始（東レナイロン）	既製服製造卸台頭／「問屋無用論」流通革命／単品大量販売／スーパー登場（ダイエー）	「花王」のファッション・ビジネス	イッセイ・ヨージ・コムデ／VAN・花咲倒産／東京コレクション（CFD）	新繊維	新世代ウール
ファッション			（オートクチュール）注文服	（パリコレ）プレタポルテ／サンローラン／ミニスカート／ジーンズ	原宿「竹の子族」	渋谷カジ	キレカジ／フリトラ／アメトラ
マーケティング	マーケティング不要「つくれば売れる」欠乏期		10人1色 NB／単品大量生産販売の進行／品質管理，生産性向上／国民所得上昇／マスコミ，マスプロ／マスセール		10人10色 DC／個性化，多様化／"Y"型商品企画／多品種少量生産／百貨店，専門店売場リニューアル／東京コレ・クリエーター登場		1人10色／インポート→情報／国際化／円高／外圧／生産／人材
物流			物流基盤／産業基盤 の整備→CAD，CAM導入→ジャスト・レスポンス（道路網）		（クイック・レスポンス）（配送センター）		

出所：松尾武幸『図解アパレル業界ハンドブック』東洋経済新報社，1998年，179ページ。

(3) ファッション産業革命の時代

アパレル産業は，以前は繊維2次製品業界と呼ばれ，紡績企業や化合繊メーカーが市場支配権の下にある業界であった。それが脱皮（質的転換）を

とげて，アパレル産業といわれるようになるのには，1つの大きな転機があった。その転機は，1950年代のスーパーマーケットによる『流通革命』[20]である。

これが危機感を呼んで，一般小売店（洋品店や雑貨店）は「生残り戦略」をとり，卸商は「有名な卸商への転換」を模索し始めた。この頃始まるのが高度経済成長の時代であり，1960年代中ごろからのヤングファッションの台頭，ミニスカートブームに端を発したカジュアルファッションの普及化，既製服化の進展である。それらに支えられて，専門店が全国的に台頭し，2次製品卸商の多ブランド制への移行，海外との技術提携などが進展した。

さらに拍車をかけたのが東レーの「マーケット・セグメンテーション」の提唱（1968年），旭化成の『ファッション・ビジネスの世界』の発行（尾原蓉子訳，1969年），さらに，「FITセミナー」[21]のスタートであり，これらが海外アパレル業との技術提携と並んで，欧米先進国のファッション・マーケティング，マーチャンダイジング，そしてモノづくりを日本に導入，普及させることになったのである。

また，1970年代に入ると，DC（designers characters）ブランドメーカー[22]の前身というべきマンション・メーカーがぞくぞくと誕生し，新旧のアパレル卸商の競争激化と，専門店の急成長（多様化，大規模化，チェーン化）により，アパレル産業は本格的に開花期を迎えることになる。

要するに，1960年代前半から1970年代前半の約10年間が，繊維2次製品業界をファッション産業化させて，アパレル産業へと質的転換を起こさせた時代であったといえる。それはまさに疾風怒濤の「ファッション産業革命」の時代であったということができる[23]。

(4) 1970～80年代のファッション産業

この時代の特徴としては，ファッション小売産業史からみると，専門店の時代であった。1970年代に入ると，専門店が客層，店格，ファッションタイプ別に多様化し，一方では大規模化，チェーン化も進展する。また，ショッピングセンター，ファッション・ビル[24]なども増大し始め，ヤングを中心に消費者は専門店に集中するようになった。また，同時に専門店卸商の時代でもあった。マンション・メーカー[25]も，専門店に支えられて次第に力

を蓄積し，そのなかからDCブランドメーカーや大手アパレルメーカが育つことになった。

1980年代のファッション産業とファッション市場をリードしたのは，DCブランドメーカーであった。DCブランドメーカーは，いわゆるマンション・メーカーのなかから，デザイナーのクリエーティブを重視する情報発信形の高感度ブランド企業として育ってきた企業群である。そのDCブランドメーカーの成長の原動力は，マーケティング発想のユニーク，いわばデザイナー主導，提案型のマーケティング戦略を展開したことである。

1980年代のファッション産業は，初期から後期へと多品種・少量供給を極限にまで昇りつめていった時代だった。したがって多品種・少量志向は，DCブランドの基盤であるプレステージゾーン[26]やベターゾーン[27]だけでなく，モデレートゾーン[28]やボリュームゾーンにまで影響を及ぼすことになった。

このようなDCブランドブームは，1987年を境に，インポート（輸入品）ブームに変わり始めた。しかし，このインポートブームは，価格設定が高かったことが退潮の1つの原因となり，短期的なブーム（1988〜89年）に終わった[29]。

(5) 1990年代以降のファッション産業の現状

日本のファッション産業は，1991年のバブル経済崩壊を境に，混迷，低迷期に突入した。その後，他産業の一部では，不況脱出の気配が見え始めたが，ファッション産業では，いまだに混迷，低迷が続いている。その理由は，日本のファッション産業が30〜35年にわたる成長の後，今日転換期を迎えており，まだどう転換すべきか暗中模索を続けているということが指摘されている。

しかし，欧米に匹敵するファッション感覚に満ちた消費者をもち，歴史的に芸術的伝統を有し，四季に恵まれ，パリ・コレクション[30]で賞賛されるクリエーティブなデザイナーが育ち，世界に冠たる技術力にバック・アップされ，経済力も生産基盤も確固としている日本経済・社会状況は，ファッション産業にとって最上の環境といえる。

このような環境のもとで，現在，ファッション産業は「プロダクトアウト

からマーケットインへの構造改革」,「クリエーションをはぐくむ産業構造の構築」,「グローバル戦略の確立」という3つのスローガンを掲げて,21世紀へ向けての再スタートを切ろうとしている[31]。

2. 韓国のファッション産業の発展プロセスとその特徴[32]

(1) 1970年代以前のファッション不在時代

韓国では,1970年代以前はおおむね「ファッションの不在時代」であったといわれている。1960年代の衣服は,単に衣・食・住の必需要素であって,体を覆う機能的な側面だけが強調された。商品の物理的価値以外に心理的な付加価値を考える余裕はなかった。服飾史での位置を除いたら,マーケティングと事業的な側面からの意義は殆ど無いともいえる。つまり,この時代は所得水準にあった商品をつくったら売れた時代であったといえる[33]。

表3-1 韓国のアパレル市場の発展過程

区分	時代	成熟度	事業主体	基本的戦略
第1世代	1970年代半ば―1980年代前半	乳児期	財閥グループ(三星,半島,韓一合繊,第一毛織,KOLON,三豊)	大量生産、大量販売、M/S確保戦略
第2世代	1980年代半ば	導入期	Mass専門業態(Nonno,ナサン,デヒョン,デハ,ソンド,プンヨン)	新販による顧客確保戦略(プッシュ戦略)
第3世代	1980年代後半	成長期	高感度専門業態(韓一合繊,Deco,Esquire)	百貨店営業戦略
第4世代	1990年代前半		・好感度/Mass輸出業態(シンウォン,ユリン,ヒョプジン)・ヤング専門業態(イルキョン,クンギョン,ボソン,ハンジュ化学,ベンアート)	・新販営業戦略・百貨店/代理店営業戦略

出所:韓国繊維産業連合会『自己ブランド開発及び海外マーケティング戦略』韓国繊維産業連合会,1994年,4ページより修正作成。

(2) 1970年代の既製服の誕生期

韓国のファッション産業では1972年和信産業の「レナウン」を既製服の出発時点と見ている。続いて1974年に半島ファッションが淑女服ブランドをスタートさせた。つまり,1970年代前半は「既製服の誕生期」であった。1970年代後半には,現在韓国ファッション市場で重要な役割を果たして

いる大企業等がファッション業界に続々参加し始めたのである。1976年に半島ファッション，三星物産，復興社が男性既製服市場に合流し，1977年にKoron商社は「Bella」，第一毛織は「Rabotte」というブランドで淑女服市場に参加したのであった。また，三星物産は第一服装の「Dandy」を引受して「Burkingam」というブランドで紳士服市場に参加するようになった。つまり，1970年代後半を「既製服市場の導入期」である[34]といえる。

(3) 1980年代のファッション市場の成長期

1980年代前半は，様々な難しい状況にも関わらずいくつかの大企業を中心としてファッション市場の成長基盤が整えられることにより，本格的なファッション市場が進展し始め，初期成長期としてみることができる。この時期には，ファッション市場を転換させる重要な契機となった1980年代のカラーTV放映がある。これは，ファッション市場での消費者にカラー感覚を向上させ，ファッションの中でカラーの比重が急速に広がる契機を与えた。また，第一毛織は「Gelluxy」というブランドで紳士服を，Koron商社は「Manstar」で男性カジュアルを始めた。

1980年代半ばには，ASIAN GAMEと88年ソウルオリンピックという環境の変化のもとで，ファッション産業が急激に成熟した。しかし，ファッション産業界では，経営管理とその意思決定の基準が，単に売上高向上にのみ注目した未熟な経営であったため，在庫管理という大きな問題点を抱えていた。

また，海外ブランド導入の自由化のもとで，サンバンウル社が，日本のダーバン社との最初の合作会社である「サンバンウルダーバン」を設立したことにみられるように，海外ブランドが韓国のファッション産業へ参入を試みた時期でもあった。そして，ノンノ（Nonno）ファッション社では，「シャトレン」というブランドを構築するなど，徐々にハイ・カジュアル（High Casual）・ファッションが流行しはじめた。ファッション業界でも，全体的には景気はかならずしもよくない中で，合理的な価格を志向するE-Landが徐々に勢力を拡大するようになった。

1980年代後半には，輸入完成品が急増し，紳士服を生産していた大企業

等が，中低価格時代の紳士服ブランドを続々出荷した。低物価，低金利，低為替という3低時代に入って，輸出が難しくなり，内需基盤が重視されるようになった。それゆえ，大企業はファッション内需産業に重点を置くようになり，縫製輸出をしていた企業等は人件費等でもっと有利なインドネシアへの工場進出を試みた。また，この時，E-Land が合理的な価格で人気を集めはじめたのである。つまり，この時期では，多くのブランドが誕生し，市場の細分化が活発に行われ，いわゆる「ファッション市場の後期成長期」といえる[35]。

(4) 1990年代のファッション産業の国際化時代

1990年代には，世界のファッション界では，エコロジー（Ecology）という単語が流行し始め，最も中心的なファッションコンセプトになった時期である。また，三星物産はフランスのパリに衣類販売の子会社を設立し，半島（バンド）ファッションと第一毛織はミラノに現地法人を設立するなど，韓国のファッション企業が，先進国への直接進出を試みた時期でもある。そして，韓国のファッション市場では，トータル・ファッション（Total Fashion）という概念が一般市民の間で広まり始めたのである。

この時期には，「システム」，「テレグラブ」，「キース」などの新しいブランドが台頭したのに対して，一方では，販売と経営実績が衰えてファッション・繊維業界の中小企業の倒産が続出した。

このような状況の中で，1990年代半ばには「世界化」の用語の流行とともに，ファッション業界では，ヨーロッパ，香港などの様々な外国ブランドを1つのイメージとして結合させ，単一売場を作るいわゆる「編集売場」の構成が流行したのである。「Deco」というブランドを先頭にファッション商品の直輸入が増えるようになり，先進国に直接売場を設けて進出する形態も徐々に試みられた。つまり，合理的な価格帯のブランドが多く輸入され，ジーンズ市場の拡散と新規ジーンズブランドの参加など，ファッション市場の拡散の年であった[36]。

3．日・韓ファッション産業の発展プロセスの国際比較

韓国ファッション内需市場における既製服市場の形成は，1960年代に輸

出を基盤とした大量生産体系が導入された後,その可能性の見込みが見え始めた。1972年に和信産業が日本のレナウンとの合作で和信レナウンを設立したのが内需メーカーの嚆矢であった。

その後,財閥グループ等が内需事業に参加し,消費者に既製服に対する信頼感を附与することはできたが,消費者の個性化,多様化から大企業の成長が限界に直面した。このため,中小企業等は,起動性と独創性を武器として新規参加を活発化させた。韓国でのファッション内需市場は,日本レナウングループの支援の下で胎動されたが,その成長背景には日本衣類市場の絶対的な影響があったのである。

表3-2 日・韓におけるアパレル市場の発展過程の比較

		日 本		韓 国
60年代	導入期	・単品メーカー時代 ・東京オリンピックの後,「規制服」が本格的普及 ・海外旅行の自由化で欧米ファッションの導入	睡眠期	・輸出主導型の大量生産体制の導入 ・軍事文化による内需暗黒期
70年代	成長期	・戦後ベビーブーム世代が消費集団を形成 ・ヤングファッションの台頭 → ファッションメーカーの成長期を確立 　（第1次カジュアル革命）	導入期	・流通不在によるTest Market (Dandy MC, Greger, 慶南洋服総販)の失敗 ・財閥グループ,輸出業体の内需参加 → 流通支配時期
80年代	成熟期	・東京デザイナーグループの活躍 ・マス市場から高感度市場への消費者の変化 ・DCブランドのラッシュから大衆化へ 　（第2次カジュアル革命） ・ファッションメーカーの安定基盤の構築		・専門業体の内需参加 → 流通との競争 ・「感」による供給拡大 → 在庫の急増
90年代	再挑戦期	・ハイテックと流通革新による再挑戦期 ・ファッションBIZを流通の中で解決 → 機能性,実用性を付与 ・各自（所有）価値から実際（使用）価値への戦略構築	成長期	・88オリンピックと海外旅行自由化による需要が急増 ・カジュアルブランドの生産 　（日本の第1次カジュアル革命と同様） ・教服自由化世代が巨大な消費集団として登場することによって,好感度のStreetファッションを形成 　（第2次カジュアル革命）

出所：表3-1に同じ,5ページより修正作成。

日・韓におけるアパレル市場の発展過程を比較してみると，表3-2で示されるように，情報の発達からデザイン，素材，色相等の視覚的な面では，日本との格差があまり見られないのに対して，感覚的な面とマーケティング戦略的な側面では，日本に比べ約10年程度の差があるといわれている。また，消費社会の成熟度と事業構造の側面においては，約15年の格差があるといわれている[37]。

第3節　日・韓におけるファッション・マーケティング活動の現状

1. 日本のファッション・マーケティング活動の現状と問題点
(1) 日本におけるファッション・マーケティングの台頭とその活動

　日本において，「マーケティング」という言葉が導入されたのは，第二次世界大戦後のことであり，合繊素材が本格的に市販され始めた時期と一致している。当時，天然素材がすでに確固たる市場地位を確立していたため，合繊素材が天然素材の市場に食い込むためには，必然的に強力なマーケティング戦略を必要としていた。

　そこで，各合繊メーカーは自己の生産している素材の販売額をいかに高めるかという目的のために，はやくから市場調査や広告および販売促進といったマーケティング手法を積極的に採用してきた。しかし，それまでの段階では，マーケティングはあくまでも脇役であって主役を演じる存在でなかった[38]。

　その後，ニクソン・ショック以来，各合繊メーカーが大幅な減収減益に見舞われた。そこで各素材メーカーのトップ・マネジメント・グループは，この減収減益から脱出するための対策として，ようやく「川下戦略」の構想を生み出すのである。

　つまり，日本の素材メーカーのトップ・マネジメントは，利益確保の手段として川下戦略を検討し始め，ようやくファッション・マーケティングに深い関心を向けざるを得なくなったのである。このように川下戦略への注目をきっかけとして，日本のファッション産業におけるマーケティング志向が一

段と高まってきた。とくに鈴屋，東京ブラウス，ミカレディ，大西衣料などの企業が，ファッション・マーケティングに積極的に取り組んで成功することによって，日本のファッション業界でも，ようやくファッション・マーケティングが台頭したといえるのである[39]。

日本のファッション企業がマーケティングを本格的に重視し始めたのは，1970年代に入ってからである。1960年中頃に始まるマンション・メーカー，DCメーカーの進出に対して，各企業では感覚型のブランド，個性的な商品の企画が重要視され始めた。しかし，1970年代後半になり，ファッション企業の乱立，オーバーストア化現象が顕著化して，マンション・メーカーもかなり整備されていった。つまり，当初のマーチャンダイジング（企画）は，消費者の要望する商品を企画するというよりも，自分の感覚にあったかつ創りたいものを優先させるという傾向が強かったため，売れるという保証がなく，企業にとっても非常にリスキーであったのである。

そこで，如何にファッション・フィーリングが大切であっても，ただ感覚だけで勝負してはいけない，ということがまず理解される。それにつれて，商品機会を組み立てるためには，まずファッション商品の買い手である消費者のニーズが何であるかという市場分析から出発しなければならない，ということが理解されるようになり，ファッション・マーケティングが重要視されるようになった。そして大手のアパレル企業をはじめ，棒背くい・原糸メーカーにおいても，はやくから社内にマーケティング部を設立して，マーケティング活動に努力してきている現状である[40]。

(2) **商品企画と販売促進**[41]

日本のファッション産業では，マーケティング部という名称ではなくても，ファッション企画室，商品企画室といったセクションを設置して，ファッション情報の収集と分析を専門的に行っている企業も増えつつある。そして，これまで得意先へ出かけ注文を取ってくることを主要業務としてきた営業部が，最近では，小売店の売場に出かけていって，コーナーやショップをつくり，自社ブランドのディスプレイや，小売店の販売員の教育をも積極的に行うケースも増えつつある。このような販売促進活動も，重要なマーケティング活動の一部となりつつあるわけである。

また，自社のブランド・イメージを消費者に理解してもらうために，最近各企業は，ファッション雑誌やテレビ媒体を用いて，積極的に広告宣伝を行うようになってきている。このように，消費者にブランド・イメージを売り込むといった宣伝活動も重要なマーケティング活動の1つになっている。

ファッション商品が市場で氾濫しているだけではなく，「オーバーストア」[42]といわれるほど，ファッション商品を扱っている小売店舗の数も急増しており，ファッション小売店側の競争も激しくなっている。したがって，日本のファッション業界では，商品販売のほうが，はるかに難しくなっている。それだけに，消費者に立脚したマーケティング活動が重要になってきている。

(3) 消費者重視[43]

これまで，日本のファッション業界では，海外のファッション情報を先取りして，いちはやく商品化すれば爆発的に売れたため，消費者の要望調査の必要性は少なかった。欧米に比べ日本のファッションの歴史が浅かったため，消費者には感覚的良好性のみで通用したのである。しかし，ファッション・マーケティング市場も飽和状態になり，ファッション製品をつくる側も売る側も，消費者のニーズ・欲求を徹底的に研究して商品開発をせざるを得なくなっている現状になってきている。

2．韓国のファッション・マーケティング活動の現状と問題点[44]

韓国ファッション産業においては，ファッション・マーケティングの概念が学問的に体系化されておらず，これが大きな問題点の1つである。しかしながら，学界や実業界の現場では，さまざまな努力が進んでいる。とくに，現在韓国におけるファッション商品は，もっとも体系的・実践的・予測可能なマーケティング方法を必要としている。それは，ファション商品が注文生産でなく，流行を予測し，創造こそ成功できる企画商品であるからである。それゆえ，ここでは，韓国のファッション市場の発達過程をマーケティングの発展史の観点から分類し，考察することにする[45]。

(1) 1970年代の量的拡大期[46]

ファッションというよりも，単純な衣服と呼ばれたファッション業界で需要は供給を上回るようになった。1972年の和信産業の「レナウン」以降，

ファッション産業に企業の参加が増加しつつ，韓国のファッション市場は，急速に量的拡大していった。この時には，需要に対する要求満足というのをマーケティングの原理とし，高度経済成長期にふさわしい量的な「拡大志向型」戦略を展開するようになった。

(2) 1980年代の質的拡大期[47]

1984年は在庫と経営実績の面で最悪の年で，これは，量的拡大期が終わって質的拡大期，つまり本格的競争時代に入ったということを意味する。消費者は商品の質的な面と無形の付加価値であるブランドの知名度，評価水準などを，購買決定の際の重要要素として考慮し始め，そうした商品を求めるようになった。

この時代では，ファッション・マーケティングが考慮すべき重要課題として，ファッション本来の機能以外に感覚的要素，ブランドの知名度などが台頭するようになった。消費者の質的要求，感覚的要求を満足させることを焦点に置いた眞の意味でのファッション・マーケティング概念の時代に入ったといえる。この質的拡大期は，オリンピックが終わり，1990年代に始まる新しい価値転換期まで続いた。

(3) 1990年代の価値転換期[48]

1990年にエコロジーが強調され始めてから，世界のファッション市場は新しい転換期を迎えた。この消費の新しい文化と価値の転換とともにファッション市場においても大きく変化せざるを得なくなってきている。

その第1の変化は，物質文明的満足から人間本来の「ココロ」，つまり精神文明の満足を求めるようになった。このような傾向は，ファッション市場で最も迅速で鮮明な商品として表現されるようになった。

第2の変化は，モノに対する無形の財と価値に対する支出の比重が増大したことである。「商品」そのものよりも「商品がもたらすもの」，つまりハードウェアーよりもソフトウェアーを重視する傾向が現れるようになった。

第3の変化は，商品やサービスを購買する場において，「コミュニケーション・マート」的要素に対する欲求が増加された。売場の商品以上にビジュアルが重視され，休息と会話などの環境や空間設定などの顧客に対するコミュニケーションを重視するようになった。

最後の変化は，顧客の意識向上と合理的な消費への転換である。消費者が低コストやブランド知名度という理由だけで購買しない傾向になりつつあり，この観点でのファッション・マーケティング戦略が展開されるようになった。

おわりに

本章においては，日本と韓国の両国の間における，グローバルファッション・マーケティングに関するいくつかの類似点と相違点が明らかになった。これらの異同が生じた理由を，移転論の視点から考察すると，つぎのように言えるだろう。まず，その類似点が生じた理由は，すでに提示した移転の枠組みから言えば，ファッション・マーケティング技術の移転は，移転しようとする国と導入国の間において，「文化構造」や「経済過程」や「企業内外の諸『組織』」といった「制度的環境条件の類似性」が高かったことである。さらに，「移転対象となる技術のマニュアル化・プログラム化の可能性の度合」からみると，その可能性が高くなれば高くなるほど，そのまま導入するという適用化（第Ⅲ象限），もしくは部分的適用化（第Ⅱ象限）による移転が容易であったからであろう。つまり，これらの殆どの技術は，ペーパーにマニュアル化・図示化することができ，かつコンピュータにプログラム化できる，いわゆる一種のルーティン化された技術であったからといえよう。これらの諸技術の内容が，機械そのものであったり，人間と機械の関係に依存しており，どちらかというとその国の技術レベルに関係しても，その国の人々の文化（価値）からは比較的中立的といえるからである。

一方，その相違点が生じた理由は，移転の枠組みから言えば，日・韓の両国において，「制度的環境条件の類似性」が低かったからである。また，「移転対象となる技術のマニュアル化・プログラム化の可能性の度合」が小さかったからであり，それが小さいほど，その技術は修正の必要が生じ，適用が困難になり，「適応化（Adaptation）」（第Ⅰ象限）もしくは「部分的適応化」（第Ⅳ象限）による移転とならざるをえなかったからである。つまり，

これらの諸技術は，どちらかというと「類似性が低い」といえよう。換言すれば，これらの諸技術は，ペーパーにマニュアル化・図示化することができず，かつコンピュータにプログラム化もできない，いわゆる一種のルーティン化できない技術であるといえよう。それゆえ，これらの諸技術は人間と機械の関係だけでなく，人間と人間の関係に深く依存しており，制度的環境条件に強く依存するといえる。それゆえ，それらの諸技術は現地の制度的環境条件に合わせて修正するという，適応化（第Ⅰ象限）もしくは部分的適応化（第Ⅳ象限）による移転とならざるをえない。

しかし現在，日本はもちろん，韓国のファッション産業においても，「不連続的成長」[49]という問題が一挙に顕在化している。そして，アジア地域においては「日本を頂点とする垂直的関係から日本を頂点としながらも NIES・ASEAN・中国が互いに激しく競合しあう関係」[50]に突入している。いわば両国のファッション産業にとっても，グローバル化の進展に伴い，国内外市場においてファッション・マーケティング戦略をどのように展開していくかが，今後の最大の課題であるといえる。そのさい，このような研究が，ファッション・マーケティング戦略の一般概念の研究の位置づけとなり，今後のファッション・マーケティング戦略の1つの見解を提示することになるといえないだろうか。

注
1 「やや広義のファッション産業」は，繊維産業をはじめ，ファッション小売産業とアパレル産業，およびアクセサリー産業を含む概念である。
2 日本興業銀行産業調査部編『読本シリーズ・日本産業読本・第7版』東洋経済新報社，1997年，97-98ページ。
3 世界銀行著『東アジアの奇跡：経済成長と政府の役割』東洋経済新報社，1994年にも指摘されている。
4 日本興業銀行産業調査部編，前掲書，98ページ
5 朴 奉寅「韓国繊維産業の成長と特質」島田克美・藤井光男・小林英夫編著『現代アジアの産業発展と国際分業』ミネルヴァ書房，1997年，175ページ。
6 Troxell, Mary D., and Elaine. Stone, *Fashion Merchandising*, The Gregg/McGraw-Hill Book Company, N.Y., 1981, p.2.
7 *Ibid.*, p.2.
8 呉 相洛「韓国繊維産業の市場拡大とファッション産業化方案」『経営論集』第7巻第2号，ソウル大学経営研究所，1978年，3ページ。（原文は韓国語である）
9 日本興業銀行産業調査部編，前掲書，97ページ。
10 前掲書，98ページ。

11 鈴屋マーケティング研究室，野村総合研究所編著『離陸するファッション産業』東洋経済新報社，1978 年，49-51 ページ。
12 日本ファッション教育振興協会教材開発委員会『ファッションビジネス概論』日本ファッション教育振興協会，1995 年，16-17 ページ。
13 前掲書，16 ページ。
14 前掲書，16-17 ページ。
15 前掲書，17 ページ。
16 前掲書，53 ページ。
17 前掲書，53-58 ページ。
18 前掲書，53-54 ページ。
19 前掲書，54-56 ページ。
20 林　周二は，『流通革命』（中央公論社，1962 年）の著書で，第 1 に，スーパーマーケットの発展によって，店舗の標準化，大型化，チェーン化が進み，伝統的な独立事業商業の比重は劇的な低下を示す。第 2 に，小売商業部門に大量販売が実現すれば，卸商の排除が進んで，流通経路が短縮する（問屋無用論），と主張した。
21 FIT（Fashion Institute Technology）とは，ニューヨーク州立のファッション工科大学の略称であり，1944 年にファッション業界の要請によって設立された大学で，ファッション業界人を養成する産学協力による教育機関の典型とされている。FIT セミナーとは，日本の旭化成工業が同校の協力を得て，25 年以上にわたって実施してきたものであり，日本のファッション産業の発展と，産業人の育成に大きな貢献をしてきているのである。（ファッション総研編著『ファッション産業ビジネス用語辞典』ダイヤモンド社，239 ページ。）
22 DC ブランドメーカー（Designer & Character Brand）とは，デザイナー・アンド・キャラクター・ブランドの略称であり，デザイナーズ・ブランドとキャラクター・ブランド（セカンド・ライン）の総称だが，直営店や FC 店をもつブランドに限定していうのである。（ファッション総研編著，前掲書，195 ページ。）
23 日本ファッション教育振興協会教材開発委員会，前掲書，55-56 ページ。
24 ファッションビル（Fashion Building）とは，ショッピング・センター（SC）のタイプのひとつであるスペシャルティー・センターに属する商業集積で，多数のファッション専門店をテナントして入店させているビルのことである。日本独自の商業集積とされており，全国の主要商店街に必ず存在するともいわれている。SC なので，ディベロッパーによる指導や統一性を必要とし，テナント数 10 店舗以上，店舗総面積 1500 以上が条件である。
25 マンション・メーカーとは，マンションや貸ビルの一室を事務所や工房にして，わずかな人数で営業している少規模なファッション企業のことで，和製英語 ① 個性的な，あるいは流行先どり型の商品作りをするところ，② 現在流行している商品をいち早く提供できるところの 2 タイプがあり，いずれも小回りがきく点と，少ロットの商品提供ができる点が特徴とされている。（ファッション総研編著『ファッション産業ビジネス用語辞典』ダイヤモンド，307 ページ。）
26 プレステージ（Prestige）とは，「名声，威信，信望」の意味で，ファッション産業では，格の高さ・グレイドの高さを示す言葉として用い，最もグレイドと価格の高い商品ゾーンをプレステージ・ゾーン（Prestige Zone）というのである。
27 ベターゾーン（Better Zone）とは，ファッション製品のグレイドやプライスのうち，プレステージ・ゾーンと，モデレート・ゾーンの中間に位置するゾーンである。商品のグレイドやプライス・ゾーンを分類するとき，① プレステージ・ゾーン，② ベター・ゾーン，③ モデレート・ゾーン，④ バジェット・ゾーンの 4 段階に分けることが多いのである。つまり，最高級のプレステージ・ゾーンと，中位（適度）のモデレート・ゾーンの中間に位置するのがベター・ゾーン

で，4種類のなかでは最も新しいゾーンである。しかし最近では，さらにプレステージ・ゾーンとベター・ゾーンの間にブリッジ・ゾーンをおくという傾向が強まってきている。

28 モデレート・ゾーン（Moderate Zone）とは，ファッション製品のグレイドやプライスのうち，中位に位置づけられるものをいうのである。

29 日本ファッション教育振興協会教材開発委員会，前掲書，56-58ページ。

30 パリ・コレクション（Paris Collection）とは，ファッション・デザイナーがパリで催すコレクションのことである。19世紀からの歴史をもち，1960年代まではオート・クチュール主体だったが，1970年代に入ってからはプレタポルテが主流になったのである。パリ・コレクションは，世界の5大コレクション（パリ，ミラノ，ロンドン，ニューヨーク，東京）のなかでも，最も権威と影響力をもっており，世界各国のデザイナーが参加している。（ファッション総研編著『ファッション産業ビジネス用語辞典』ダイヤモンド社，239ページ。）

31 日本ファッション教育振興協会教材開発委員会，前掲書，58ページ。

32 チェチェハン『ファッションマーケティング戦略』韓国言論資料刊行会，1996年，16-24ページ。

33 前掲書，16-18ページ。

34 前掲書，18ページ。

35 前掲書，18-21ページ。

36 前掲書，21-23ページ。

37 韓国繊維産業連合会『自己ブランド開発及海外マーケティング戦略』韓国繊維産業連合会，1994年，4-5ページ。

38 菅原正博『ファッションマーケティング』チャネラー，1996年，23ページ。

39 前掲書，24ページ。

40 菅原正博・本山光子共著『ファッションマーケティング』チャネラー，1996年，15-17ページ。

41 前掲書，17-18ページ。

42 オーバーストアとは，店舗過剰のことで，和製英語である。オーバー・プロダクション（過剰生産）に続いて，小売業界にもオーバーストア，オーバースペース（面積過剰）の時代はきたとされている。

43 菅原正博，本山光子共著，前掲書，16ページ。

44 チェチェハン，前掲書，50-53ページ。

45 前掲書，50-51ページ。

46 前掲書，51ページ。

47 前掲書，51ページ。

48 前掲書，52ページ。

49 「不連続的成長」とは，先発工業国の産地の成長とは異なる内発的要因を欠いたことである。
朴　奉寅，前掲書，187ページ。

50 前掲書，196ページ。

第4章

日・韓のファッション流通システムの特徴
―国際比較―

はじめに

　本章においては，移転論を念頭に，ファッション・マーケティング戦略に影響を与える制度的環境条件のうちのひとつである流通システムを取り上げ，とくに日・韓ファッション流通システムの発展過程と構造について比較分析を試みる。この分析により，両国の流通システムの類似点と相違点を明らかにし，すでに提示した移転の枠組みの正否を検討する。

　なぜならば，企業のグローバル・マーケティング戦略のなかで，流通チャネル戦略が最も複雑で，発展速度の観点からというかなり遅滞しているといわれているからである。その主な要因として，鈴木典比古氏は，「流通の基本である2つの地域（2カ国）間の物流という物流的距離が存在し，その距離を縮めるためには，物流手段を改良し改善する必要がある。もう1つの困難は，流通の中継点として流通業者が存在するが，この業者が生産者としての多国籍企業とどのような関係を築くかに起因する」[1]としている。

　田島義博氏は，流通システムの国際比較について，「比較流通（comparative distribution or comparative marketing）」[2]と呼び，「異なった国の流通を比較することによって，流通機構，流通機関，流通制度，流通活動などにおける国家間の異同を発見し，それらの異同がいかなる社会的・経済的環境の下で発生するかを明らかにすることである」[3]と定義している。いわば「流通の国際比較」や「流通システムの国際比較」ともいえよう。流通システムについて国際比較をしなければならない理由として，田島氏は次の5

点をあげている。第1は，世界貿易の拡大にともなって輸出相手国の流通機構，商取引慣習についての情報が必要になったこと。第2は，完成消費財の輸出においては，エンドユーザーまでの全取引過程を把握し，操作することが輸出拡大のために必要とされるに至ったこと。第3の理由は，国際企業や多国籍企業にとって単なる輸出だけではなく海外への営業所，支店，工場などを設置して積極的に海外市場への流通活動に乗り出すため，進出相手国の流通機構や取引習慣についての情報が必要になったこと。第4は，海外における流通の技術革新を自国内の社会的・経済的諸条件に適応するような形に修正して導入しようとする企業が増えてきたこと。第5の理由は，流通に関する行政的ニーズが拡大しているが，他の先進国の行政政策に関する情報や流通比較の資料が必要になっているという背景によって，流通の国際研究が進展してきたこと[4]である。

　以上のような観点を考慮しながらも，本章においては，日本と韓国のファッション流通システムについての比較研究を行い，両国の間での類似点と相違点を明らかにすることが，その目的である。また，日本の流通システムとの比較の視点から，韓国のファッション流通システムの問題点と改善方案について検討することである。さらに，日本と韓国との比較分析の視点に立って，両国のファッション流通システムの異同について，すでに提示した移転の枠組みの視点から，その異同の理由を明らかにし，今後のグローバル流通チャネル戦略の在り方についても提言している。それゆえ，本章では，まず理論的なサーベイを行い，流通システムの概念，チャネル・キャプテンと流通システム，およびファッション流通システムの特徴について検討する。この検討により，日・韓のファッション流通システムの発展過程と構造について国際比較の視点から分析し，さらに移転論の視点から流通チャネルの標準化戦略とファッション流通システムについて検討している。

第1節　流通システムとファッション流通システム

1．流通システムの概念とチャネル・キャプテン
(1)　流通システムの概念

　流通システム[5]とは，荒川祐吉氏によれば，「流通機構をシステムと把握した場合に生じる概念であり，流通システムの実態は流通機構である」[6]という。また，田村正紀氏は「生産から消費までの財の社会的移動を生み出す企業間取引ネットワークである」[7]と定義している。したがって，流通機構とは，岩沢孝雄氏が述べているように「流通機能を遂行するための諸活動の企業間分担関係（ないしそれを規定する企業間関係）である。それぞれ卸売活動（卸売企業が分担する流通機能とそのための活動），小売活動（小売企業が分担する流通機能とそのための活動）を要素とした流通の仕組みである」[8]ともいえる。

　例えば，紳士服の流通活動から見れば，紳士服の素材は遠く海外で生産され，いくつかのプロセスを経て最終的に小売店の店頭で販売されるが，そのプロセスで行われる主な経済活動をみてもその広がりを理解できる。これらの経済活動はその機能から「生産」「流通」「消費」の3つに分類することができる。紡績会社，織物会社，アパレルメーカーなどが行う活動は生産であり，消費者は消費を行い，これらの以外の活動が流通の分野に分類される。したがって，流通には情報収集，製品計画，プロモーション，取引，物流，金融，危険負担など多岐な活動が含まれる[9]。

　すなわち，流通とは生産された財を消費者の手に届ける全過程を指す。この過程の末端には小売業者を想定しているが，近年には，無店舗販売のように小売の段階で販売側に人間が関与しない場合もあるが，いかなる流通のパターンにおいても，生産者，卸売業者，小売業者の3種類の成員が結合して流通を形成している。この3種類の成員は，どの1つが欠けても，共通の目的である消費者への財の伝達は達成されない。したがって，この3成員は共通の目的である財の伝達という点で共働しなければならないが，他面でこの

3成員は，利害の対立の側面も併せてもっている。3つの構成員間に，流通がシステムとして機能するためには，3成員が共働すべきであるという流通の対立的原理と，各自は利潤の分配をめぐって対立しがちであるという流通の対立的原理の2つが存在する。つまり，システムとしての流通は，流通システムとしての統一性と，利潤配分機構としての対立性という2つの原理が内包しているのである[10]。ちなみに，流通機構と類似した言葉は，流通経路，流通チャネル (channel of distribution, distribution channel)，およびマーケティング・チャネル (marketing channel) などがある。

(2) チャネル・キャプテンと流通システム

流通チャネルについて，Stern＝El-Ansary＝Brown は，「顧客の製品あるいはサービスを使用し，消費する過程に参加する相互依存的集合体 (interdependent organizations)」[11]であると定義しており，Kotler は，流通機能の視点から，「財およびサービスと，それを使用するであろう人との間に存在する種々のギャップを克服することを目的とする。この機能には，調査，プロモーション，接触，適合，交渉，物的流通，財務，危険負担が含まれている」[12]と説明している。

また流通チャネルの形態[13]には，大きく伝統的流通システムと垂直的流通システム (vertical marketing system: V. M. S)[14]とがある。垂直的流通システムの特徴は，伝統的チャネルとは対照的に，専門的に管理され,運営上の経済的効果と最大の市場効果を果たすために,中央集中的にプログラム化された流通組織網（製造業者，卸売業者，小売業者の統合）にある。また，このシステムは，生産時点から最終消費者時点にいたるまでの流通のフローにおける結合，調整，統合を通じて，技術上，経営上，販売促進上の経済性を達成するために設計された集中的な組織である[15]。そのため，システム内部では，リーダーシップと役割の専門家，調整，共同，統制などが効果的に行われ,統制のための権限が存在する[16]。この垂直的流通システムを採用することにより，付加的に得られる利益は，経営の安定性，商品供給の確実性，効率的な流通統制，品質管理の保証及び流通政策の迅速な修正，よりよい在庫管理，商標の有名化，商標名による利益の活用能力，情報の効果的な利用，販売増大など，を可能にする。これは，製造業者または供給業者，流通

業者などにとって利点であるとともに,消費者側にとっても,低廉な価格,品質維持,製品に対するよいサービスなどが得られるといった利点がある。

垂直的流通システムが,1つのシステムとして効率的に存在するためには,チャネル構成員をまとめてリーダーシップをとるメンバーが存在する。これをチャネル・キャプテンまたはチャネル・コマンダーという。チャネル構成員に対して明示されているか,暗黙の了解の形態をとっているかは別にして,チャネル・キャプテンは,チャネル全体の設計,運営,管理に責任をもち,指導的な役割をはたす。指導性の根拠となるのは,前述のタイプ別分類で指摘したような,取引規模の巨大性や資本所有関係などさまざまであるが,チャネル構成員の利害の対立を抑制し,協調行動を実現することによって,チャネル・システム間の競争戦略を有利にすすめようとする。誰がチャネル・キャプテンになるかは,国,時代,商品領域,企業の経営資源の差によって異なる[17]が,一般的には,以下の4つの形態に分類することができる。

①生産者主導型チャネル・システムは,寡占を形成するような大規模メーカーが,自社の主導権のもとでナショナル・ブランドを販売するケースがこれに該当する。自家用車やビールがこの典型的な製品分野である。

②卸売業主導型チャネル・システムは,生産者,小売業者がともに,きわめて多数存在する製品分野では,卸売主導型のシステムが成立しやすい。

③小売業主導型チャネル・システムは,総合スーパーのダイエーやイトーヨーカ堂,紳士服専門店チェーンの青山商事のように,大規模小売業として成長した企業は,みずからのバイイング・パワー(buying power)と店舗での販売情報力を活用して,有利な条件でベンダーからナショナル・ブランドを仕入れたり,自社のオリジナル仕様のプライベート・ブランド(PB)を開発し,販売している。

④消費者主導型チャネル・システムは,消費者みずからが資金を出し合い,事業を運営し,利用する生活共同組合(生協)が,その代表的な事例である。生協は,組合員の購買力を結集することによって,バイイング・パワーを行使し,より安全な商品を追求して,生産者と提携してみずからコープ・ブランド商品を開発し,供給している[18]。

実際の流通システムは，これら4類型が複雑に組み合って構成されている。しかも，これらのタイプが製品分野ごとに「すみわけ」されているのではなく，同じ製品分野で併存していることか多い。以上の分類が，妥当しない領域も存在しないではないが，ファッション産業については以下のような指摘がなされている。「従来伝統的に製造業者が小規模零細型であったため，専業の有力卸売業者が指導的な役割を果たしてきた。しかし，とくに消費者のニーズが多様化し，商品のファッション化が進展する中で専業の有力卸売業者の主導性は一層強まってきた。しかしながら，近年，紳士服や婦人服などのアパレル分野においては，素材部門を扱う製造業者と末端消費者動向に通じる有力小売業者が流通主導者となる動きも活発となっており，製造業者，卸売業者，小売業者それぞれが核となるチャネル間競争が進展し始めている」[19]。この指摘のとおり，高度経済成長期においては，これら3者間に一定のパワー関係が構築されたが，今日では多くの流通システム構成員がチャネル・リーダーとなるべく，競争が一層激しさを増してきた[20]。

2．ファッション流通システムの特徴

　流通システムとは，「生産から消費にいたるさまざまな流通活動や制度を特定の目的関連性や相互依存性を基礎にシステムとしてトータルにとらえ，それがより合理的に働くように再設計したり，しかも個別の効率化ではなく，総合的な効率化を達成しようとするものである」[21]と定義するならば，ファッション流通システムも同様に定義することができると思われる。たとえば，日本のアパレル業界では，アパレル卸商（アパレル・メーカーを含む）が商品企画をして，生産企業に生産を委託し，あがってきた商品を小売企業に卸すという方式が主流であり，その意味では，「卸商→生産企業→卸商→小売企業→消費者」と考えた方がより正確である[22]。

　一般的にファッション商品のメーカーと呼ばれるファッション企業の1つは，縫製加工メーカーである。縫製加工メーカーの特徴は，自家工場を持たず，その生産に全部あるいは大半を，職先と呼ばれる加工工場に依頼して縫製加工してもらう形態になっていることである。大手の加工メーカーでもせいぜい自家工場としては全生産の10％程度で，その他は社外の加工向上に

依存している。したがって，ファッション商品の生地生産・流通のシステムは，「原糸メーカー→商社→生地問屋」の流れの中で「産地」と呼ばれる機業（ハタヤ）や染色加工場等で，織物として加工されているのが実態である。そして，原糸メーカー・商社・問屋の3つが互いに系列化し合い，チームを組み，複雑な流通形態を形成している。これに対して縫製加工メーカーの生産分野では，縫製加工メーカーが，① 生地問屋，商社，原糸メーカー

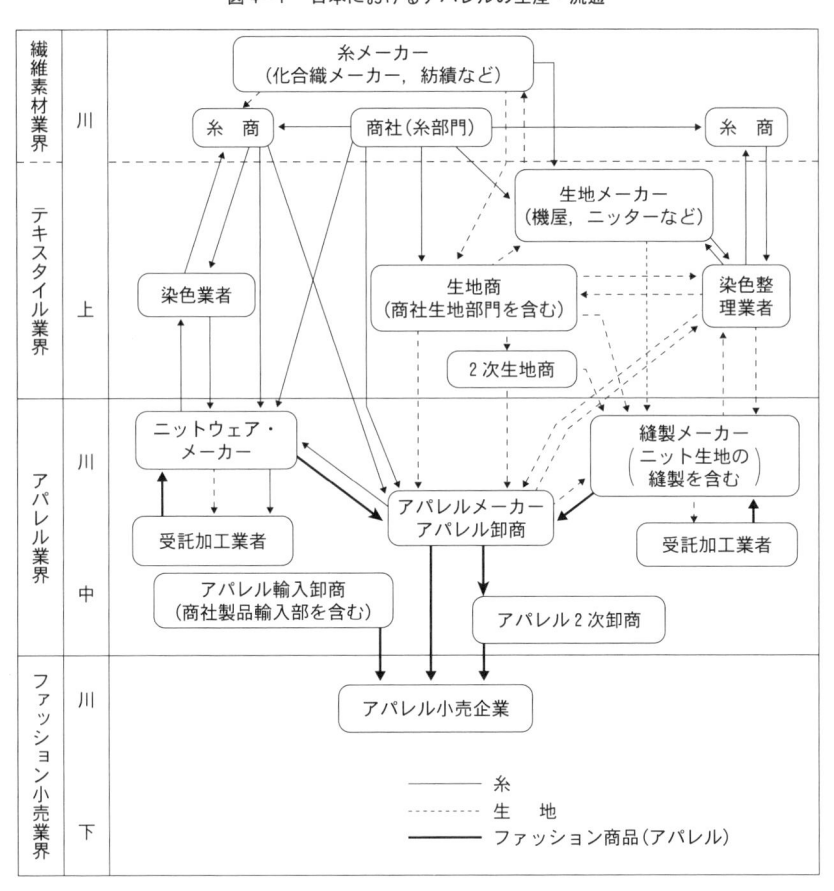

図4-1　日本におけるアパレルの生産・流通

繊維素材業界	川	糸メーカー（化合織メーカー，紡績など）／糸商／商社(糸部門)／糸商
テキスタイル業界	上	生地メーカー（機屋，ニッターなど）／染色業者／生地商（商社生地部門を含む）／染色整理業者／2次生地商
アパレル業界	川中	ニットウェア・メーカー／受託加工業者／アパレルメーカー　アパレル卸商／縫製メーカー（ニット生地の縫製を含む）／受託加工業者／アパレル輸入卸商（商社製品輸入部を含む）／アパレル2次卸商
ファッション小売業界	川下	アパレル小売企業

―――― 糸
‑‑‑‑‑‑ 生　地
━━━━ ファッション商品(アパレル)

出所：ファッション総研『ファッション産業ビジネス用語辞典』ダイヤモンド社，1997年，341ページ。

と話し合い，仕入れチャネルを決めて生地を仕入れる。② デザインを社内で決定し，型紙を制作し，ボタン・裏地などの付属品の選定・仕入れを行ったのち，加工基準を決めて加工先へ依頼する。③ 加工工場では加工基準どおりに生地を裁断し，縫製する。④ 加工工場で仕立て上がった商品を，縫製メーカーで検品し，値札を付け，プレス等の仕上げを行ったのち，販売先へ納入する[23]。

以上，ファッション産業における主な生産・流通システムについて説明してきたが，ファッション業界の「核」ともいえるアパレルの生産・流通チャネルは，「繊維→糸→生地→染色→縫製」の過程を経て製品となり，小売業へ納入される[24]。この過程を簡略に示せば，図4-1のとおりである。つまり，ファッション流通システムは，ファッション産業から数多くの零細中小企業から成り立っており，そしてその概念も非常に広範囲であるので，その生産システムはもちろん，その流通システムも，非常に複雑で多段階構造であるという特徴を有しているといえよう。さらにその生産システムが系列化されているだけでなく，その流通システムも系列化されているといえよう。さらにもう1つの特徴は，その生産段階だけではなく，その流通システムにも商社（総合商社や専門商社）の介入が目立つ産業であるということである。

第2節　日・韓のファッション流通システムの発展比較

1．日本のファッション流通システムの発展過程

日本ファッション教育振興会の『ファッションビジネス概論』（1995年）によると，日本のファッション流通システムの発展段階は，百貨店の胎動期（1936〜1950年），百貨店時代（1951〜1960年），ビックストア時代・専門店時代（1961〜1970年），ファッション・ビル時代（1971〜1980年），新百貨店時代・業種の細分化時代（1981〜1990年），新業態の多様化時代・流通構造改革の時代（1990年以降）に分類できる[25]（図5-2を参照）。以下においては，本書に基づき，主なプロセスのみを概略的に論じることにする。

日本のファッション小売業は，かつて「衣類小売り」や「繊維小売り」と呼ばれていたが，現在のような形態になったのは1960年代以降のことである。第二次世界大戦前の衣類小売業は，都市百貨店（呉服系百貨店とターミナル系百貨店）と，地方百貨店，総合衣類店などで構成されていた。その後，1951～1960年（百貨店時代）には，百貨店がファッション小売業の先導的な役割を演じながら，海外デザイナーとライセンス契約を結ぶなど，ファッション流通システムの供給者として地位を固めていった。

　1960年代のビックストアの時代には，百貨店とスーパーが主導的な流通構造となり，とくにスーパーの一部は総合スーパーへの大型化と共に，多店舗化を積極的に取り入れた。それゆえ，ファッション企業では量販店の進行に対応し，百貨店，量販店，専門店向けにそれぞれ異なる商品群を供給するというチャネル別展開を開始している。

　また，1970年代に入ると，ファッション革命時代からファッション産業時代への転換と共に，ショッピングセンター，ファッション・ビル，駅ビル，地下街などの新型の商業集積がファッション流通システムを支えてきた。なかでもファッションと専門店を主なテナントとするファッション・ビルが，ファッション小売業の発展にはたした役割は非常に大きい。

　1980～1990年にかけ著しい躍進をとげたのは，全国各地の幹線道路沿いにホームセンター，紳士服店，スポーツ洋品店，玩具店などの，いわゆるロード・サイド・ショップである。郊外型紳士服店としては青山商事，アオキインターナショナル，コナカなどである。もう1つの特徴は無店舗販売の成長である。

　1990年代以降の特徴としては，百貨店と量販店ではマーチャンダイジングに自主性をもたせ，かつ短いチャネルでそれを復興しようという動きが顕著であったことである。もう1つは，ロード・サイド・ショップの成功，スペシャリティストア・オブ・プライベートレーベル・アパレル（アパレル製造小売業：SPA）の成長が著しかったことである。いわゆる新業態の多様化と流通システム改革の時代であるともいえる。

図 4-2　日本と韓国のファッション

韓国の流通システムとファッション流通システム	
流通システム	ファッション流通システム
1945〜1960 年：混乱期	
・百貨店の胎動期：従来市場形成 ・DONGA，和新，MIDOPA，新世界，新新，和新鐘路百貨店の開設 ・南大門市場，東大門市場開設 ・釜山中央卸売市場，中央卸売市場開設	・洋装店，洋服店，家庭洋裁の時代 ・南大門，東大門，釜山中央市場など卸売市場の形成
1961〜1971 年：発芽期／卸売・小売業時代 I 期	
・平和市場（1962 年），新平和市場（1969 年）設立 ・チェーン商店街 　（BANDO，朝鮮アーケード）オープン ・スーパーマーケットの誕生期	・洋装店，洋服店中心の時代 ・在来市場中心の商品構成—小規模店舗中心
1972〜1987 年：発展期／卸売・小売業時代 II 期	
・流通開放政策の実施検討（1981 年 7 月から） ・百貨店の成長 I 期 ・スーパーマーケットの成長期 ・ショッピングセンターの導入期 ・無店舗販売の形成	・洋装店のブティック化によるデザイナー・ブランドの活性化 ・大企業の既製洋服市場参入による百貨店，直営店中心ビジネスの活性化 ・製造と販売の未分離状況のフランチャイズシステムが主流 ・仕入れ制を主にしたファッション専門店の登場（例えばビジリなど）
1988〜1995 年：開放期／完全流通市場開放実施／業種の多様化時代	
・流通開放計画の実施 　（卸売・小売業の振興 5 カ年計画） ・百貨店の成長 II 期 ・コンビニエンスストアの導入 　（セブン-イレブン，GS（旧 LG）25 等） ・GMS 化（セナラスーパー，ヘテマート等） ・本格的なショッピングセンターの登場 　（大型化・郊外化：ロッテワールド） ・通信販売の活性化 　（通販専門の登場） ・新小売業態の誕生 　（E-マート，プライスクラブ，キムズクラブ，アウトレットストア）	・マルチ・ブランド・ショップ，メーカー・トータル・ショップ登場（ワン・ストップ・ショッピング） ・ファッション専門店時代の開幕 　（MESSAGE, ORANGE, BEFORE, EXCHANGE, DOORS 等） ・百貨店の多様化，専門化の多数化，地方化時代 ・在来市場の衰退による近代化計画実施 　（巨坪卸売りセンター等）
1996 年以降：小売業種の細分化・多店舗化時代：新業種検索の時代	
・大型スーパーマーケットの成長 ・ウォルマート等のディスカウントストア型小売業態の急成長 ・近隣型ショッピングセンターの全国的拡大 ・本格的なカテゴリキラーの多店舗展開 ・ホールセール・クラブの登場 ・アウトレットストアの全国的拡大 ・GMS の百貨店化 ・郊外型ショッピングセンターの開発と活性化 ・個性的な専門店の成長	・新業態の多様化および業態別競争 ・百貨店の専門化時代 ・個性的ファッション専門店の活性化 ・ディスカウントストアの急成長 ・ホールセール・クラブ登場

出所：李好定『ファッション流通産業』教学研究社，1996 年，359-361 ページより作成。

流通システムの発展過程

日本の流通システムとファッション流通システム	
流通システム	ファッション流通システム
1936〜1950年：百貨店の胎動期，ブラックマーケット市場時代	
*百貨店の胎動および整備期：未成熟時代	・百貨店の生地店，洋服店，洋装店，きもの店の登場 ・洋装店・洋服店の登場 ・家庭洋裁の時代 *ブラックマーケットの活性化
1951〜1960年：百貨店時代	
・日本小売店の形成期 *百貨店の成長期（三越，高島屋） ・スーパーマーケットの誕生期	・フランス有名デザインとの提携によるファッション・リーダの役割 ・百貨店の海外進出開始（大丸，そごう等） ・専門店登場
1961〜1970年：ビックストア時代，専門店時代	
・卸売業，小売業の時代 ・百貨店の成熟期 ・GMSの形成 *ビックストア時代 　（スーパーマーケット，スーパーストア） *専門店の細分化 ・郊外型ショッピングセンター誕生	・GMS（量販店）の活性化 *ファッション専門店の活性化，専門化 　（鈴屋，タカノ，バンジャケット，JUN等） ・マーケット・セグメンテーション戦略実施 ・卸売商の多ブランド化 　（専門店のチェーン化）
1971〜1980年：ファッション・ビルの時代	
*業種多様化の時代 ・百貨店の衰退期 *ショッピングセンター開発，駅ビル開発 ・TVショッピング開始 ・専門店の時代 ・スーパーマーケットの郊外型大型店化およびGMS化	*ファッション革命時代からファッション産業時代へと転換 ・専門店チェーンの全国的ネットワーク化 ・ブティックの全国的拡大の時代 *ファッション・ビルの時代 　（ブティック，海外専門店の拠点化）
1981〜1990年：新百貨店時代，業種細分化の時代	
*業種多様化の時代：新業態の探索 　・新百貨店時代 　　（郊外型百貨店，系列店設立の時代） 　・GMSの付加価値化および準百貨店化 　・ファッション・モール時代 　・大規模化複合機能化のショッピングセンターの発展 　・TVショッピングの急成長 *コンセプト・ショップ ・無店舗小売業（訪問販売） *郊外型大型専門店 　（ロードサイドショップ） *産地直売販売"	・DCブランド・ブームの形成 ・SPA型小売業の台頭 　（青山，青木，インターナショナル） ・ロードサイド・ショップの活性化 　（紳士服販売の60%） ・カタログ販売 ・百貨店の専門店化 　（西武百貨店の輸入ブランド）
1991〜現在：新業態多様化の時代，流通構造改革の時代	
*新業態多様化の時代 　（顧客満足の新業態追求） *流通構造改革の時代 　・コンセプトの拡大 　・アウトレットストア 　・オフ・プライス・ストア 　・カテゴリキラー 　・パワーセンター 　・ファクトリ・ブティック台頭 *物流システムの高度化	・ロードサイド・ショップの成長 ・SPAの拡大

2．韓国のファッション流通システムの発展過程

韓国人研究者李　好定氏によると，韓国のファッション流通システムの発展段階[26]は，大きく混乱期（1945～1960年），発芽期（1961～1971年），発展期（1972～1987年），開放期（1988～1995年），業種・業態の細分化期（1996年以降）の5つの段階に分類できる。以下，氏の著書により，その特徴を簡単に紹介することにする。

韓国のファッション流通システムは，国民の衣生活が欧米化された1960年代以降，洋装店と在来市場を中心として始まり，1970年半ばには大企業の既製服市場進出によって活発化された。この時代の既製服は，大衆消費者のための大量生産ではなく，中・上流層の消費者をターゲットとしたため，ファッション流通システムは，消費者が追求する高級感覚を満足させるための百貨店や直営専門店の形態に現れた。この時期から，韓国ファッション流通システムは，製造と販売とが分離せず，製造業者が在庫を負担し，小売機関に販売を委託する形式，いわゆる製造業主導型のファッション流通システムが形成されるようになった。

1980年代には，中小企業の衣類市場への参加と共に，百貨店や直営専門店，代理店を通じた流通システムが拡大されるようになった。1980年代後半にはソウル・オリンピックとともにカジュアル・ファッション市場が拡大し，消費者が気軽に立寄って購入できるファッション代理店形態のファッション流通システムが活性化され，韓国のファッション流通システムの形成に大きな変化をもたらした。また，消費者ニーズの満足という側面から国内ファッション市場に仕入制を導入したマルチ・ブランド・ショップが始めて登場した。このような小売店は，「モノを作る」発想から「モノを売る」発想に専門化されたものといえる。

1990年代には，国際化とともに消費者の利便性，高級化，簡素化追求がファッション流通システムの発展に大きく影響を与え，転換期ともなっていた。いくつかのファッション企業は，消費者に多数のブランドを比較購入できる利便性を提供するため，ワン・ストップ・ショッピングが可能なマルチ・ブランド・ショップやメーカー・トータル・ショップを追求し始めた。このような消費者主導型のファッション流通システムは，既存の製造業主導

型のファッション流通システムからはなれて消費者主導のプロダクト・アソートメントへの変換機能を促進させるきっかけになった。

　以上，韓国のファッション流通システムの特徴を要約すると，在来型流通機関と現代的な流通機関が併存しており，在来型市場（いちば）と百貨店が主導的な役割を果たしていることである。また，卸売業主導型流通構造がファッション流通システムの形成に大きく影響したことである。さらに，日本と欧米ではすでに成長・成熟している小売業態であるが，韓国では新しい業態として導入され，成長しつつある業態が多いことである。

第3節　日・韓のファッション流通システムの構造比較

1．日本のファッション流通システムの構造的特徴

　日本のアパレルの流通チャネルは，図4-3のとおりである。アメリカの場合は，アパレル製造企業から小売企業に直接販売することが多く，中間に介在する契約セールスマン，レジデント・バイイング・オフィス（Resident buying office）[27]，および卸商などのウェートは日本ほど大きくはない。

　しかし，日本の場合は，図4-3の「アパレルメーカー＆アパレル卸商」（以下では，「アパレルメーカー＆アパレル卸商」をアパレル卸商と省略する）が商品企画としてメーカーに生産を委託し，あがってきた商品を小売企業に卸すというケースを主流にして，産地卸商，商社製品部（別会社を含む），2次卸商も加わってくる。

　日本の流通構造が複雑であるといわれる原因は，そこにあるわけである。なお，日本では卸商が素材手配，商品企画，販売促進・宣伝，小売企業への販売などの機能を集約して保持しているという点からいえば，アパレルの流通チャネルは「卸商→メーカー→卸商→小売企業→消費者」と考えておいたほうがより正確である[28]。

　国産アパレルに比べると，輸入アパレルの流通チャネルは，図4-3で示されているように，単純である。しかし，小売企業の直接買付けが主流をなしている海外の場合に比べると，中間流通企業の介在による複雑性があるこ

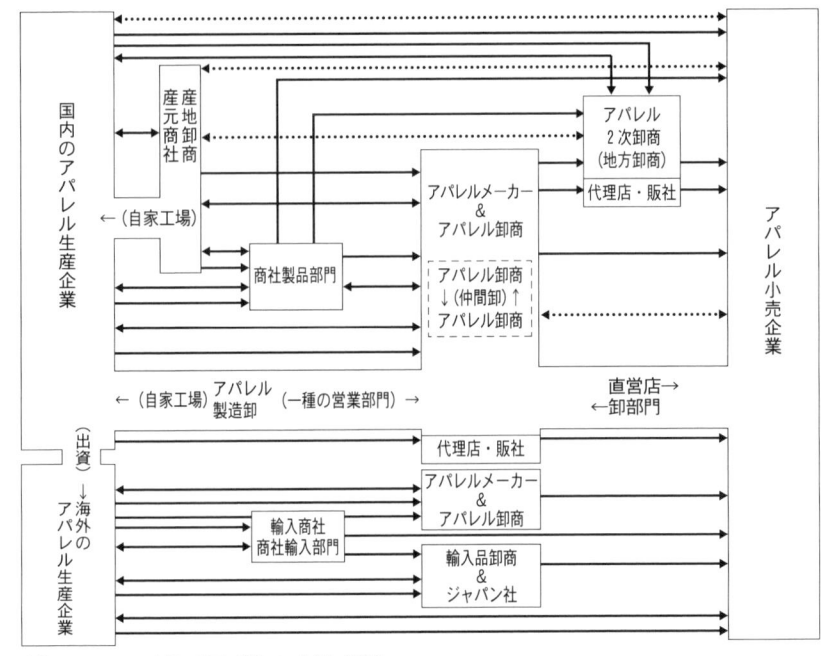

図 4-3　日本のアパレルの流通チャネル

```
国内のアパレル生産企業
  ├─ 産元商社／産地卸商社
  ├─ (自家工場)
  ├─ 商社製品部門
  ├─ アパレル製造卸 (一種の営業部門)
  │    ├─ 代理店・販社
  │    ├─ アパレルメーカー & アパレル卸商
  │    └─ アパレル卸商 ↓(仲間卸)↑ アパレル卸商
  ├─ アパレル2次卸商 (地方卸商)
  ├─ 直営店／卸部門
→ アパレル小売企業

(出資)↓
海外のアパレル生産企業
  ├─ 代理店・販社
  ├─ アパレルメーカー & アパレル卸商
  ├─ 輸入商社／商社輸入部門
  └─ 輸入品卸商 & ジャパン社
```

(注): 1. ⟷ 右側の企画・発注で，左側から納品
　　 2. → 右側によるセレクト仕入れ，または左側からのチャネル販売
　　 3. 太線は現在の流通の主流
　　 4. 点線は最近始まった流通形態

出所：出所：図4-1に同じ，342-343ページ。

とは否定できない。

　日本ファッション教育振興会の『ファッションビジネス概論』では，日本におけるアパレル輸入を大きく分けて次の5つの方式があげられている[29]。

　第1に，輸入総代理店方式である。これは輸入商社，輸入品卸商，アパレル卸商などが海外の生産企業やデザイナーと輸入総代理店契約を結び，先方のサンプルに基づいて発注・輸入する「ブランドこだわり」の方式である。最近，海外デザイナー企業などの日本法人が増えているが，これもこの方式の一種と認めてよい。

　第2に，並行輸入方式である。これは上記の総代理店契約に依拠せず，したがって海外の生産企業から直接輸入するのではなく，海外の流通企業のど

こかで仕入れて輸入する方式である。総代理店契約が結ばれている有名ブランドについて，中小の輸入品卸商やアパレル卸商，また小売企業などがこの方式で現物を輸入して，安く販売することが多い。

第3に，買付方式である。これは海外の生産企業，流通市場，あるいは見本市などを回ったり，来日企業の持参サンプルを見たりして商品をセレクトし，輸入する方式である。ブランドにこだわらない適品主義の輸入で，輸入卸商，アパレル卸商，小売企業のいずれも，必要に応じてこの方式をとる。この方式のうち継続性のないものを「スポット買い」という。

第4に，開発輸入方式である。これは海外委託生産方式ともいう。日本側の商品企画に基づいて海外の生産企業に生産を発注し，輸入する方式である。アパレル卸商，輸入商社，輸入品卸商のほか，アパレル生産企業，小売企業など，この方式をとるところは多く，それらの企業による現地での100％出資会社，合弁会社からの輸入もこの方式によっている。

第5に，その他の方式である。消費者の「個人輸入」を代行する部門を設けている大手小売企業があるほか，カタログによる輸入を行っている小売企業もある。

これら5つの方式のうち，輸入総代理店や並行輸入や 買付の方式は欧米のファッショナブルな商品において主流であり，開発輸入方式は近隣諸国からの低価格商品において主流であり，買付方式は両者にまたがっている。輸入量，金額とも，現在は開発輸入方式が多い。なお，最近では，欧米にファッショナブルな商品の生産を委託するケースも増えている。

2．韓国のファッション流通システムの構造的特徴

韓国ファッション流通業界は，市場開放と並行輸入の許可以降，大きく変化している状況である。韓国ファッション流通市場は，商品ブランド別代理店や百貨店，在来市場，ディスカウントストアなどに限られていたが，マルチ・ブランド・ショップ[30]，アウトレット・モール（Outlet Mall）などの多様な業態の登場をみせている。

韓国ファッション流通業界では，百貨店やディスカウントストアを通したファッション製品の流通物量が大幅に増えており，ファッション製造業態を

図4-4　韓国のアパレル製品別流通チャネル

ファッション流通チャネル	主な業種・業態
・生産者－代理店（特約店）－消費者・生産者	・ナショナルブランド業態・デザイナーブランド業態
・生産者－卸売商－小売商－消費者・生産者	・中小零細企業の南大門・東大門市場経由，あるいは直接出荷販売
・在庫収集商－卸売商－小売商－消費者	・在庫収集商，ダンピング製品商
・生産者－消費者	・洋裁，洋服店（オーダー服）

出所：李好定『衣類商品学概論』教学研究社，1994年，164-165ページより修正作成。

含む大企業がファッション専門流通業界に続々進出するなど，ファッション流通システムが大きく変化している。韓国ファッション産業は，毎年15％以上の高度成長を続け，未来の高付加価値戦略業種の産業になりつつあり，1997年には22兆ウォンを超える市場規模を形成している[31]。

現在の韓国ファッション流通市場は，市場規模の拡大と1996年の並行輸入許可により，韓国国内ブランドだけでなく，競争力の強い海外有名ブランドの輸入が急激に増加している状況である。とくに，海外大型ファッションブランドは，今まで国内の百貨店や輸入業態にアパレル商品を供給していた

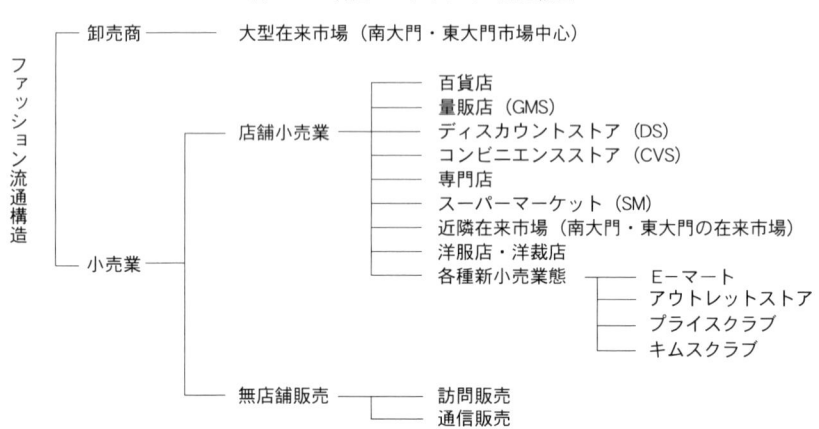

図4-5　韓国のファッション流通構造

```
                ┌ 卸売商 ──── 大型在来市場（南大門・東大門市場中心）
                │
ファ              │                        ┌ 百貨店
ッ                │                        ├ 量販店（GMS）
シ                │                        ├ ディスカウントストア（DS）
ョ                │              ┌ 店舗小売業 ┼ コンビニエンスストア（CVS）
ン                │              │            ├ 専門店
流                │              │            ├ スーパーマーケット（SM）
通                │              │            ├ 近隣在来市場（南大門・東大門の在来市場）
構                │              │            ├ 洋服店・洋裁店
造                ├ 小売業 ──────┤            └ 各種新小売業態 ┬ Eーマート
                │              │                           ├ アウトレットストア
                │              │                           ├ プライスクラブ
                │              │                           └ キムスクラブ
                │              │
                │              └ 無店舗販売 ┬ 訪問販売
                                           └ 通信販売
```

出所：図4-2に同じ，363ページより作成。

第4章 日・韓のファッション流通システムの特徴　111

図4-6　日本のファッション流通構造

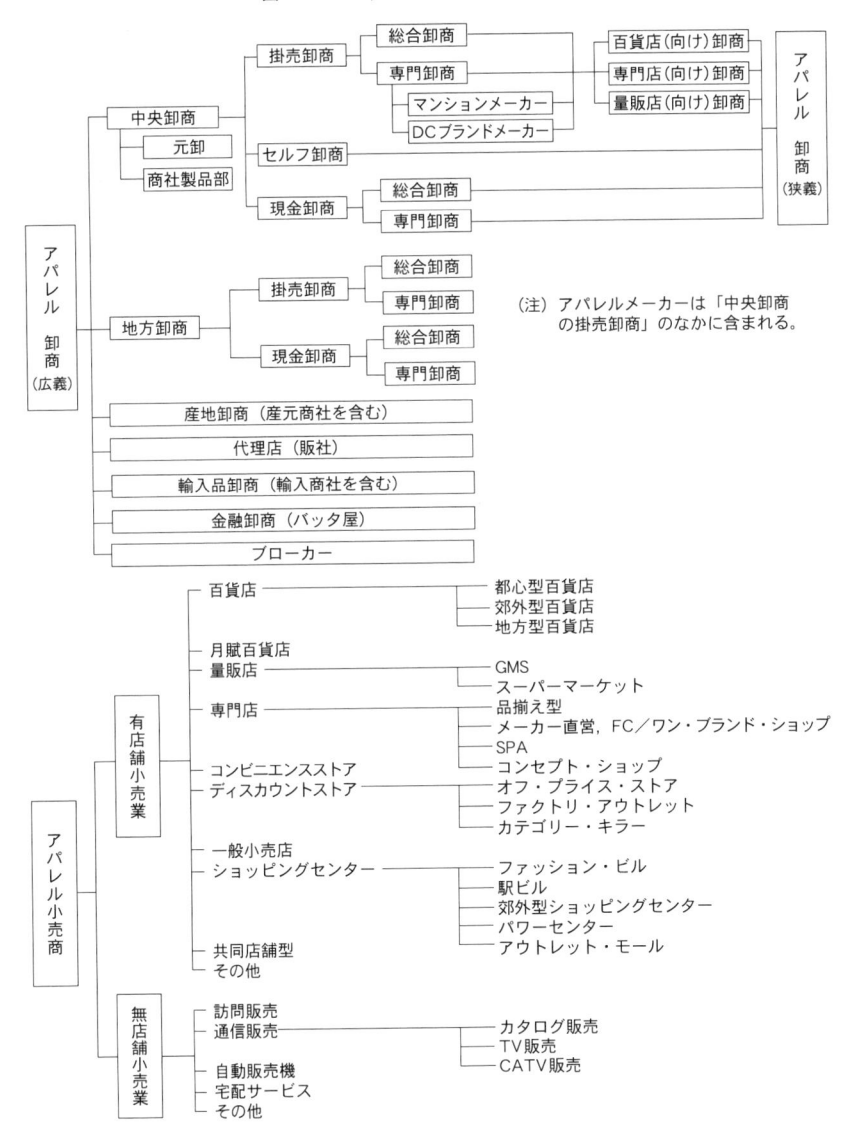

```
アパレル卸商（広義）
├─ 中央卸商
│   ├─ 元卸
│   ├─ 商社製品部
│   ├─ 掛売卸商
│   │   ├─ 総合卸商 ─── 百貨店（向け）卸商
│   │   ├─ 専門卸商 ─── 専門店（向け）卸商
│   │   ├─ マンションメーカー ─ 量販店（向け）卸商
│   │   └─ DCブランドメーカー
│   ├─ セルフ卸商 ───────────────── アパレル卸商（狭義）
│   └─ 現金卸商
│       ├─ 総合卸商
│       └─ 専門卸商
├─ 地方卸商
│   ├─ 掛売卸商
│   │   ├─ 総合卸商
│   │   └─ 専門卸商
│   └─ 現金卸商
│       ├─ 総合卸商
│       └─ 専門卸商
├─ 産地卸商（産元商社を含む）
├─ 代理店（販社）
├─ 輸入品卸商（輸入商社を含む）
├─ 金融卸商（バッタ屋）
└─ ブローカー
```

（注）アパレルメーカーは「中央卸商の掛売卸商」のなかに含まれる。

```
アパレル小売商
├─ 有店舗小売業
│   ├─ 百貨店
│   │   ├─ 都心型百貨店
│   │   ├─ 郊外型百貨店
│   │   └─ 地方型百貨店
│   ├─ 月賦百貨店
│   ├─ 量販店
│   │   ├─ GMS
│   │   └─ スーパーマーケット
│   ├─ 専門店
│   │   ├─ 品揃え型
│   │   ├─ メーカー直営，FC／ワン・ブランド・ショップ
│   │   ├─ SPA
│   │   └─ コンセプト・ショップ
│   ├─ コンビニエンスストア
│   ├─ ディスカウントストア
│   │   ├─ オフ・プライス・ストア
│   │   ├─ ファクトリ・アウトレット
│   │   └─ カテゴリー・キラー
│   ├─ 一般小売店
│   ├─ ショッピングセンター
│   │   ├─ ファッション・ビル
│   │   ├─ 駅ビル
│   │   ├─ 郊外型ショッピングセンター
│   │   ├─ パワーセンター
│   │   └─ アウトレット・モール
│   ├─ 共同店舗型
│   └─ その他
└─ 無店舗小売業
    ├─ 訪問販売
    ├─ 通信販売
    │   ├─ カタログ販売
    │   ├─ TV販売
    │   └─ CATV販売
    ├─ 自動販売機
    ├─ 宅配サービス
    └─ その他
```

出所：日本ファッション教育振興協会『ファッションビジネス概論』日本ファッション教育振興協会，1995年，71ページ，126ページに基づいて作成。

が，市場開放以降，韓国ファッション市場への直接進出をはかるケースが増えている。1996年後半には，アメリカのDKNYが韓国国内市場への直接進出をはかっており，1997年の初めにはイタリアのプラダ，アメリカのコロミアスポーツなどの世界各地の流通業態が韓国に進出し，すでにソウルのミョンドンやアップグジョンドンに，10数カ所の大型専門売場を設置・運営している[32]。このような状況の中で，韓国のファッション流通産業は，代理店や百貨店などを通した既存流通チャネルだけでは販路確保が困難となり，海外大型業態に競争できる流通網の大革新が必要となってきている。

　主に自社の代理店網に販路を依存してきたファッション製造業態は自社ブランドだけでなく，他社ブランドまで複合的に販売するファッション専門店事業に直接進出している。たとえば，シンウォン流通は，1990年にソウルのミョンドンに30数カ個のファッションブランドを同時に販売し，取り扱うファッション専門店「エバン・エッセルミョンドン店」を開店したのに続いて，1996年に光州市のチュンザン路に典型的なファッション専門百貨店「Private」を開店・運営している。また，ナサン物産も，1996年の10月からブランド制限なしの有名業態の在庫ファッション商品を低価格で販売するファッション専門ディスカウントストアの「イコレズ」を開店し，続いて，大型マルチ・ブランド・ショップのファッション専門店である「ワナビー」を開店している。さらに，三星物産も，エスエスファッション（SS Fashion）の他にファッション専門店事業に進出し，1996年の5月にミョンドンにファッション専門店である「ユウツウゾーン」を開店・運営している。この店舗は，37個の国内外のファッションブランドを扱っており，1日平均1億5千萬ウォンに達する売上を記録している[33]。

3．日本の比較の視点からの韓国のファッション流通システムの問題点

　ここ10数年間，韓国のファッション産業は規模の拡大とともに企画や生産能力の向上，素材やデザイン開発，品質の面において高度な成長・発展を遂げてきた。しかし，ファッション流通部門は，先進国に比べ非常におくれており，現在，根本的なファッション流通システムの改善方策が必要となっている。さきの韓国研究者である李　好定氏[34]は，韓国のファッション流通

システムの問題点として，①政府主導型大企業の育成政策による製造業中心の市場形成，流通構造の多様化・合理化の必要性，②物流システム構築の必要性（QRS：Quick Response System）の実現，③在来市場の近代化に対する支援不足による流通機能の弱化，といった諸問題を指摘している。

まず第1の問題点は，政府主導型大企業の育成政策による製造業中心の市場形成であること。つまり，政府主導型大企業の育成政策の結果，資本力と組織力の強い大企業メーカーがメーカー自体の直営店や代理店を通して販売しているため，流通チャネルの垂直・水平的協業および分業体制がうまく機能せず，いわゆる政府主導型の市場形成を定着させた。とくに，大型ファッション製造業が全国代理店を通して自社商品だけを供給するという供給者中心の市場が形成され，流通の系列化もその方向で展開されていることである。

第2は，流通構造の多様化・合理化を必要としていることである。ファッション商品の場合，東大門・南大門市場を除いたファッションメーカーが企画・生産・販売を総括することによる非効率性と非専門性の問題点に対応できる流通段階専門化，消費者の多様なライフスタイル・欲求・ニーズに対応できる先進国のような多様な業態開発，現代の生活創造者が追求するファッション追求・便利追求・娯楽追及などに対応できる流通システムなどがその必要性としてあげられる。

第3は，近代的な物流システムが構築されていないことである。これはQRSの実現でもある。近年では，物的流通管理（Physical Distribution Management）が企業の利潤増大に大きく影響を及ぼしている。過大な在庫量による物的流通管理問題の深刻化に対する改善の必要性，合理的な物流システムの流通の効率化によるコストアップ問題に対する予防の必要性，物的流通管理のためのPOS（Point of Sales）システム導入をはじめて物流センター及び倉庫システムの近代化と中・小都市に中間配送センターを設置するなどの物的流通管理に対する投資向上の必要性があげられる。

最後の第4の問題点は，在来市場（いちば）の近代化に対する政府の支援不足によって流通機能が弱化していることである。韓国では，かつてから在来市場主導型ファッション流通システムが形成されてきたが，政府の在来市

場の近代化計画と流通近代化に対する資金の支援が不足しているため，改善を期待するには無理な現状である。このため，在来市場の衣類流通機能は喪失されつつあり，大型小売店である百貨店とショッピングセンターなどが流通の中心業態として登場している。この結果，ファッション衣類のコストアップと同時に国民の高級品選好傾向，売上増大だけを目的とした大型百貨店の多くのセールが社会問題として登場している。ここで，在来市場の低コストで実用的な衣類流通機能を回復させるための改善方案として，政府の積極的な政策開発と資金支援が必要となってくる。

さらに，李好定氏は，企画及び開発に関する観点から，① 商品企画力の不足，② 顧客開発とサービス開発の不足，③ 流通専門人材の不足，という3つの問題点をあげている。もう1つの政策的観点からは，① ファッション流通開放に対応するマスタープランの不足，② 政府の流通業体に対する合理的な政策の不足，③ 不動産の価格上昇による流通業態の経営の非効率性，④ 百貨店の商行為においての問題点，などを取り上げている[35]。

おわりに
―流通チャネルの標準化戦略とファッション流通システム―

本章においては，同じく第3章で検討したように，移転論を念頭に入れて，ファッション・マーケティング戦略に影響を与える制度的環境条件である流通システムを取り上げ，とくに日・韓ファッション流通システムの発展過程と構造について比較分析をすることにより，両国の流通システムの類似点と相違点を明らかにし，われわれの移転論の枠組みとの関係について論ずることとする。

結論的に言えば，日本と韓国との流通システムの類似点は，流通の系列化が著しく，その構造が多段階構造になっていることである。それに対して，韓国では非近代的小売業態（在来市場）と近代的小売業態（百貨店）との併存，卸売主導型流通構造であることが，その相違点といえる。また，韓国のファッション流通システムに関しても，① 政府主導型大企業の育成政策に

よる製造業中心の市場形成に対する流通構造の多様化・合理化の必要性，②物流システム構築の実現，③在来市場の近代化に対する支援不足による流通機能の弱化といった諸問題をあげうることも，他の相違点として明らかになった。つまり，日・韓の両国の間において，それぞれの相違点と類似点（異同）が生じた理由は，移転対象となる技術を規定する「制度的環境条件の類似性」とそれらの「技術のマニュアル化・プログラム化の可能性の度合」の多少（移転の仕方）によって表れた結果であり，すでに提示した理論的移転の枠組みの妥当性が裏付けられたことになる。

グローバルな流通チャネルを標準化するためのアプローチとしては，城座良之氏らによれば，「多大な資本力を利用して，各国市場の核となるような販売会社を100％子会社として設立し，異質な市場の流通チャネルを１つの資本での，共通のマーケティング政策のもとに統合化し，コントロールし，支配してしまう方法がある」[36]という。すなわち，流通チャネルの標準化戦略とは，小阪　恕氏の定義を引用すれば，「参入各国現地における問題として世界共通でたとえば卸売業－小売業の２ステップ方式でいくか，小売業へ直売１ステップ方式でいくかとか，流通チャネル構造に関する標準化である」[37]と定義している。つまり，標準化戦略によって，世界各国に共通の流通チャネルの構造を構築しようとすることであるが，各国の流通システムが異なると，標準化戦略の修正，いわゆる適応化戦略が必要となる。その国の流通チャネルが従来からの独立店中心になっているか，量販店やコンビニエンスストアなどのチェーン組織が発達しているかによって，その国での流通チャネル戦略を修正・適応化する必要がある。また，その国の流通システムの系列化が強い場合にも適応化戦略が必要であるといえる[38]。

もう１つは，流通システムが，受け入れ国の歴史的特徴や流通の発展段階のレベルによって大きく異なっているのが通常である。それゆえ，小売業の形態は多様であり，チャネルの形態別ライフ・サイクルがみられる。チャネルは多様化すると同時に，そのライフ・サイクルは短縮化しており，従来，マーケティング・チャネルの主流であったものも，その重要性を失いつつある。いわゆる流通革命の進行である。この流通革命の進行度は，各国によって異なっており，たとえば百貨店が未だに流通システムの主導的小売業態で

ある国もあるし，百貨店がない国すらある。チェーン組織が出現したばかりの国もあるし，すでに成熟期に入った国もある。すなわち，このような流通システムの発展度合が異なる各々の国において，ファッション産業が流通チャネル戦略を展開するさい，以下のようないくつかの意思決定を行わなければならないことがある。第1には，自己のチャネルを組織するか，進出先に既存のものを利用するか，の決定がある。第2は，現在主流の流通チャネルを使うか，または一歩先んじたチャネルを使うことによって，流通革命の先端を切り拓くかという，チャネル形態の選択である[39]。

ファッション企業がグローバルな流通チャネル戦略を展開する場合には，流通業者の種類と選択，流通戦略のデザイン，チャネル・ライフ・サイクルなどに関する移転対象となる技術のマニュアル化・プログラム化の程度の決定はもちろん，それらの技術を規定する「文化構造」や「経済過程」や「企業内外の諸『組織』」といった各国の「制度的環境条件の類似性」の異同の程度を比較考察した上で，「適用（標準）化戦略」（第Ⅲ象限）を取るべきか「適応（修正）化戦略」（第Ⅰ象限）を取るべきかを決定しなければならない。

注
1 鈴木典比古『国際マーケティング』同文舘, 1989年, 170ページ。
2 Stanley Shapiroは, ① 深い研究（Study of Depth）の代表的な例としてBartelsの研究, ② 限られた範囲の比較研究としてDunn の International Advertising Handbook, バーテルズ編の Comparative Marketing, Jeffreys, Hall らの業績, ③ 他国の国内マーケティングについての紹介, ④ 他国の国内マーケティングとアメリカの過去との比較とに分類し, 比較流通や比較マーケティング研究例としてあげている。
3 田島義博・宮下正房編著『流通の国際比較』有斐閣, 1985年, 2ページ。
4 前掲書, 1-2ページ。
5 流通システムに関する理論的著書としては, 荒川祐吉『商業構造と流通合理化』, 1969年；同, 『流通政策への視覚』, 1974年。江尻 弘『流通論』, 1979年。久保村隆祐『流通機能』, 『需給接合』, 『流通機構と商業』, 久保村隆祐・荒川祐吉編『商業学』, 1974年。林 周二『流通』, 1982年。林 周二・田島義博編『流通システム』第2版, 1970年。佐藤 肇『日本の流通機構』, 1974年。田村正紀『現代の流通システムと消費者行動』, 1976年。鈴木安昭・田村正紀『商業論』, 1980年, などがあげられる。
6 久保村隆祐・荒川祐吉編『商業学―現代流通の理論と政策』有斐閣, 81ページ。
7 田村正紀『日本型流通システム』千倉書房, 1986年, 1ページ。
8 岩沢孝雄『取引流通システムと競争政策』白桃書房, 1998年, 5ページ。
9 鈴木安昭・関根 孝・矢作敏行編『マテリアル流通と商業』有斐閣, 1994年, 2ページ。
10 流通をシステム的にとらえる見方としては, Stern, Louis W. and Adell. El-Ansary,

Marketing Channels, Englewood Cliffs, New Jersey: Prentice Hall, 2nd edition, 1982.
11 Stern, Louis W., Adell. El-Ansary, James R. Brown, *Management in Marketing Channels*, prentice-Hal, Englewood Cliffs: New Jersey, 1989, p.5. (光澤滋朗訳『チャネル意管理の基本原理』晃洋書房，1995年。)
12 Kotler, Philip and Gary Armstrong, *Principles of Marketing*, 4th ed., Jersey: prentice-Hall, Inter-national Editions, 1989. (村田昭治監修『マーケーティング原理』ダイヤモンド社，1992年，510ページ。)
13 前掲書，519ページ。
14 詳しいことは，Stern, Louis W. and Adell. El-Ansary, *op. cit.*, pp.330-342,を参照。垂直的流通システムは,管理型VMS (administered V. M. S)，企業型VMS (corporate V. M. S)，契約型VMS (contracted V. M. S)に分類される。契約型VMSには，卸売商中心任意チェーン，フランチャイズ・システム，小売商組合などがあり，フランチャイズ・システムは生産中心の小売商フランチャイズ・システム，生産者中心の卸売商フランチャイズ・システム，卸売業者中心小売商フランチャイズ・システム，サービス会社中心小売商フランチャイズ・システムなどがある
15 McCammon, Bert C., "Perspective for Distribution Programming", in Louis P. Bucklin, *Vertical Marketing System*, Illinois: Scott and Co., 1970, pp.43-44.
16 Stern, Louis W., and Adel I. El-Ansary, *op. cit.*, p.323.
17 出牛正芳編著『基本マーケティング用語辞典』白桃書房，1995年，156ページ。
18 斎藤雅通「チャネル政策」保田芳明編『マーケティング論』大月書店，1999年，147ページ。
19 通商産業省産業政策局編『卸売活動の現状と展望』日本繊維新聞社，1977年，80ページ。
20 小原 博「リレーションシップ・マーケティングの一吟味—アパレル産業の製販関係をめぐって—」『経営経理研究』第63号，拓殖大学経営経理研究所，1999年，127-150ページ。
21 出牛正芳編著，前掲書，266ページ。
22 ファッション総研編著『ファッション産業ビジネス用語辞典』ダイヤモンド社，1997年，344ページ。
23 塩浜方見『ファッション産業』日本経済新聞社，1970年，14ページ。
24 大塚佳彦『ファッション業界』教育社，1987年，78-83ページ。
25 日本ファッション教育振興会『ファッションビジネス概論』日本ファッション教育振興会，1995年，53-55ページ。李好定『ファッション流通産業』教学研究社，1996年，319-324ページに基づいて要約・整理している。
26 李 好定，前掲書，9-10ページ。
27 レジデント・バイイング・オフィス (Resident buying office) とは会員制仕入代行機関を意味する。
28 日本ファッション教育振興会，前掲書，76ページ。
29 前掲書，76-78ページ。
30 マルチ・ブランド・ショップとは，多ブランド・ショップのことで，1企業（ショップ）で数多くのブランドを持ち，取扱・販売している専門店を意味する。
31 ビョンミョンシク，「韓国ファッション流通の構造と改善方案(1)」，韓国マーケティング研究院『Marketing』，1997年10月号，41ページ。（原文は韓国語である）
32 前掲誌，1997年10月号，38-41ページ。1997年11月号，14-15ページ。
33 前掲誌，1997年11月号，20ページ。
34 李 好定，前掲書，403-405ページ。
35 前掲書，405-408ページ。

36 城座良之・清水敏行・片山立志編『グローバル・マーケティング』税務経理協会，1995 年，191 ページ。
37 小阪　恕『グローバル・マーケティング』国元書房，1997 年，205 ページ。
38 前掲書，205-206 ページ。
39 鈴木典比古，前掲書，192 ページ。

第5章

グローバル・ファッションマーケティングの構図と戦略

はじめに

　1990年代に入ってから，ファッション・ビジネスのグローバル化は，情報ネットワーク化の進行もあって，その勢いをいっきょに加速している。以前からの初期的グローバル化では，欧米ファッション・ブランドの輸入，ライセンス生産，国内ブランドの海外生産，海外素材調達，工場などの技術移転，海外アパレル企業の出資によるジャパン支社の設立，日本企業の海外企業への出資，株式取得，デザイン担当の海外人材の採用が主であった。しかし，1990年代に入ると，日本企業によるグローバル・ブランドの開発，海外ファッション小売企業の日本展開など，国境を越え，しかも，テキスタイル，アパレルのみならず，ファッション小売企業に至るまで，市場を一元的に捉えるグローバル化の下でのファッション・マーケティングは一層進展している[1]。こうした状況は，日本のみならず，韓国のファッション・ビジネスに対しても，世界同時性というグローバル化の影響を直接与えている。まさに，グローバル化の影響を受けたファッション・マーケティング戦略の展開である。

　このような状況を考慮し，本書の第3・4章ではファッション・マーケティングの制度的環境要因のうちその発展過程や流通システムについて日・韓比較分析をし，各国間の類似点と相違点が生じた理由について移転論の視点から明らかにした。しかし，本章では「経済過程」によって生じる各国間の異同に焦点を当てて移転論を裏づけると同時に，今後採るべきグローバル

化時代のファッション・マーケティング戦略(以下は,グローバル・ファッションマーケティング戦略と省略する。)のあり方を検討することとする。

つまり,ファッション・マーケティング戦略を構成する諸要素のうち,どのような戦略・技術が,そのまま修正することなく導入可能かという適用(標準)化(第Ⅲ象限),もしくは部分的適用(標準)化(第Ⅱ象限)による移転をなすべきか,または現地の制度的環境条件に合わせて修正し,適応化(第Ⅰ象限)による,または部分的適応化(第Ⅳ象限)による,移転をなすべきかという「グローバル・ファッションマーケティング戦略」に関する理論的な方向性を提示する。

第1節 ファッション製品とグローバル化の意味

1.グローバル・ファッション製品ライフ・サイクル戦略

1国の経済のなかで,1つの製品が描くライフ・サイクルは,人間が誕生し,成育し,活躍し,老齢化し,死滅するように,製品についても人間と同じ過程を辿る。つまり,製品ライフ・サイクルは,1つの製品が市場に導入されてから廃棄されるに至るまでのプロセスを,①導入期,②成長期,③成熟期,④衰退期とするのが一般的である[2]。これと同様に,ファッション・サイクルにも同じ歩をみせ,ファッション製品のさまざまな側面に現れる[3]。例えば,それは,ファッションそのものがもつ性格もあって,数年をサイクルとして,①「デザイン,色,柄,素材,コーディネーション,ルック」のトレンド,②人気ブランド,「ボディコンシャス,ブリティッシュ・トラディショナル,フレンチ・カジュアルなど」の人気のあるブランド個性が,移り変わる。また,ファッション・サイクルは,シーズンという短期的な期間にも現れる。そのシーズンのヒット商品は,シーズンの立ち上がり期(導入期)に付加価値ブランドによって提案され,次に一般のNB (National-al Brand)が追随し(成長期),そして立ち上がり期から1,2カ月遅れて(成熟期)量産ブランドが展開され,最後は期末バーゲン(衰退期)となっている[4]。さらに,ファッション・サイクルの特徴の1つであるファッドサ

イクル[5]という現象も存在する。

　ファッション製品は，グローバル市場においても一定のライフ・サイクルを辿る（グローバル・ファッション製品ライフ・サイクル）。しかし，Keegan[6]によると，先進国では，新製品導入において生産と消費はほぼ均衡するが，成熟段階に入って生産が消費を上回り，その分輸出に回すようになるが，製品のグローバル化時期に入ると，逆に生産が消費を下回り，輸入するようになる。発展途上国の場合では，消費をカバーするために，まず輸出が先行しており，徐々に生産が行われるが，その国際製品ライフ・サイクル（IPLC）曲線は先進国と異なり，緩やかな曲線を描き，標準化製品の時期に至って，生産が消費を上回った部分が輸出されるようになるという。

　また，鈴木典比古氏[7]も，IPLCは，① 先進国企業による新製品開発販売，② 先進国内市場で，他社による類似品販売，競争激化，③ 輸出開始，④ 海外現地企業の国産化，輸入代替化，⑤ 先進国企業の海外直接投資，⑥ 海外市場から先進国への逆輸出，という6段階があるとしている。さらに，マーケティング戦略からみた「IPLCの意味は，多国籍企業がその開発する新製品に，国内での販売から国内での競争，輸出，海外生産，海外から企業本国への逆輸出という各段階を経て，その各段階においてこの製品は利益を生み出し，そのすべての利益機会を逃さずに実現するので，実現利益は最大になるということである。しかし，現実の国際市場は，このような最も理想的なプロダクト・ライフ・サイクルを製品自体に経験させるような状況にあるとは限らない。むしろ，現実の市場では，製品がこのサイクルモデルの示す方向と，段階を経ずにサイクルが途切れてしまったり，あるいはサイクルの中のある段階を経験せずにサイクルが終える場合も多いのである」[8]としている。

　例えば，韓国では，初期には国の輸出促進型産業の政策に伴い，企業が国内市場で十分な競争の経験をせず，また市場の成熟の段階を迎える前に企業が海外進出を図るのが一般的であったが，今日では海外現地企業から国内への逆輸入の現象も見られるようになってきている。この事例からでも，IPLCのある段階を経験せずにサイクルを終えていることがうかがわせる。しかし，日本のファッション産業では，韓国のグローバル化の行動と違っ

て，初期の IPLC 段階からスタートし，現在は海外現地企業から日本への逆輸入の現象からでもみられるように，第6段階を経験していることが裏付けられるといえよう。つまり，日本はもちろん，韓国のファッション産業においても近年，グローバル化時代の到来とともにグローバル視点からのファッション・マーケティング戦略の構築が大きな課題となっているといえよう。

2．ファッションの国際化とグローバル化の意味

企業の活動が頻繁に国境を越えるようになるにつれて，ファッション・マーケティングの分野においても，それらの範囲を表す用語として「国際化」ないしは「グローバル化」の用語が使われるケースが多くなってきた。しかし，この2つの用語の意味はどう違うのかについては，ほとんど提示されておらず，混在しているのが現状にある。そこで，高橋由明氏[9]はすでにそれらの異同について具体的に提示しており，以下では同氏の見解を紹介し，検討する。

高橋氏は，「経済の国際化とは，ヒト，モノ，カネが国境を越えて動き，実際的な経済活動を分担する各国の企業が相手国の企業や消費者とビジネスを行うことである」と定義している。それゆえ，貿易（輸出と輸入）活動が経済の国際化を意味するが，経済の国際化を考えるとき，日本の場合2つの発展段階を区別すべきであるとしている。第1段階は1970年代前半までの国際化であり，第2段階は，1970年代後半から80年代前半の時期と，1980年代後半の時期にみられた国際化である。これらの段階の区別は，いずれの段階も企業が外国で法人として活動を開始しているが，第1段階では，燃料，原材料を確保することや日本での製造物を外国に販売する輸出・輸入を活発化させるための事務所の設置である場合が多い。しかし，第2段階とは，現地に工場を建設し，現地人従業員を雇い，生産と販売をその現地国で本格的に展開する，いわゆる企業の多国籍化が進行する時期であるとしている。

それに対して，経済のグローバル化の考え方は，ビジネス活動において，モノ，カネ，ヒトの他に情報の利用が加わり，その活動を劇的に変化させた時期を重視しており，グローバル化が開始された時期を，1990年代と考え

るとしている。それは，東西冷戦の終了後，インターネットの商用化が進展し，インターネット・ビジネスが全面的に展開される時期である。この時期は，カネの支払いと情報の交信が光の速さに変化する時期である。また，飛行機の運賃もかなり安価になり，ヒトとモノの運搬もより頻繁になる時期である。

そのうえで，高橋氏は，多くの場合，企業の多国籍化は，母国の企業経営の進んだ技術を現地国へ移転させるという長所もあるが，企業経営のやり方はその国の文化（人びとの考え方や行動スタイル）と密接に関係するため，急激な経済の発展・経営管理方式の導入が，伝統的な共同体の人間関係を失わせる事態や，伝統的文化・価値観を喪失させる事態を招いている[10]と指摘し，グローバル化の問題点をも提示している。

それゆえ，本書においては，それぞれの意味が明確に提示できる場合は「国際化」と「グローバル化」とを区別し使用するが，それ以外に関しては用語の統一のためほぼ同義としてグローバル化を用いることにする。しかし，既存研究文献を紹介するにあたっては，Internationalization は国際化の言葉として，Globalization はグローバル化の言葉として訳し用いる。

第2節　ファッション製品のグローバル市場参入モードと戦略

1．グローバル市場参入計画と戦略

ファッション企業が新たな市場を求めてグローバル市場参入[11]を企画し，積極的に市場機会を求めようとする場合，そのかかわり方の程度や背景として様々な要因が考えられるが，いずれのケースにおいても長期的発展に基づいた自社の存続と利益拡大を目的とした総合的戦略の一環としての要因が一般的である。グローバル市場参入の意思決定は，経営上のコストやリスクの大幅な負担を伴うと同時に，海外業務と国内業務をいかに効率的に調整し，管理するべきかという課題にも関係する。現地市場への単なる売り込みを目的とした直接・間接の輸出は別として，現地法人を持つ製造構造や販売ネットワーク設立のための直接投資においても，グローバル市場の参入計画から

グローバル戦略を展開するに至るまでの合理的意思決定のプロセスが必要となる[12]。

グローバル市場参入計画と戦略に対する論議は，1985年のReibstein[13]をはじめとして，1990年代のAssael[14]，Happer＝Walkerら[15]の多くの学者によってもなされてきた。海外市場への参入戦略について，Root[16]は，製品と市場との組み合わせの意思決定が必要であるとし，① 進出する国を選定したら，② 製品と海外市場の評価を行い，③ 標的市場における目的と目標を設定し，④ 標的市場に参入するための参入方式を選択し，⑤ 標的市場に参入するためのマーケティング計画を設定し，⑥ 標的市場における成果を監視する統制システムを確立するプロセスを辿るとしている。

以上のプロセスについて多少詳細に説明すると，まず，最初の段階は，進出先を選択するにあたって，進出しようとする国の市場がどのような環境上の特徴を持っているのかについて，政治・経済・社会・文化的要因などの側面から評価することである。つぎの段階は，標的とする市場の選定となるが，その主なる決定要因として，製品・市場計画をはじめ，製品の特性，進出先国での競争関係と需給関係，および製品ライフ・サイクル，などを考慮する必要がある。また，標的市場が選択されたら，次節で述べる市場参入モードが決定される。どの参入モードを選定するかは，企業の現地市場における目的・目標に依存するが，その他の要因としては，企業規模や，企業の標的市場以外の海外市場における経営活動のパターン，グローバル・マーケティングに関する企業の専門性などが考えられる[17]。

2．グローバル市場参入モードと戦略[18]

ある特定の海外市場が最も魅力ある市場機会であると判明したなら，企業は標的市場への最良の参入モードを決定することである。グローバル市場への参入モードは，輸出から海外直接投資に至るまでいくつかの典型的な形態に分けられる。それは，① 輸出（国内生産したものを海外で売る），② ライセンス契約による参入モード（何らかの方法で海外の企業と統合する），および ③ 海外直接投資である。

第1の参入モードは，輸出である。つまり，これは，企業にとって海外市

場に介入する最も単純な参入モードであるが，程度が異なる2つの方法がある。これには，①企業が自国内の代理店や仲介業者などを通じて行う「間接輸出」と，②自社製品を自ら輸出したり，現地市場の代理店や特約店などに製品を委託して委託販売を行う「直接輸出」である。しかしどちらの場合も，企業は自国で製品のすべてを生産することになる。

第2の参入モードのライセンス契約とは，外国企業に使用料と引き換えに，製造技術，特許，商標，デザインなどの使用に関する権利を提供することである。このモードが輸出と異なるのは，海外で生産のための何らかの便宜を導き出すために協力体制が形成されることであり，直接投資と異なるのは，現地国の誰かと連結体系が形成されることである。代表的なライセンス契約の形態には，製造委託契約，フランチャイズ契約，マネジメント契約などがあげられる。

第3の参入モードは，直接投資である。海外市場と最も深くかかわり合う形は，現地での組立施設や製造施設に直接投資することである。市場に参入したばかりの企業は，最初からこのような規模で参入することは避けたほうがよいとされている。しかし，輸出チャネルより得られた経験を持つとすれば，あるいは海外市場が十分に大きいものであれば，現地に生産施設を持つことは明らかに有利である。一方，現地市場に現地法人格を持つ自社の生産工場を子会社として設立するモードには，100％の資本投資による完全所有型子会社と，現地パートナーとの間で出資を分け合う合弁投資とに分けることができる。

以上のように，企業がグローバル市場参入モードを選択する場合，リスク

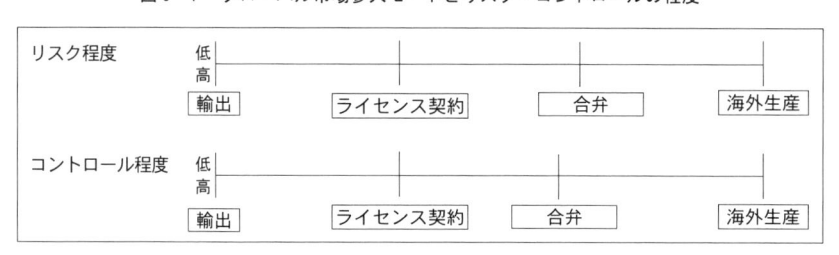

図5-1 グローバル市場参入モードとリスク・コントロールの程度

出所：Collingan, C. & M. Hird, *International Marketing*, Croom Helm, 1986, p.101.

とコントロールの程度について，より慎重に考慮しなければならない（図5-1を参照）。輸出は，海外生産活動といえども，コストがかからず，リスクの程度も低い。ライセンスと合弁の場合は，リスクとリスクの程度は輸出と海外生産の中間になる。進出企業が相手市場をコントロールできる程度は，輸出が最も低く，海外生産が最も高い[19]。例えば，日本のファッション・アパレル企業が，パリの人気デザイナーのマネージメントカンパニーになったり，各国に現地法人を作ったり，グローバル化を図るケースも増えてきている。また，オンワード樫山が，人気デザイナーのジャン・ポール・ゴルチェのマネージメントカンパニーであり，イトキンはアンドレ・クレージュ，ワールドもシャンタル・トマスの実質的なオーナーである。さらに，ダーバンのように早くから各国に現地法人をつくり，グローバル化を図るケースがそうである[20]。

第3節　グローバル・ファッションマーケティング戦略の構図

1．経済過程とファッション・マーケティング戦略

以上のように，近年，ファッション産業においては，グローバル化や情報化などの進展に伴い，グローバル競争が一層激化しており，欧米のみならず，日本と韓国の企業にとっても「グローバル・ファッションマーケティング戦略」をどのように構築するかが，大きな課題となっている。しかし，すでに指摘したように，市場をワールド・ワイドで一元的に捉える企業のグローバル化は，1国の経済発展に及ぼすインパクトも大きい。逆に言えば，ある国の企業が，当該グローバル市場に参入し，マーケティング戦略を展開することに対して，大きな影響を受けており，「グローバル・ファッションマーケティング戦略」の展開に対する制度的環境要因は著しく大きくなっているといえよう。

これらの関係を解明しようとした論者としては，鈴木典比古氏[21]や高井眞氏[22]らがあげられるが，とくに鈴木氏は，今までこれらの関係があまり議論の対象にならなかったとし，ロウスト（Rowstow）による経済成長の5段

階を検討しつつも，1国の経済過程と企業のマーケティング戦略の間にはお互いを必要としあうという密接な関係があるとしている。さらにこれらの関係は，経済発展の段階が高くなればなるほど，密接になるとしている。

簡単に紹介すると，1国の経済成長の段階を，ロウスト[23]は，第1段階の伝統的社会期からスタートし，第2段階の離陸のための先行条件期へ，また第3段階の離陸期へ，第4段階の成熟への駆動期へ，さらに大衆消費社会の第5段階を経て進展するとし，後進国の多くはこれらの2段階または3段階に属するとしている。しかし，今日，韓国や台湾などのいくつかの国々は後進国の段階から駆け抜け，成熟への駆動期へ，さらに大衆消費社会にまで達しているといっても過言ではないといえよう。つまり，鈴木氏は，1国の経済過程はロウストのいう5つの段階のうち何れかに属することになり，企業が国境を越えてマーケティング戦略を展開するさい，直面するマーケティング・コンセプトには「先行」・「後行」・「適合」マーケティングの3つの形態[24]があるとしている。

そこで，同氏のいう3つの形態をファッション・マーケティング戦略に当てはめて考えるなら，ファッション産業などの企業が国境を越えてグローバル・ファッションマーケティング戦略を展開するさい，本国と進出先国の経済過程の格差によって，それらを支配するマーケティング・コンセプトの間にも違いが生じることになる。したがって，企業がグローバル市場において，選択しうるファッション・マーケティングは以下の3つの戦略を採ることになるといえよう。

1つは，「適合マーケティング戦略」である。つまり，企業が母国を出て受け入れ国へ進出し，ファッション・マーケティング戦略を展開するさい，留意すべき点は受け入れ国の経済水準などの環境が母国のそれと同水準であることである。いわゆるファッション・マーケティングの適用化（標準化）戦略を採ることになる。

2つは，「先行マーケティング戦略」である。つまり，母国市場で支配的なマーケティング・コンセプトよりも，受け入れ国市場で支配的なマーケティング・コンセプトの方が，その発展段階においてより発達し先行しているということである。この場合，企業は，受け入れ国において，母国で通用

するマーケティング・コンセプトよりも，より進んだマーケティング・コンセプトに基づく戦略を展開しなければならない。それゆえ，企業は「適応化」戦略を採ることになる。

3つは，母国市場で支配的なマーケティング・コンセプトの方が，受け入れ国市場で支配的なマーケティング・コンセプトよりも発達し先行しているということである（後行マーケティング戦略）。この典型的なケースは，先進諸国の企業が後進国に進出し，ファッション・マーケティング戦略を展開する場合である。この場合，受け入れ先国のマーケティング環境の後進性を考慮し，企業は受け入れ先国の後進性に合わせるファッション・マーケティング戦略に迫られることになる。つまり，企業は「適応化戦略」を採ることになる。

以上，鈴木氏の見解により，グローバル市場におけるファッション・マーケティング戦略のあり方を検討したが，韓国のファッション・メーカーが現地国で選択しうるマーケティング戦略として考えられるのは，最初の「先行」（適応化）マーケティング戦略から「適合」（適用化・標準化），あるいは「後行」（適応化）マーケティング戦略に移っていくといえる。日本の場合には，韓国の場合と違って，「後行」マーケティング戦略（適応化戦略）から「適合」（適用化・標準化）マーケティング戦略に移っていくといえよう。これらの適用化－適応化の問題については，次節で詳しく述べることにするが，結局，企業が今後採らざるを得ないグローバル戦略の方向性は，適応化戦略を採るべきか，あるいは適用化・標準化を採るべきか，ないしは同時に追及すべきか，いずれかであろう。これこそが，「グローバル・ファッションマーケティング戦略の構図ともいえよう。

2．グローバル・ファッションマーケティング戦略の構図

一般的に，企業がグローバル戦略を構築するにあたって，Yip[25]は，共通顧客のニーズ，グローバルな顧客（図5-2を参照），グローバル・チャネル，移転可能なマーケティング，リード・カントリー，といった市場のグローバル化の推進力のみならず，コストのグローバル化，政府のグローバル化，競争力のグローバル化の推進力を必要とし，それらのマーケティング環

境の分析にもとづいて，標的市場が決定されるとしている。さらに，標的市場を決定するにあたっては，その国でのマーケット・シェアおよび世界の中での地理的配分をも検討する必要があるとしている。

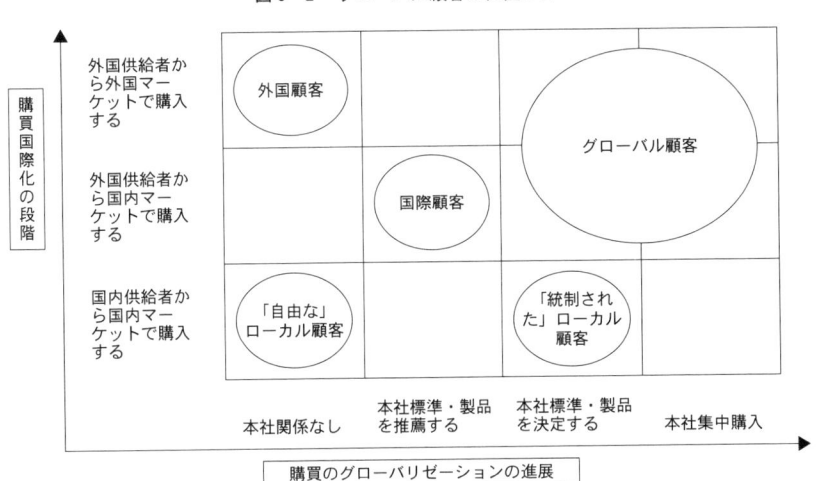

図5-2 グローバル顧客の位置づけ

	本社関係なし	本社標準・製品を推薦する	本社標準・製品を決定する	本社集中購入
外国供給者から外国マーケットで購入する		外国顧客		
外国供給者から国内マーケットで購入する			国際顧客	グローバル顧客
国内供給者から国内マーケットで購入する		「自由な」ローカル顧客		「統制された」ローカル顧客

縦軸：購買国際化の段階
横軸：購買のグローバリゼーションの進展

出所：Yip, G. S., *Total Global Strategy: Managing for Worldwide Competitive Advantage*, Prentice-Hall, 1995.（浅野徹訳『グローバル・マネジメント』ジャパンタイムズ，1995年，50ページ。）

標的設定と深く関連する市場細分化戦略に関する理論的研究はさまざまであるが，以下ではTakeuchi＝Porteの見解[26]に従い，グローバル・ファッションマーケティング戦略について検討する。彼らのいう第1の形態は，各国共通セグメント方式である。つまり，どこの国にも存在する共通のセグメント，いわば上層の消費者か多国籍企業か，高級のビジネスユーザーを一定のセグメントを標的とする方式である。これらのグループは移動性が高く，グローバルな接触が頻繁である。セグメントの規模は一般的に小さく，国によって異なる。この方式では，標準化された製品を同一の製品ポジショニングで販売する。例えば，シャネル，グッチなどのような高級ファッション製品を欲しがる高所得層のことである。

第2の形態は，国別多様なセグメント方式である。この方式は，製品の

ニーズが国別に異なっていても国ごとに標的セグメントを変えて販売する方式である。つまり，同一の標準化された製品を求めるセグメントが国によって異なるため，マーケティングの諸活動を国ごとに変えることである。各国でのファッション・マーケティング諸活動を現地に適応化させることによって，製造や研究開発などの活動の標準化が可能となる。第3の形態は，類似国グループ化方式である。この方式は，気候，言葉，宗教，経済発展段階などが類似した国々を1つのグループとして取り扱い，各国の同一グループの製品ニーズが類似しているため，その市場向けに標準化した製品を開発し販売する。それゆえ，製造や研究開発などの川上の諸活動での規模の経済性を確保することができ，ノウハウ移転や学習によるマーケティング調整能力の向上や，マーケティング計画の国際的連続化などが可能になる。

図5-3 Porterのグローバル戦略の類型

経営諸活動の調整	地理的分散	地理的集中
高	親会社が強力な集権的コントロールを行使して子会社間の広範な調整をいずれ必要とするような高度な段階に達した対外直接投資	単純なグローバル戦略
低	1国だけで事業を営む多国籍企業の現地国内会社による国別集中化型戦略	マーケティングを分権化させる輸出拠点方式の戦略

経営諸活動の配置

出所：Porter, M. E. ed., *Competition in Global Industries*, Harvard Business School, 1986, p.28.

つまり，同氏らの見解からみると，各国共通セグメント方式は，標準化されたファッション製品を用いて，標準的なファッション・マーケティング諸活動を行うことによって，規模の経済性を獲得でき，企業や製品イメージの統一による名声の向上やノウハウの移転が可能となる。それに対して，国別多様なセグメント方式は，国ごとに異なるファッション・マーケティング計画の立案，企業や製品イメージも異なるが，先進諸国においてニーズの多様化の傾向から，この方式の重要性が増している。また，類似国グループ方式は，各国共通セグメント方式と国別多様なセグメント方式との中間に属する

ことになる。

　さらに，Porter[27]は，図5-3でも示されているように，製造，マーケティング，サービス，調達，技術開発などといった経営諸活動の「配置（地理的集中化か分散化かの程度）」を縦軸に，「調整（高いか低いかの程度）」を横軸にとり，4つのグローバル戦略の枠組みを提示している。つまり，企業がどのような戦略を実行するかについては，自社にとって競争優位を得ることができるタイプはどれかによって決まるとしている。単純なグローバル戦略は，できる限り多くの活動を1国だけに集中し，この拠点を中心に他の外国に進出して標準化という手段で強く調整する[28]。例えば，韓国の「LGファッション」では，韓国の消費者とほぼ同一な体型である日本の標的消費者に対しては国内製品と等しい製品を低価格で販売しているが，アメリカのLAではLGファッションが商標を変えずファッション・マーケティング戦略を展開しているといったケースである。また，世界的標準化戦略の代表的な事例はベネトンである。これは，世界市場で同一な製品をほぼ同時に販売し，広告も同時に実施している。リバイスは，世界各国で販売活動をしながらも，国別に体型を考慮し，サイズ，価格，広告戦略を修正しており，典型的な現地適応化戦略の事例としてあげられる[29]。

3．ファッション・マーケティングの適用（標準）化―適応（修正）化戦略の問題

　以上のような見解からいうと，結局「グローバル・ファッションマーケティング」は，基本的にそれらが駆使している技法を，標的市場に合わせて適用化（標準化）あるいは適応（修正）化すべきかを検討することが，1つの構図として提示できる。しかし，ファッション・マーケティングを対象とするそれらの調整の問題に関する研究文献は今のところ，皆無である。それゆえ，これらの問題を検討するにあたっては，標準化論争を検討せざるを得ない状況にあるが，これらの詳しい検討については大石氏[30]や諸上氏[31]などの研究に委ねることにし，以下ではkeeganをはじめ，Buzell，Levitt，Porterの研究のみを簡単に紹介し検討する。

　従来の標準化（適用化）―適応化の問題は，Keegan（1969年）[32]が提示し

た枠組み(「本国のマーケティング活動をほとんど修正なしに海外延長(extension)ないし適用化(application)するか,あるいはかなりのコストを掛けて適応化(adaptation)を図るか」[33])として捉えることが一般的であった。しかし,Buzzell(1968年)[34]はこれまでのマーケティング戦略の現地適応化を批判し,具体的にマーケティング活動(製品・価格・チャネル・プロモーション)について,標準化の障害要因もあるが,規模の経済によるコスト削減,国境を越えて移動するビジネスマンや観光客との取引関係の一貫性の確保,優れたマーケティング・アイデアの移転などの理由から,標準化・統合化がより利益を得られるとしている。その後を追うように,Levitt(1983年)は標準化傾向を推奨する,いわゆる市場の同質化論を提示している。これは,1990年代以降のグローバル化の具体的内容であるが,「通信技術の発達が各地の財・サービス情報を世界中に提供し,輸送技術の発達が財および人の世界的移動を加速化する。こうして世界中の人々は独自の伝統的・慣習的選好を喜んで放棄し,世界最高の品質と世界最低の価格を兼ね備える財・サービスを希求するようになる」[35]ことである。

さらに,Porter[36]は46製品群の調査を行い,マーケティング戦略を構成する要素のうち,どの技法の標準化が比較的容易であるか,あるいはより困難であるか(難易度)をまとめている。詳細に言えば,ブランド名・広告テーマ・サービス基準・製品保証の技術については標準化度が高いのに対して,価格政策・販売促進・流通チャネル・広告メディア・販売組織の技術については標準化度が低い。多くの企業は,ブランド名を除くと,マーケティングの諸技術を国別に一部修正しているとし,標準化の可能性の程度はマーケティングの諸活動の国際的調整の容易性,組織的コスト,現地国間の差異などの大きさによって決定されるとしている。

以上の研究を考察すると,グローバル・ファッション時代において企業が直面する課題は,それらが用いる技法を適用化(標準化)すべきなのか,あるいは適応化すべきなのかは,オールタネイティブな選択でなく,むしろ適用化と適応化を同時追求することによって,グローバル・ファッションマーケティング戦略の構図が可能になるといえよう。しかし,ここで提起できる問題点としては,適用化ないし適応化の基準についてである。つまり,それ

らが駆使している戦略の技法のうち,何を基準として適用化し,何を基準として適応化するのかであろう。これまでの研究では,その基準が明確に提示されていないことこそが問題であるといえよう。しかし,本書の2章ですでに提示した移転モデルからすると,「制度的環境条件の類似度」と,「技術のマニュアル化・プログラム化の可能性」の程度こそが両者を区別する基準であり,適用化(標準化)の方向か,あるいは適応化の方向かを辿ることを明確に提示する基準となるといえる。したがって,われわれのこの移転論の枠組みこそが今日でのグローバル・ファッションマーケティング戦略を分析する際のツールとなるともいえる。

おわりに

　これまでの検討から,グローバル・ファッションマーケティング戦略を理論的に分析する方法について要約しよう。われわれの移転論の枠組みは,「文化構造」や「経済過程」や「企業内外の諸『組織』」といった「制度的環境条件の類似性」と,移転対象となる「技術のマニュアル化・プログラム化の可能性」の度合の多少という2つの軸から,これらの異同について分析することであった。つまり,各国間の制度的環境条件と技術の類似点を比較し,そのファッション・マーケティング技術が,修正することなく直接に移転可能なことを意味する「適用(標準)化」(第Ⅲ象限)であるか,または,修正されることにより移転が可能となる「適応(修正)化」(第Ⅰ象限)であるかを検討することである。

　まず,Porterの研究結果を検討するなら,ファッション企業がグローバル・ファッションマーケティング戦略を展開するさい,ブランド名,広告テーマ,サービス基準,製品保証については適用化戦略を採ることができる。なぜなら,国の違いを越えて標準化がしやすいからである。しかし,価格政策,販売促進,流通チャネル,広告メディア,販売組織については標準化がしにくくなっており,適用化戦略を採ることが困難になる。なぜなら,これらの手法は国によって異なり,修正し適応化することがベターであるか

らである。ファッション企業はグローバルなファッション・マーケティング戦略のうち，どのような技法を「適用化」（第Ⅲ象限）すべきか，または適応化（第Ⅰ象限）すべきかを検討しなければならない。なぜならば，商品デザイン，商品とブランドの位置づけ，ブランド名，包装，価格，広告戦略，広告効果，販売促進，流通などのファッション・マーケティング戦略の諸技法はグローバル化の対象となり，その移転の対象となるからである。

　ファッション・ビジネスでも，あるファッション・マーケティングの技法は，よりグローバル化し，またある技法はグローバル化しない。換言すると，ある技法はグローバル化に均一化し，他の技法は，その国の文化に依存し均一化しない。例えば，グローバルなパッケージ・デザインはすべての国で同じロゴやイラストを使っているが，その中のいくつかは，背景の色が違っていたりする。このように，全体そして個々，双方のもつマーケティング活動はその内容においてグローバル化したりしなかったりする[37]。つまり，今後，ファッション企業が解決すべきグローバル・ファッションマーケティング戦略の課題は，その戦略を構成する諸技法・技術のうち，どのような技術が現地に移転しやすいのか否か，またその技術をどの程度修正させ現地に移転させるべきなのか，不可能な場合，それは何故なのかについて分析し明らかにすることであるといえよう。

注
1　日本ファッション教育振興協会『ファッションビジネス戦略』日本ファッション教育振興協会，1996 年，20 ページ。
2　占部都美編著『経営学辞典』中央経済社，1980 年，381 ページ。
3　日本ファッション教育振興協会教材開発委員会，『ファッションビジネス概論』日本ファッション教育振興協会，1995 年，167 ページ。
4　上掲書，166-167 ページ。
5　ファッドサイクル（fad cycle）とは，急に人気が出て少数の人々に受け入れられるが，直ちに消え去ってしまうファッションのことである。
6　Keegan, W. J., *Global Marketing Management*, 4th, Prentice-Hall, 1989, pp.42-43.
7　鈴木典比古，前掲書，48-56 ページ。
8　上掲書，126-130 ページ。
9　高橋由明『基礎と応用で学ぶ経営学―ひとつの国際比較』文眞堂，2006 年。
10　上掲書，189-193 ページ。
11　藤沢武史「グローバル参入戦略」江夏健一編著『グローバル競争戦略』誠文堂新光社，1988 年（第 4 章）。（藤沢武史氏は，海外市場参入という言葉をグローバル市場参入に代わって用いてそれらの概念などを具体的に検討している。）

12　徳永豊編『例解・マーケティング管理と診断』同文舘, 1989年, 309ページ。
13　Reibstein, D. J., *Marketing: concepts, strategy, and Decision,* Prentice-Hall, 1985.（第3章を参照されたい。）
14　Assael, H., *Marketing management: strategy and action,* Boston, Mass.: Kent Pub. Co., 1985.
15　Happer, W. B, Jr. and Orville C.Waker, Jr., *Marketing Management: A Strategic Approach,* Irwin, 1990.（第4章を参照。）
16　Root, F. R., *Foreign Market Entry Strategies,* AMACOM, 1982, Chap.1.（中村元一監訳『海外市場戦略』HBJ出版局, 1989年, 13ページ。）
17　Gilligan, C. Hird, M., *International Marketing,* 1986, p.100.
18　Bohdanowicz, Janet and Liz Clmp, *Fashion Marketing,* 1th, Biddles Ltd, 1994, pp.43-45. 城座良之・清水敏行・片山立志共著『グローバル・マーケティング』税務経理協会, 1995年, 77-82ページ。
19　Collingan, C. and M. Hird, *International Marketing,* Croom Helm, 1986, p.101.
20　日本ファッション教育振興協会教材開発委員会, 前掲書, 189ページ。浅野　徹訳『グローバル・マネジメント』ジャパンタイムズ, 1995年。
21　詳しいことは, 鈴木典比古『国際マーケティング』同文舘, 1989年を参照されたい。
22　高井　眞「経済発展とマーケティングの進化」角松正雄・大石芳裕編著『国際マーケティング体系』ミネルヴァ書房, 1996年, 10-40ページ。
23　Rowstow, W. W., *The Stages of Economic Growth,* Cambridge University Press, 1971.
24　鈴木典比古, 前掲書, 37-42ページを参照されたい。
25　Yip, G. S., *Total Global Strategy: Managing for Worldwide Competitive Advantage,* Prentice-Hall, 1995.（浅野　徹訳『グローバル・マネジメント』ジャパンタイムズ, 1995年, 43-57ページ。
26　Hirotaka Takeuchi and Michael E. Porter, "Three Roles of International Marketing in Global Strategy", in M. E. Porter ed. *Competition in Global Industries,* Boston, MA, Harvard Business School Press, 1986, pp.138-139.
27　配置とは, 企業の諸活動が世界のどの場所で行われ, その場所がどのくらいかということである。調整とは, 国別で行われる諸活動がお互いにどれくらい調整されているかということである。つまり, 企業の選択肢は, 配置については集中から分散までさまざまである。調整についても各子会社に完全に自律性を与える調整から, 情報システムや製造工程などの同一という厳しい調整までたくさんの選択肢がある（M. E. ポーター編著, 土岐坤他訳『グローバル企業の競争戦略』ダイヤモンド社, 1989年, 29-36ページ。）
28　上掲書, 34ページ。
29　アンクァンホ他2名著『ファッション・マーケティング』修学社, 1999年, 529-530ページ。
30　大石芳裕「国際マーケティング複合化戦略」角松正雄・大石芳裕編著『国際マーケティング体系』ミネルヴァ書房, 1996年, 126-149ページ。
31　諸上茂登「標準化と現地適応化の研究系譜」根本孝・諸上茂登『国際経営論』学文社, 1986年（第4章）。
32　Keegan, W. J., "Multinational Product Planning: Strategies Alternatives", *Journal of Marketing,* Vol.33, January.（嶋　正訳「多国籍製品計画：戦略的代替案」中島他監訳『国際ビジネス・クラシックス』文眞堂, 1990年, 第21章所収）。
33　諸上茂登「グローバル・マーケティングへの進化」諸上茂登・藤沢武史著『グローバル・マーケティング』中央経済社, 1997年, 32ページ。

34 Buzzell, R. D., "Can You Standardise Multinational Marketing?", *Harvard Business Review,* Nov.-Dec., 1968. pp.102-113.
35 大石芳裕「国際マーケティング複合化戦略」角松正雄・大石芳裕編著『国際マーケティング体系』ミネルヴァ書房，1996 年，131-132 ページ。
36 M. E. ポーター編著（土岐坤他訳），前掲書，126-131 ページ。
37 ジョージ，S. イップ著，浅野　徹訳，前掲書，182 ページ。

第Ⅲ部

グローバル競争時代のファッション・マーケティング戦略と今後の課題
―日・米・韓の国際比較分析の視点から―

第 6 章

ファッション産業における情報化戦略（QRS）の取り組みと課題

はじめに

　近年，ファッション産業では，グローバル時代においての取り組む構造改善事業の1つとして，生産・流通に「マーケット・イン（market-in）型」供給体制の構築があげられている。これは，生産した製品を市場に押し出さざるを得ない「プロダクト・アウト（product-out）型」産業構造から，消費者ニーズに沿った製品を適時に，適量に，適所に，適価に提供する「マーケット・イン型」に変革させようとするものである。それは，日本のファッション産業の競争力強化に向けたプログラムともいえる。そのプログラムがクイック・レスポンス・システム（Quick Response System：QRS，食品小売業界では ECR とも呼ばれている）である。つまり，ファッション産業が消費者のニーズに迅速かつ的確に対応し，生活文化の向上に寄与する活力ある産業として発展していくためには，QR（Quick Response，以下ではQRと省略する）への対応とその成否が1つの鍵になると思われる。しかし，QRの生みの親でもあるアメリカにおいても，すべての企業が成功しているわけではない。それは，企業を取り囲む環境，企業の目標，企業の戦略などが異なるからである。

　そこで，本章においては，筆者の移転仮説を念頭に入れて，今後企業が採るべきファッション・マーケティング戦略のうち，戦略的情報システム，とくにクイック・レスポンス・システム（QRS）について日・米の国際比較分析を行い，その相違点と類似点を明らかにしている。もう1つは，国際比

較の視点から，日本に適合するQRSについて検討している。そのために，第1に，基礎的な概念としてファッションと情報化，いわゆるファッション情報の種類と収集・活用，及びファッション情報化の進展を考察する。さらに第2に，マーケット・イン型供給体制の構築ともいえるQRSのフレームワーク，QRSと関連する情報技術，およびQRSの運営方法などを明らかにすることである。最後の第3の課題としては，QRSにおけるアメリカと日本の比較事例研究を通じて，1つは各社のQRSの導入と運営方法の相違点と類似点を明らかにすることである。もう1つはQRSへの取り組みを巡る日本とアメリカの相違点と類似点を明らかにすることである。その上で，これらの異同（相違点と類似点）が生じた理由について，「制度的環境条件の類似性」と「移転対象となる技術のマニュアル化・プログラム化の可能性の度合」との関係という移転論の視点から，その理由を検討している。

第1節　ファッションと情報化

1．ファッション情報の種類と収集・活用
(1)　ファッション情報の種類

ファッション産業においては，有名デザイナーが脚光を浴び，優れた感性をもつデザイナーのクリエーションが，多くのファッションを生み出している，と思われがちである。もちろん，有名デザイナーがファッション産業に与える影響は，決して少なくないといえるが，ファッション産業全体では，むしろ「情報がファッションをつくっている」といっても過言ではない。すなわち，この情報活動を軽視すれば，どのような有名デザイナーでも，あるいは大手企業といえども，ファッション産業で生き残ることはむずかしい。Blattberg[1]らの情報価値連鎖（information value chain）の見解に従えば，データの収集と伝送（date collection and transmission），データ管理（date management），データの解釈（情報），モデル及び意思決定支援システム（decision support systems）が，情報価値鎖の構成要因となる。つまり，ファッション産業とは，様々な情報を，どのように収集，それ

をどのように分析するか，それをどのようにモデル化するか，それを意思決定にどのように支援するか，この優劣が，ファッション産業が今後隆盛するか否かを決める，ともいえる。

　ファッション産業の情報には，大きく①ファッション情報と，②市場情報とに分類することが出来る[2]。さらに，①ファッション情報には，海外ファッション情報（海外次シーズンのファッション予測情報；カラー，テキスタイル，デザインなど）と，国内ファッション情報（国内次シーズンのファッション予測情報；カラー，テキスタイル，デザインなど）がある。②市場情報には，消費者情報（生活者ライフスタイル情報）小売店情報（小売店の売れ筋情報），および競合ブランド情報（同業他社のブランドリサーチ情報）と売上実情情報（扱いブランドの品目別売上実績の分析情報）がある。

　海外ファッション情報といえば，すぐに思い浮かぶのがパリ・コレクションに代表されるファッションショーである。これは次シーズンを予測するうえでの情報源である。テキスタイル情報でいえば，フランスのプレミエールジョン，イタリアのイデアコモ，ドイツのインターストッフなどの展示会がある。このほかのエキシビションとしては，レディスウェアをはじめメンズウェア，ニットウェア，インナーウェア，スポーツウェア，ジーンズ，アクセサリーなどの展示会が行われている。このようなエキシビションの情報とは別に，ファッションの動きを独自に分析し，世界各国に販売している情報誌がある。たとえば，カラーの予測をいえば「ICA（国際流行色委員会）」がある。アパレル関連でいえば，「プロモスティル」，「CIM; Computer Integrated Manufacturing」，「ドミニクペクレール」などがある[3]。

　情報の種類については，国内ファッション情報も同様であるが，素材メーカーやテキスタイルコンバーターなどが独自のトレンド情報を発行しているほか，民間のファッション研究所などでも日本のファッション市場に合わせたファッション情報をつくっている。一方，市場情報としては，マーケティング活動の一環としてアパレル企業みずからも「消費者調査」などを行い，これとともに売場の近くで仕事をする営業担当からは，日々刻々と変化する売れ筋情報や競合ブランド情報などがある。個別企業の情報活動のほか，

マーチャンダイジング情報で欠かせないのが業界専門紙（誌）によるメディア情報である。原料から最終製品に至るまでの業種が多様化しているファッション産業には，驚くほどの業界専門紙（誌）がある[4]。

(2) ファッション情報の収集・活用

現在，ファッション産業では，グローバル化や情報化時代といわれるように，企業間での情報共有化の必要性が叫ばれ始めているが，どれだけ豊富な情報を集めようとも，また，高価な情報を購入しようとも，それが企業活動に生かされなければ，せっかくの情報も「猫に小判」になってしまうのである。それゆえ，情報とは目的をもって収集する，というのが必要である。たとえば，同じマーチャンダイジングに使用する情報でも，それが新しい商品を開発するための情報なのか，それとも在来商品の品質を高めるための情報なのかでは，おのずと情報の中身が変わってくる。

図6-1 目標要素と情報

	新商品開発	プライス戦略	機能性訴求	イメージ訴求
開発情報	◎	○	○	
技術情報			◎	
業界・競合他社の情報	○	○		
市場動向	○	◎		
販売実績等社内情報	○	◎		
消費者ニーズ情報	◎		◎	○
生活情報	○			○
ファッション情報	○			◎
カラー情報	○			○

注：○重要，◎最も重要
出所：日本ファッション教育振興協会監修『ファッションビジネス概論』財団法人日本ファッション教育振興協会，1995年，195ページ。

要するに，情報は，生方幸夫氏によれば，「てんでんばらばらに情報が動いている段階では，情報を経営資源とはいえない。種々多様な情報のなかから，経営に役立つ情報を選び出し，それを収集・蓄積・加工・分析して初めて情報が資源として役に立つようになる。この際，重要なのは情報をいかに早く集められるか，本当に役に立つ情報を集められるか，また，集めた情報

を資源として活用できるように加工できるかどうかである。そのうえで，その情報をもとに新規事業をはじめたり，新製品開発，シェアアップ，さらには売上アップへとつなげることが情報活用ということになる」[5]わけである。そこで，戦略的情報システム（SIS ; Strategic Information System）[6]が注目されるようになったのである。戦略的情報システム（以下ではSISと省略する）は，「企業の内部に張り巡らしたコンピュータ・コミュニケーション・ネットワーク（CCN; Computer Communication Network）とデータベースから構成されている。この場合，社内だけのシステムでも，社外だけのシステムでも，またデータベースだけあってもSISとはいえない。あくまでもこの3つが揃ったシステムを構築し，さらには，それが企業活動を新しいフェーズに引き上げるように機能してこそSIS」[7]といえる。ファッション産業では，戦略的情報システムの一環としてクイック・レスポンスが急速に進展しつつある。

2．ファッション産業の情報化の進展

ファッション産業は，多くの商品が組み合わされることによって成り立つ産業である。小売店に行けば，数多くの商品が品揃えされている。まず，婦人服，紳士服，子供服，スポーツウェア，靴下などといったカテゴリーに分かれ，それぞれアイテムがあって，そこにはブランドをはじめデザインや色柄，サイズ，価格といったように，品番が限りなく細分化されている。

これほど多様化した商品を扱っているファッション産業では，コンピュータによる消費動向の管理システムを確立することは急務となっていた。このような状況から，1960年代に生まれたのがPOS（Point of Sale; 販売時点情報管理）である。これは，細かい品番を数値化し，そのデータをコンピュータ制御のキャッシュレジスターで読み込み，売れた時点で品番がホストコンピュータに入力される。つまり，POSのレジとホストコンピュータと連結し，売上管理，在庫管理，商品管理を行うことを目的としている[8]。QRSでは，POSが前提になっている。

日本ファッション教育振興協会の『ファッションビジネス概論』[9]においては，ファッション産業の情報化の進展を次の要件をあげて説明している。

まず第1に，売場を軸にした情報システム化で，POSとオンライン受発注システム（EOS; Electronic Ordering System）が進展したことである。第2は，情報化による物流システムのレベルアップで，これに伴い物流経費のコストダウンとクイックデリバリが向上したことである。第3には，アパレルマーチャンダイジング用のAI（Artificial Intelligence；人工知能）によって商品企画のシステム化が可能になったことである。第4は，CAD（Computer-Aided Design），CAM（Computer-Aided Manufacturing）の普及にともない，商品企画から生産に至るトータルシステムが構築されたことである。最後の第5は，NPS（新生産方式）の開発によって多品種・小ロット・短納期が大幅に改善されたことであるとしている。

さらに，戦略的情報システムの以下の構成要因もこれを発展させた要件といえるだろう。すなわち，①VAN（付加価値通信網）[10]，②CIM（コンピュータ統合生産），③EOS・POS（オンライン受発注システム・販売時点情報管理），④CG・CAD（コンピュータグラフィックス・コンピュータ支援設計），⑤CAM（コンピュータ支援生産），⑥QRS（クイック・レスポンス・システム），⑦IDS（情報物流システム）などである[11]。

それでは，次節でファッション産業の情報化戦略でも最も主要な位置を占めるクイック・レスポンス・システム（QRS）について理論的研究と事例研究を中心に考察し検討することにする。

第2節　ファッション産業におけるクイック・レスポンス・システムの概要

1．クイック・レスポンス（Quick Response：QR）の概念
(1)　クイック・レスポンスの生成背景と定義

アメリカの日用雑貨業界においては，20年以上にわたって海外からの激しい競争にさらされていたが，1980年の初頭には国内メーカーのシェアは20％以下に低下し，アパレル分野では輸入品のシェアが40％にも達していた。それゆえ，1984年に国内有力企業は「国産品愛用協議会」を形成し，

諸々の対策を講じてきたが，その一環としてコンサルティング会社のKSA（カート・サーモン・アソシエーション）社に，アパレル企業の競争力を如何に強化するかの観点から分析依頼をした。その分析では，チェーンの個々の要素は効率的であるが，システム全体の効率は極めて低いと指摘している。つまり，チェーンを構成する繊維，織物，アパレル，小売の各企業がお互いに自社のコストを最小にしようとすると，逆に，サプライ・チェーン全体では大幅なコストの掛かる仕組みとなることがわかったのである。例えば，アパレルのサプライ・チェーンでは，原材料から消費者に至るまでの期間が68週であった。このうち，本来，必要な製造や加工に費やされた期間は僅か11週間であったのに対し，残57週間が倉庫在庫と輸送の期間である。その結果，物流の途中で経由していた倉庫をはずすとか，小売業からの発注に即応した生産を行う等の，アパレル製品の従来の仕組みを劇的に変えた場合，理論的には，現状の68週を，21週間にまで削減可能と結論付けたのである[12]。

このように，クイック・レスポンス（以下ではQRと省略する。）は，80年代前半にアメリカ繊維業が輸入製品に押され大打撃を受け，アメリカの国産品愛用団体が，輸入品の対抗方法をコンサルタント会社に研究依頼し，外国製品より地理的な利点を活かしたQRシステムの展開という研究結果により，QRという概念が生まれたといわれている[13]。

日本についてみると，JAPAN APPAREL INDUSTRY COUNCILの定義によれば，「QRシステムとは，第1は，取引企業間とのパートナーシップを確立すること。第2は，適切な商品を，適切な時期に，適正な価格で，適正な場において供給すること。第3は，最小のリードタイムと最小のリスクでしかも最大の競争力を持つようシステムを構築することである」[14]としている。言換すれば，パートナーシップのもとに，テクノロジーを駆使してムダをはぶき，5適を推進して，フォア・ザ・カスタマーを実現することがQRである[15]といえる。すなわち，QRとは，小売業が顧客ニーズをキャッチし，サプライヤーがそのニーズを確実に商品にし，素早い商品のお届けをすることである。また，業者間の情報の共有化とシステムの標準化をすることで業界はロー・リスク，ハイ・リターンとなるわけである。これにより消

費者も，小売業者も，サプライヤー（アパレル業者や製造・原料業者）もよくなるという信頼関係がさらに築かれ，そのパートナーシップの下で（これをWIN-WINの関係という）消費者にさらに適正価格で商品のお届けができるということになる[16]。

(2) クイック・レスポンス（QR）のフレームワーク

Phillips＝Drogeのモデルにおいては，業界部門間のQR提携は業者間の関係性活動を明らかにしており，このような関係性モード（mode）の開発は，「関係性マーケティング（relationship marketing）」によるアプローチによって可能である。関係性は，業者間の関係的交換（relational exchange），課業と情報交換の常例化（reutilization），時間と在庫の不必要な資源の最小化（minimize slack resources）を通じて開発される。つまり，需要（市場）の不確実性が取引の確実性を定着させる。このQR説は，「資本依存論（resource dependence theory）」[17]としてそのフレームワークが提示されている。この3つの原則が，フレームワークの周辺変数になる。そして彼らは，QRの戦略的提携とは企業間の密接な事業の関係性を意味し，「資源依存論」に基づいてQR提携を明らかにしている。すなわち，「資本依存論」は，不確実性の環境下の組織間「関係的交換（relational exchange）」で安定的な供給環境を運営する理論的枠組ともいえる。QRは，小売業者と製造業者との間の不確実性を取り除く手段となる。したがって，

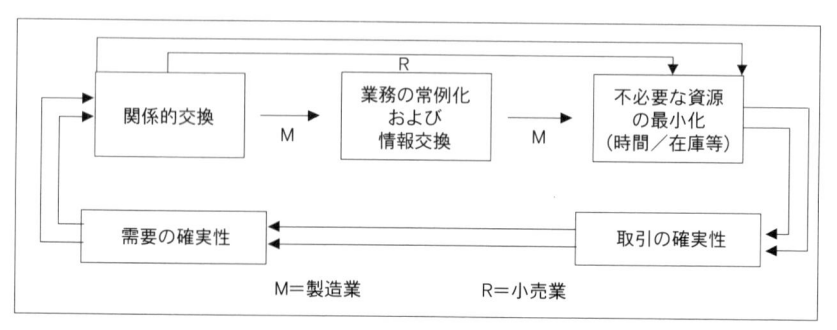

図6-2　クイック・レスポンスのモデル

```
┌─────────────────────────────────────────────────────────────┐
│   ┌──────────┐    R    ┌──────────┐        ┌──────────┐     │
│   │関係的交換│────────→│業務の常例化│──────→│不必要な資源│    │
│   │          │         │および     │        │の最小化   │    │
│   │          │    M    │情報交換   │   M    │(時間/在庫等)│  │
│   └──────────┘         └──────────┘        └──────────┘     │
│                                                              │
│   ┌──────────┐                            ┌──────────┐      │
│   │需要の確実性│←───────────────────────│取引の確実性│      │
│   └──────────┘                            └──────────┘      │
└─────────────────────────────────────────────────────────────┘
              M＝製造業        R＝小売業
```

出所：Phillips & Droge, Model, AMA winter educator conference proceedings, AMA Chicago, Illinois, 1995.

QRシステムは，不確実性の環境取引においての製造業と小売業とに確実性の取引環境を与える。換言すれば，需要と供給の確実性の環境を受け入れることであるともいえる。製造業者と小売業者との間の関係は，一元的な行動様式を通じて同伴者的な関係に発展する。

「関係的交換」[18]は戦略的提携と関係しており，提携の目的は取引当事者間の費用，情報，効果を共有するためである。このような共同的または同伴者的関係性の効果は不確実性をなくし，お互いが依存性を管理し，効率性が交換され，共同で技術が開発され，社会的満足を満たすことである。

「協働的関係性」は，小売業者から製品開発計画がはじめられ，顧客情報が交換されることによって，これからの消費者の需要に対して共同で対応し，制限された時間を効率的に活用してフレキシブルな生産と配送需要の多様性に対してより管理して信頼性の活性化に貢献することである。関係的交換と関連している依存水準は，QRプロセスに影響を与える。例えば，業務活動と情報交換の常例化，及び不必要な資源の最小化である。それは，取引が多ければ多いほど，資源依存で協同的になり，安定性をもたらすことになる。したがって，製造業者よりも小売業者が依存すればするほど，常例化はより強くなる。

(3) クイック・レスポンス（QR）の発展段階

クイック・レスポンス（QR）は，電子データ交換（EDI），販売時点情報管理（POS），流通情報データベースなどの情報処理技術を活用し，生産，流通期間の短縮，在庫の削減，返品による損失の減少などの生産流通段階で合理化を図ることであり，その成果を生産者，流通業者，消費者に利益を与えることである。QRは既存の典型的なWIN/LOSE取引関係からWIN-WINの相互利益的な業務協力関係へと転換することである。換言すれば，QRの哲学は情報ネットワーク化を軸に流通業者と生産者のパートナーシップを構築することである。

QRの発展段階は，The Quick Response Handbook[19]によれば，以下の5段階に分類することができるという。

①第1段階では，QRプロセスより最も重要なことはQRを準備する行為である。この段階では，最も重要な決定が行われる。すなわち，QR構築を

準備するさい,企業はバーコードとEDIを評価し選択しなければならない。バーコードは多くの公共性を伴うが,EDIの統合ではほとんど利用されていない。その理由は,バーコードとEDIのSolutionが各々異なる企業で開発されるので,分離された2つのプログラムを統合することが成功の鍵になる。

2つのプログラムが補完関係であるので,確実なSolutionはEDIの開発者とバーコード開発者が緊密な作業を行う。それによって,企業はPOSを加速化させる。

バーコードは共同商品コードを製品に表示し(source marking),標準EDIメッセージなどを利用し,受発注を行い,在庫,物流管理に共同商品コードを利用する。小売店のPOS販売データを製造業者に伝達し,シーズン中に追加生産が可能となる。

②第2段階(Inventory Replenishment Program):EDIシステムとバーコードシステムが構築されれば,QRプログラムは2段階に進行する。この段階では,在庫補充が最も重要なプログラム中の1つである。在庫補充は販売を増加させ,再注文を迅速に遂行し,適切な在庫を維持させる。

この段階での小売業者とベンダー(vender)は,ベンダーがプログラムを支援できない場合,在庫補充の効果を持たないため,共同作業を行う。ベンダーが発行するバーコードは商品包装の注文書と対照して正確であることが立証されれば,バーコードラベルやSCM(Shipping Container Marking)を行い,それをCartonに付けることになる。

出荷カートンボックスに物流用バーコード(EAN「European Article Number」-128)[20]を付け,関連データをEDI電子文書である発送通知(DISPAT CH ADVICE)を利用して相手に事前通知をする。すなわち,商品納入ボックスを検査せずに,物流センターのCross Docking化と小売倉庫の在庫削減が実現される。小売店はPOS販売データを利用して1日または週別販売予測が可能となり,自動補充発注システムが実現されるようになる。

③第3段階(Vender Managed Inventory):第2段階の在庫補充プログラムが構築されれば,産業と顧客のトレンドが反映され系通化される。ベ

ンダーと小売業者との間の関係はこの段階でさらに結束される。在庫に関する責任は製造業者に移っていく。製造業者は店舗の在庫を統制しうるので，小売業者は在庫（out of stock）数を減らすことができる。

　この段階では，POS 販売データを共有することができるので，販売予測機能が強化され，より短いサイクルで自動補充（VMI；Vender Managed Inventory）が可能となる。また，メーカーが主導する売場在庫の自動補充が行われる。これは，パートナーシップ補充とも呼ばれる。アメリカ企業は全般的に QR の第 3 段階に位置しており，一部の企業は第 4 段階に属している企業もある。

　④第 4 段階（Customization & Training）：この段階では，企業が 2 つの目標を遂行することになる。1 つは各々の店舗に会う品揃えと在庫補充を注文制作（customization；顧客のトレンドを考慮すること）することであり，もう 1 つは新規プログラムを構築することである。ほとんどの注文制作プログラムは製造業者を含んでいる。

　すでに述べた第 3 段階までの成果で得られた確実性が高い商品企画能力，迅速な追加生産，POS 情報の迅速な入手，及び販売予測が可能となり，新商品の販売結果に基づいて商品のデザインを開発・改良することができる。それが小売店とメーカーの共同商品開発となる。この段階では，回転率が速い商品を開発することができるので，価格の高いハイファッション商品で大きな QR 効果を得られる。

　⑤第 5 段階（Process）：この段階は新しい関係を形成することになる。この段階で小売業者と開発者が共同で店舗内で新しい商品を開発し試すことになる。小売業者とベンダーの結合は QRS の基本である。協力関係が形成されれば，サイクルタイムが向上され，新規商品の出資が頻繁に行われる。QR が支援する新規技術の 1 つは Demand Activated Manufacturing Architecture（DAMA）である。DAMA を通じて，消費者は衣類を選択し，Fitting Room にアクセスする。Fitting Room では，男女のサイズを電子的にスキャニングする。測定されたデータは電子的に製造業者に送信され，選択された衣類は自動的に裁断され，縫製される。消費者は相互に作用しあう商品選択機能を利用し，カラー，ボタン，ポケットを変更することが

図6-3 QRSの発展段階の特徴

段階	特徴	技術要因	効果
1	ソース・マーキング	EDI発注	再入力防止
2	出荷カートンマーキング	自動発注システム	市場予測
3	メーカ倉庫管理	POS情報の共有	パートナーシップ
4	共同商品開発	POS資料の分析, DB	商品企画能力
5	マクロ・マーケティング	EDI発注＋POS＋EOS＋DB	無店舗販売

出所：Retail Information System, *The Quick Response Handbook*, 1994, p.1. Dave Hough, "Business Solution through EDI & Bar-coding", *EDI World*, Volume 5, EDI World Inc., 1995, p.36. に基づいて作成。

できる。

　以上，QRは，その発展段階からでもみられるように，ファッション産業の戦略的情報化の手段である。それらを実現するためには，標準商品コード，EDI，商品コードデータベースがその基盤となり，QRの出発点ともいえる。

2．ファッション産業におけるクイック・レスポンスの運営と関連技術

　アメリカにおいては，アパレル総売上高のうち，約25％の損失が生じているといわれている。それは在庫処分のためのセールが一番多く，その次は品切れによる損失であるといわれている。すなわち，顧客が望んでいる色とサイズ，およびスタイルを備えていないところから生じる損失である。そして，在庫管理から生じる損失は全体損失の半分以上を占めている。QRの導入はこのような損失を削減しようとする試みである。QRSは，アパレル製造業者と流通業者と連携し，定番衣類品を対象に単品管理を行い，小売業主導で自動補充発注に挑戦することによって，品揃えが充実されて売上が増加する。また，必要以上の在庫や見切りロスを削減するという効果がある[21]。

　ファッション商品は，繊維から売場の品揃えされるまでの期間が少なくとも16カ月以上かかる。具体的にいえば，小売段階では19週，縫製生産では24週，繊維及び生地生産では23週ぐらいかかるといわれている。しかし，実際に繊維から売場の品揃えまでの生産と作業時間は11週くらいであり，その他の時間は在庫時間である[22]。

第6章 ファッション産業における情報化戦略（QRS）の取り組みと課題　151

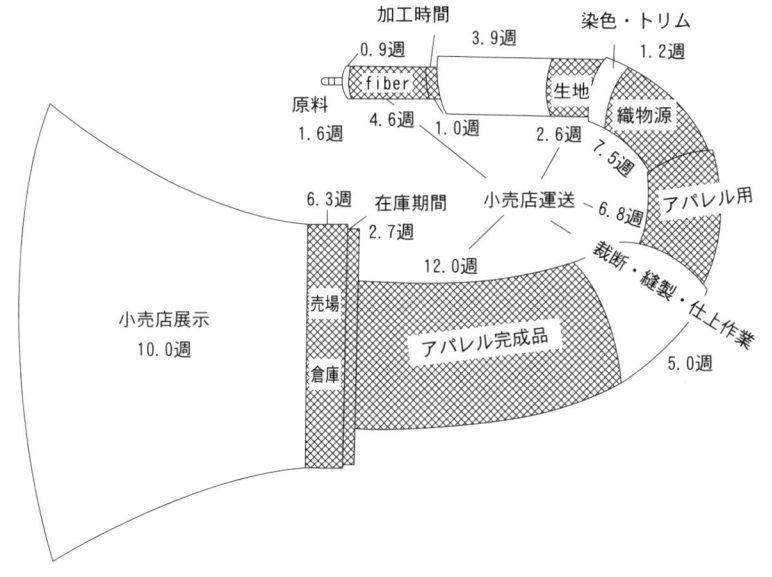

図6-4　アメリカの繊維製品の流れ

（図中のラベル）
加工時間 0.9週　3.9週　染色・トリム 1.2週
fiber　生地　織物源
原料 1.6週　4.6週　1.0週　2.6週　7.5週
6.3週　在庫期間　小売店運送　6.8週　アパレル用
2.7週　12.0週　裁断・縫製・仕上作業
小売店展示 10.0週　売場　倉庫　アパレル完成品　5.0週

出所：American Apparel Manufacturer Association, 1987.

　図6-4は，Fiberから売場に品揃えされるまでのアパレル製品の流れを現わしている。すなわち，実際にかかった生産と作業の時間は11週であり，その他の55週は注文のための待機時間，配達するための待機時間，包装のための待機時間，売場で顧客のための待機時間であり，総66週のうち83.3％は待機時間として分析された。このような待機時間を短縮しようとアパレル産業は時間的な競争戦略の観点からQRを導入したのである。QRSと関連する情報技術は[23]，上記の図6-5のとおりである。
　まず，VANではホストコンピュータと通信回線を利用して，本社の各部門や各地の支店，工場，それに物流センターなどが端末機によって結ばれ，それぞれが「広域・即時・双方向」のコンピュータ会話の交換を可能にしている。そして在庫や納期に関する問合せや回答，商品発注や生産依頼，さらに各種の情報資料の提供などがリアルタイムに処理されている。
　CIM（Computer Integrated Manufacturing）は，CG（Computer Graphics）からCAD/CAMの生産準備工程，さらにQRSの縫製工程を経

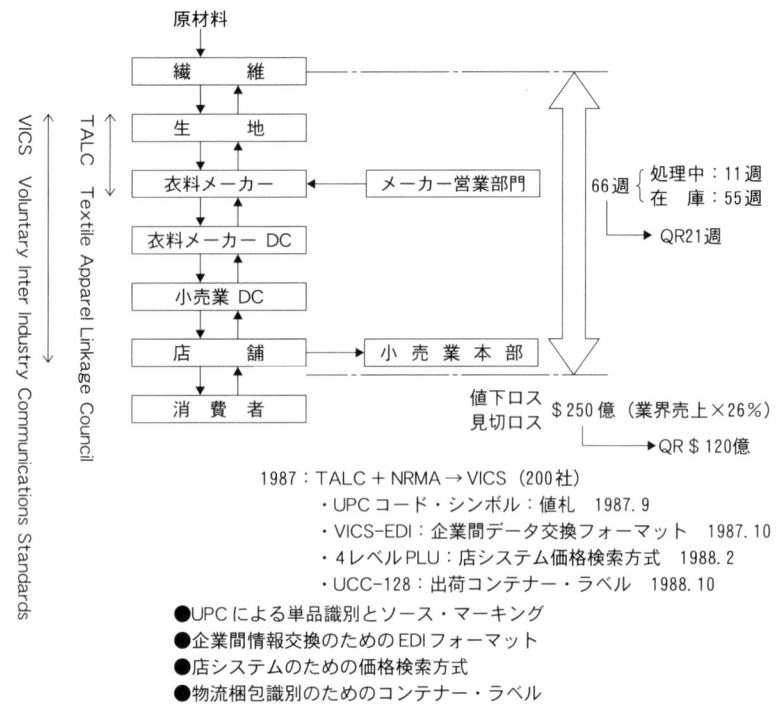

図6-5 QRとテクノロジー

```
原材料
  ↓
繊　　　維
  ↓↑
生　　　地
  ↓↑
衣料メーカー ← メーカー営業部門
  ↓↑
衣料メーカー DC
  ↓↑
小売業 DC
  ↓↑
店　　　舗 → 小売業本部
  ↓↑
消　費　者
```

VICS　Voluntary Inter Industry Communications Standards
TALC　Textile Apparel Linkage Council

66週 { 処理中：11週　在　庫：55週 }
→ QR21週

値下ロス　見切ロス　$250億（業界売上×26％）
→ QR $120億

1987：TALC + NRMA → VICS（200社）
・UPCコード・シンボル：値札　1987.9
・VICS-EDI：企業間データ交換フォーマット　1987.10
・4レベルPLU：店システム価格検索方式　1988.2
・UCC-128：出荷コンテナー・ラベル　1988.10

●UPCによる単品識別とソース・マーキング
●企業間情報交換のためのEDIフォーマット
●店システムのための価格検索方式
●物流梱包識別のためのコンテナー・ラベル

出所：繊維産業構造改善事業協会『米国におけるQR先進事例―第128回繊維情報懇談会講演録―』繊維産業構造改善事業協会繊維ファッション情報センター，1996年，10ページ。

て，IDSまでの流れを情報としてとらえ，コントロールするシステムである。つまり，それは，デザイン画に始まるすべての生産準備工程から縫製，および物流に至るまでの過程をコントロールするのが目的である。これによって，「作ったものを売る」のではなく，「売れるものをつくる」の体制が出来上がった。

EDI（Electronic Date Interchange）[24]は，異なるコンピュータの間でのデータの交換を目的とした通信書式企画で，注文書，請求書などデータ内容ごとに書式が決められている。VANと同じ機能を持つが，VANのプロトコール変換の負担が大きくなりコストが高くなったため，通信書式を統一することでコンピュータ間の直接データ転送をはかるものである。主として，

企業間の商取引データの交換に利用されている。

EOS（Electric Ordering System）は，得意先などの在庫問合せに，在庫や納期などの情報をリアルタイムで回答するシステムである。在庫がある場合は，発注情報がVANセンターに送られ，ここから物流センターに出荷指示が出される。また，在庫がない注文については，生産情報システムに受注内容が記録され，納入期日に自動的に出荷される仕組みになっている。そして，受注した商品がCGやCADによってデザイン，パターンメーキングされ，これがCAMによって自動的に裁断される。場合によっては，CAD/CAMは，VANと連携して数万パーツに及ぶパターンのデータベースが構築されている。

QRSは，以上のようなテクノロジーと連携して，コンピュータ制御による生産機器を導入し，スキルレスの生産を可能にするとともに生産効率を高め，適時・適品・適量といった消費に直結した生産を可能にするのである。

第3節　アメリカのファッション産業におけるクイック・レスポンスの事例研究

1．アメリカにおけるQRの現状

アメリカでQRの動きがスタートしたのには，いろいろな理由がある。これをメーカーの立場からみれば，大手の小売業がどんどん海外からファッション商品を購入するようになったこと，これがメーカー側のQRに対する取り組みの1つの動機であるといえる。小売業側からみると，消費者のバリュー指向と企業の生き残り策としてのQRという理由があげられる。アメリカではメールオーダー，オフ・プライス・ストア，ウェアハウス・クラブといった小売業はいずれも価格の観点では超バリューを提供する業態である。

つまり，アメリカには，小売店頭の商品のプライシングを，どういうふうに適切にセットしたら良いかというニーズが1つあったのである。これが，小売側からのQRに対する取り組みの動機である。もう1つは，小売業にとって一番大切な資産というのは，在庫である。在庫の回転率をどう高めた

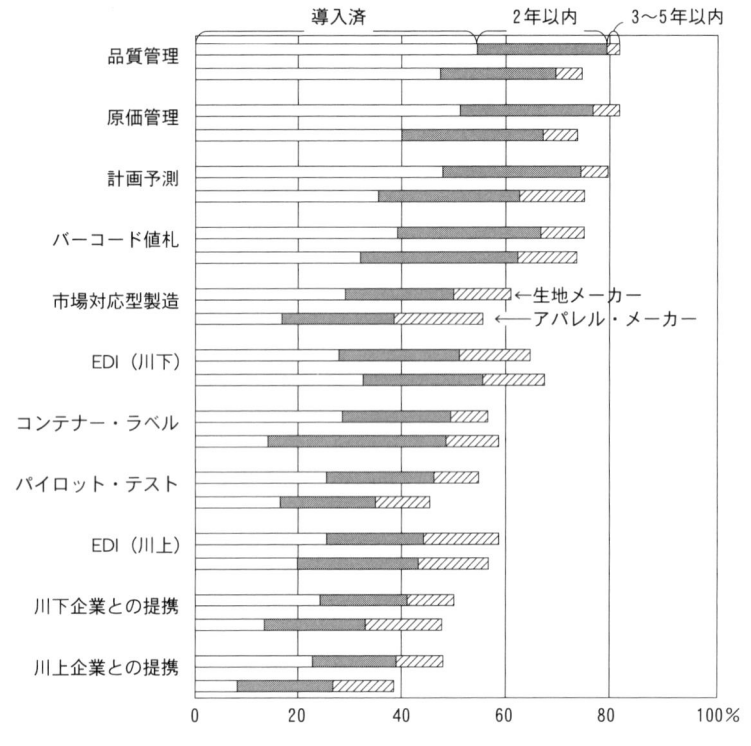

154　第Ⅲ部　グローバル競争時代のファッションマーケティング戦略と今後の課題

図6-6　アメリカのQR導入状況

導入済　　　　2年以内　　3〜5年以内

品質管理
原価管理
計画予測
バーコード値札
市場対応型製造　　　←生地メーカー
　　　　　　　　　←アパレル・メーカー
EDI（川下）
コンテナ・ラベル
パイロット・テスト
EDI（川上）
川下企業との提携
川上企業との提携

0　　20　　40　　60　　80　　100％

出所：繊維産業構造改善事業協会『米国におけるQR先進事例―第128回繊維情報懇談会講演録―』繊維産業構造改善事業協会繊維ファッション情報センター，1996年，38ページ。

らよいか，それが企業の生き残り策となり，その解決策として，アメリカの小売業界は自らQRに突入していった，といえる[25]。

　図6-6は，アパレル・メーカー364社を対象にした調査結果[26]である。それを簡単に要約すれば，以下の通りである。バーコード値札については，生地メーカーでは，これはTALC（Textile Apparel Linkage Council）値札をつけることになるが，現時点で導入済みが約40％，2年以内でみると，70％近くに普及することになる。アパレル・メーカーのバーコード値札づけも，ほぼ同じ程度に進んでいる。コンテナ・ラベルは両メーカーとも，40％位まで進んでいる。

第 6 章　ファッション産業における情報化戦略 (QRS) の取り組みと課題　155

原価管理と QR の関係は，小売業とメーカーとか一緒に話し合う過程で，原価構成を明らかにしなければならないからである。つまり，物流コストその他どんなコストが何にどうかかって，どうしたら合理化ができるかといったことを，お互いに運命共同体としてガッチリ組むためには，双方の原価構成をオープンにしなければならないからである。そのなかで，合理化できる部分はどこなのか，を検討していくのである。

2. Levi Strauss 社と WAL-MART の QR の事例研究
(1) Levi Strauss 社の事例

Levi Strauss 社は，アメリカの最大アパレル企業として物流業務の効率化を通じて経営戦略を図っている。すなわち，経営改善の方法として QR を駆使し，取引先との顧客満足の増大を試みている。

QRS は，バーコードシステム，小売業との EDI，物流効率化，テキスタイル・メーカーとの EDI，フレキシブルな生産体制から成り立った広範囲のシステムであり，産業標準を活用して Up Stream (川上) および Down Stream (川下) の関連業界全体の利益の向上と顧客満足の増大のための共同戦略を行わなければならない。Levi Strauss 社は産業標準を使用していることである。すなわち，100％の UPC (Universal Product Code) によ

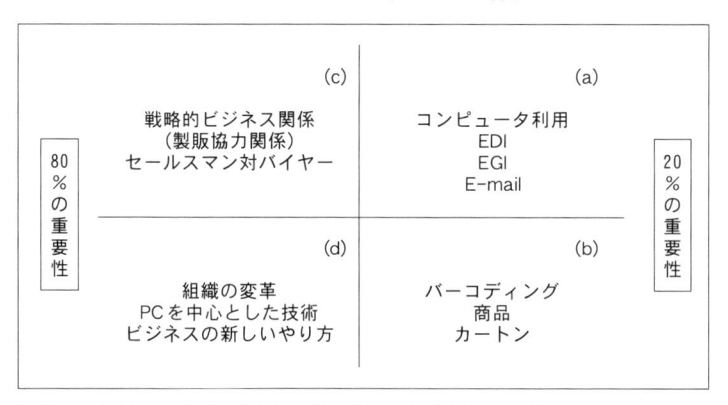

図 6-7　Levi Strauss 社の QRS の特徴

	(c) 戦略的ビジネス関係 (製販協力関係) セールスマン対バイヤー	(a) コンピュータ利用 EDI EGI E-mail	
80％の重要性			20％の重要性
	(d) 組織の変革 PC を中心とした技術 ビジネスの新しいやり方	(b) バーコーディング 商品 カートン	

出所：西村哲『世界的流通革命が企業を変える』ダイヤモンド社，1996 年，93 ページ。

るバーコード化を図っている。小売業者との取引においては，UPCの使用は必ず必要であった。この業体は8000個の小売業のうち，上位100社はEDIによる電子取引を100％に達している。

電子取引が不可能な中小企業においては，MSM（Model Stock Management）というサービスを行っている。それは，中小小売店に対する最適の在庫水準をLevi Strauss社が提案することであり，中小小売店側は売上のPOS情報をLevi Strauss社のホストコンピュータに伝送することによって，最適の店舗在庫を維持するように，商品の自動補充を行うことである。

Levi Strauss社はQRSによる物流業務の効率化をはかっている。事前出荷内容通知書（Advanced Shipping Notice：以下ではASNに省略する）を構築し運営している。この場合，VICS（Voluntary Inter Industry Communications Standards）は貨物コンテイナー・コードの産業標準としてUCC128を提供している。ASNシステムとは，業体が小売業者に出荷する前に，内容品目のUPSとセットされた貨物コンテイナー・コードを事前にオンラインで伝送し，小売業者は到着された貨物コンテイナーをスキャニングするだけで，検品が完了されるなど，物流業務の効率化を図ることである。

Levi Strauss社はテキスタイル・メーカーとQRSを実施していることである。主要なテキスタイル・メーカーと電子取引を行っており，部品メーカーともQRSを構築し業務の効率化を図っている。QESを構築するため，VANサービス会社であるGEISを利用し，システムを構築している。

Levi Strauss社がQRSを導入する前には，商品がいつ，どのスタイルのどのサイズがどのくらい売られたかを，その在庫水準はどのくらいなのか等を把握することができなかった。しかし，QRSを導入して以来は，それを的確に迅速に把握することができた。これは，消費者が欲求していることをメーカー側にその情報を供給しうる体制が整っていることを意味する。また，リードタイムが1週間から2〜3日に短縮され，配送が5日から2日に短縮された。すなわち，Levi Strauss社は顧客のニーズに即時に対応できるマーケット・イン型の生産体制の構築を試みているといえる。

(2) WAL-MART の事例

1980年代以降，アメリカの最大のディスカウントストアで急速に成長してきた WAL-MART は1980年代の初期から情報システムの構築に投資しており，ついに WAL-MART は生産から消費者の手に渡るまでの商品の生産・流通過程から無駄なコストを取り除いて，消費者の利益の増大をはかるために QR を導入した。

WAL-MART の QRS は，西村 哲がインタビューした WAL-MART の役員を務めていたカート・バーナード氏によれば，「WAL-MART では，全店舗のスキャナーが納入業者のコンピュータと結ばれている。この EDI によって店舗のスキャナーと本部のコンピュータが結ばれているため，WAL-MART 各店の SKU（Stock-keeping Unit）単位の動きがはっきりわかるようになっている。EDI は納入業者のうちの2000社で行われており，売上個数の80％に及んでいる。そのうち300社から400社の納入業者とはクロス・ドキング[27]を行っている。クロス・ドキングとは，納入業者は WAL-MART の各店舗向けの商品をカートンに詰めて，そのカートンに11ケタからなる店舗コードをつけるのである。そして，WAL-MART の配送センターに送り，それをコンベアの上に載せる。そうすると，そのコンベアによって，カートンの店舗のバーコードが読み取られ，店舗別の出口に運ばれる。そこには，各店舗に商品を配送するトレーラーが待っており，それに載せられて，配送センターに在庫されることなく出荷される，ことを意味する。その以外の業者とは EDI のみを行っている。その業者からの商品は WAL-MART の配送センターに送られ，そこで WAL-MART の各店舗に品揃えされ，各店舗用のトレーラーに追加されて配送される。」[28]という。

このように WAL-MART は，QRS を小売段階だけではなく，卸売段階と生産段階まで連携して QR を推進している。すなわち，情報の共有化を通じて，メーカーのマーチャンダイジング政策と在庫管理の支援体制を強化するという差別化戦略を駆使している。

WAL-MART が QR を成功的に遂行するようになったのは，① EDLP（Everyday Low Price）というスローガンの下で的確な需要を予測し効率的な生産を実現したことである。② 1988年代から全店舗に POS を導入し

たことである。③売上などのデータを時間ごとに収集しうるデータ収集網を構築したことである。④適時配送を可能とする物流センターと配送網をもっていることである。⑤幅広い商品分野までQRを取り入れた，ことなどがあげられる[29]。

QR導入の以前では，商品供給の期間が平均20日であったが，QR導入以降は10日に短縮された。商品サイクルの短縮によって在庫の回転率が2倍になった。また人気のある商品の品揃えができ，品切れの改善もでき，売上高も25～30％増加することができた。

(3) WAL-MARTとLevi Strauss社の類似点と相違点

WAL-MARTはアメリカの最大の小売業として卸・小売業との流通過程を情報ネットワーク化しながら，QRを実現して企業経営に大きく効果を上げている。一方，Levi Strauss社は世界最大のアパレル業体としてファッション業界の利益と顧客満足の増大のためにQRを実現している。また，Levi Strauss社は物流業務の効率化をはかっている。

図6-8　WAL-MARTとLevi Strauss社の比較

	WAL-MART	Levi Strauss
導入背景	・迅速な顧客サービス ・効率的・統合的な情報パイプライン	・物流業務の効率化による経営戦略 ・取引先との顧客満足
システム内容	・EDI及びPOSシステムの利用 ・補充発注システム ・ELDP ・UPCコード（バーコード）	・バーコード，EDI ・オンライン ・事前出荷内容通知書 （advanced shipping notice）
導入効果	・製品サイクル周期の10日短縮 ・売場の商品品切の防止 ・売上高の向上	・顧客の欲求事項の把握が容易 ・顧客の即時対応 ・物流業務の効率化

WAL-MARTとLevi Strauss社は異なる業種であるが，VICS標準に従ってEDI方式で取引先とのシステムを構築し，POSを構築した取引先とPOSデータの交換と，迅速な対応の核心要素である①効率的・統合的な情報パイプラインを推進したこと，②短縮された商品開発テスト，③効率的な予測と補充システム，④迅速的な注文移行，⑤短周期の製造，などがそ

の類似点である。

WAL-MART と Levi Strauss 社の相違点は，業種の観点から WAL-MART は小売企業であり，Levi Strauss はアパレル企業であることである。それゆえ，WAL-MART は顧客中心のマーケティング次元から QR を推進しており，Levi Strauss 社はテキスタイル・メーカーとの協力で Up Stream および Down Stream の関係を考慮した関連業界の全体の利益と向上を追及したことである。WAL-MART は小売業者であるが，卸売段階と生産段階と連携して QR を推進したことである。

第4節 日本のファッション産業におけるクイック・レスポンスの事例研究

1．日本におけるクイック・レスポンスの現状

繊維ビジョンでは，「日本は 1993 年に「プロダクト・アウト」型生産供給体制から「マーケット・イン」型体制に産業構造を改革するため，異業種間の情報ネットワークと QR 対応体制の整備が必要である」[30]と指摘している。

日本では，異業種間の情報ネットワーク化が進んでいないといえる。調査によると，量販店が 100％（取引先カバー率 66％）であり，専門店が 60％（同 25％）であり，百貨店が 30％（同 0.3％）であり，アパレル卸売業の場合は購入先である商事との間では 64％（同 37％）であり，テキスタイル・メーカーの場合は得意先の商事との間では 95％（同 4％）である。とくに百貨店での情報ネットワーク化が遅れていることが著しい[31]。

2．ワコール社と丸松商店の事例研究

(1) ワコールの事例[32]

ワコール社は，1985 年から JAN（Japan Article Number）商品コードによるワコールブランドのファンデーションのランジェリーのブランドタグのソースマーキングをスタートした。つまり，ワコール社は，① より消費者に近い店頭での情報がタイムリーに収集できること，② 手作業が主流で

あった物流・作業の効率化・スピード化をはかったこと，③ 今後，JAN ソースマーキングにより，値札が不要になるのではないかという判断をしたこと，④ 他業界でのバーコードの普及が計られようとしていた，ことを背景に QR を導入した。

　ワコール社のシステムの特徴としては，まず，第 1 は早い時期から分散処理を行っていることである。その分散をつなぐネットワークは，大きくディーラー系のネットワークと，仕入れ先とのネットワーク，そして社内のネットワークとに分けられている。第 2 は事業部及びビル別対応システムを運営していることである。もう 1 つはハードウエアのマルチベンダーに対応していることである。

　ワコール社は，受発注・物流の合理化を進める上で，JAN ソースマーキングは必須のものとなっており，これは情報システムにおけるインフラと

図 6-9　ワコールの JAN ソースマーキングに関するシステムの展開

時期	主要内容
1984～85 年	社内プロジェクトでソースマーキングの検討
1985 年 4 月	流通コードセンターへ JAN メーカーコード 4 つの申請と認可
1985 年 8 月	ワコールブランドファンデーション・ランジェリーソースマーキング開始
1986 年から	百貨店店舗へのポータブルターミナル設置 百貨店店舗売上情報収集システムスタート（現在 357 店舗へ展開） 関連システムも，自動発注システム，店舗在庫棚卸システム，社内システムの連動への順次扱い
1988 年代	社内物流システムにてポータブルターミナルでの JAN コード読み取りによる棚卸実施
1989 年代	専門小売店店舗へ小型発注ネットマスター設置。専門小売店発注システムスタート
1990 年 4 月	他ブランド対応のため JAN メーカーコード 2 つ申請と認可
1991 年 4 月	JAN コード読み取りによる台車ピッキングシステムの実施
1991 年 5 月	マタニティ・子供服対応 JAN メーカーコード 1 つ申請・認可
1992 年 5 月	JAN コード利用による岩田屋様受発注システムスタート
1993 年 2 月	JAN コード利用による丸井今井様受発注システムスタート

出所：繊維産業構造改善事業協会『クイック・レスポンスに挑む繊維産業―繊維情報懇談会講演録―』第Ⅲ集，繊維産業構造改善事業協会繊維ファッション情報センター，1997 年，9 ページ。

いった，非常に大きな役割を果たしているのである。利用形態としては大きく2つに分類される。1つは社内の物流・作業系のシステム化での利用であり，もう1つは共通商品コードという観点から，EDIに代表される小売店との情報連動の仲介的な役割をJANコードが果たすことによって，得意先とワコールの双方で受発注の合理化を進めていくということである。

　すなわち，ワコール社はJANコードによる受発注を実施している。百貨店の売場には，携帯用ターミナルを設置し運営している。専門小売店では，小型発注端末のネットマスターⅡを約900カ所の店舗に設置している。配送センターにおいても，JANコードの判読による配送システムを実施している。いわゆる，売場の売上の情報を収集し，自動発注システムを備えている。また，月ごと及びシーズン別人気商品と非人気商品などのデータを電子交換している。丸井今井では，1993年からワコールと協力し単品管理[33]を主な目的としたJANコードを利用したインライン受注・発注システムを運営している。

　ワコール社は受注と納入業務での繰り返し作業を排除し，物流業務の効率化の向上と売上高拡大を期待している。ワコール社は発注から納品までの期間を1週間から3日に短縮し経営の合理化をはかっている。

(2) 丸松商店の事例

　丸松商店は，鈴屋の子供服事業部門の50カ所店舗に関する売上と在庫の情報を工場と迅速にやり取りしながら，それを経営戦略に導入するためにQRを導入している。また，取引先と情報ネットワークを構築し，リードタイムの短縮と在庫量の最適化を計るためにQRを実施している。

　丸松商店はオンラインで受注している人気の商品を検索し，平均70品目の6つのサイズのカラー別で生産ラインに反映している。これによって，50社の在庫度の最適化が可能になった。鈴屋は1993年に商品情報システムを本格的に導入した[34]。

　IBMと共同で開発したパーソナルコンピュータのPOSを全店舗に導入している鈴屋は全商品の70%を占めている本部商品の完全単品管理を実施している。鈴屋は，発注から納品，店舗別在庫，店舗別価格表，及び販売に至る小売過程をカバーする情報システムによって，主要取引先の約50社の店

舗内の商品情報をオンラインでサービスしており，15社とオンライン追加発注システムを稼動している。すなわち，鈴屋はアパレルとのパートナーシップ，業務の効率化などを向上するという目的として，QRに基づくシステムのオープン化と標準化を進行している[35]。

丸松商店は，商品情報をオンラインで工場，いわゆる生産ラインと迅速な情報交換で効率的な生産管理を行っている。迅速な生産ラインとの情報交換で最低限の在庫量を維持することができた。また，アパレル企業とのパートナーシップ，業務の効率化をはかった。

(3) ワコール社と丸松商店の類似点と相違点

ワコール社と丸松商店はファッション企業であるが，ワコール社はファンデーションのランジェリーなどを製造・販売しており，丸松商店は子供服を取り扱っている企業である。両社は自動化による経営戦略を行っていることが共通点である。もう1つの共通点は，オンライン受発注システムによる在庫の減少，業務の効率化，および売上の向上を図っていることである。その相違点は，図6-10のとおりである。

図6-10 ワコール社と丸松商店との比較

	ワコール社	丸松商店
導入背景	・物流産業の効率化 ・売上の情報収集の迅速化	・オンライン受発注による経営戦略
システム内容	・JANコード，POS，EDI ・自動発注システム	・JANコード，POS，オンライン ・POS，オンライン受発注
導入効果	・製品サイクル短縮 （1週間から3日） ・売上高の増加	・アパレルとのパートナーシップ ・業務の効率化

おわりに
―QRSの取り組みの日本とアメリカの比較を中心に―

アメリカでは，ファッション産業の全体的な観点からみると，業界の競争力の向上という側面からQRSの導入をはかっていることである。しかし，

日本では，ジャスト・イン・タイム（JIT; Just In Time）を実施しており，QRS を個別企業的な側面から，その効率化をはかっていることである。つまり，今まで日本においては，アメリカのような QR 概念のネットワーク化ではなく，企業内での JIT 方式によるファッション産業の情報ネットワーク化をはかってきたといえる。アメリカの QR との相違点は，在庫と配送の観点から非効率的な要素を排除しながらコストを削減し，企業内の利益だけを追求するという点である。たとえば，そのシステムの内容を考察してみると，アメリカでは VICS 標準を採用しているのに対して，日本では標準を採用せず JAN コードのみを使用している。

QR は小売店の消費者ニーズから生まれており，「消費者－小売業者－製造業者」の関係的交換を通じて，新しい関係性を開発し，消費者に焦点を充てている。日本は消費者のニーズ不在という観点からジャスト・イン・タイム（JIT）に焦点を当てているといえる[36]。また，アメリカでは，異業種間のネットワークが発展しているが，日本では異業種間のネットワーク化が発展していない。アメリカにおいては，ファッション製品が繊維の段階から加工，流通段階を経て，小売店の売場までの製品の流れの期間が 68 週間ぐらいかかると報告されている。通産省繊維ビジョンによれば，日本では，ファッション製品の流れの期間が 68 週であり，在庫期間が 54 週くらいかかる，とされている（図 6 - 11 を参照）。

アメリカは，QRS を導入して以来，商品の流れ期間が 68 週間から 21 週間に短縮された。しかし，日本は，アメリカのような QR のネットワーク化の概念ではなく，JIT 方式のようなファッション産業の情報ネットワーク化を構築し，ファッション産業の発展を試みたということである。

日・米とともに，価格競争の観点からみると，他産業より，全体的にファッション産業は価格競争上の優位性が発揮できない状況の中で，ファッション産業が QR を導入したのは，売上高を増加させ，収益性を改善するための最善の戦略であり，それが最大の目標である。QRS 構築の成否の鍵はトップ経営者の決断とリーダーシップである。QR の導入に関するアメリカと日本との共通点は，商品サイクルの短縮によるコスト削減，資本回転率を高めると同時に，製品を適時に，適量に，適所に，適価に提供するという点

図6-11 原毛から消費者までの流通期間(日本)

形態	主体	出荷価格	移動距離	所要日数(日)			
				移動	製造	在庫	合計
原糸	A(オーストラリア)	1,221				28	43日
↓	↓	1,477	10,000ha	13日	14日	77日	92日
糸	B(紡績工場)	3,019	60ha	1日		15日	15日
↓	↓ C(糸商) ↓	3,077	5ha	日	15日	(含む)日	15日
撚糸	D(撚糸業)		5ha	1日	1日	(含む)日	15日
↓	糸染, 整経 ↓	3,602	5ha		2日	28日	30日
製織	E(製織業) ↓	6,067	5ha	1日	10日	20日	31日
	F(染色・加工) ↓	7,250		日			
↓	G(織商) ↓	8,340	600ha	2日	22日	37日	81日
アパレル	H(アパレル縫製) ↓	20,340	250ha	1日		80日	81日
↓	I(流通) ↓	33,900	6ha			90日	90日
	J(小売業) ↓ K(消費者)	61,600	ha	日			
合　計　(A－K)			ha	21日 3週	77日 11週	375日 54週	473日 68週

出所:図6-6と同じ, 11ページ。

で標準コードを使用していることである。しかしながら,アメリカはVICSを,日本はJANを採用している(図6-12を参照)。

つまり,日本のファッション産業におけるQRに関する今後の課題は,コラボレーティブなパートナーシップに基づく企業間関係づくりであるといえる。言い換えれば,企業間関係は,以前の営業マンとバイヤー・レベルでの情報交換だけではなく,トップとトップ,部門と部門(マーチャンダイジング部門,情報システム部門など)など,各企業間において,それぞれの対応

図6-12 QRをめぐるアメリカと日本との比較

	米 国	日 本
導入背景	・ファッション産業の競争力 ・小売店の消費者ニーズから台頭	・物流業務の効率化による経営戦略 ・取引先の顧客満足
システム内容	・EDIおよびPOSシステムの利用 ・関連産業間のネットワーク化 ・補充発注システム ・VICS，UPS（バーコード）	・バーコード，EDI，JAN ・オンライン ・Advanced Shipping Noticeシステム
導入効果	・製品サイクルの周期が66週間から21週間に短縮 ・資本回転率の向上	・顧客の欲求事項の把握が容易 ・顧客ニーズへの迅速な対応 ・物流業務の効率化
特　徴	・異業種間の相互協力の向上 ・経営改善の次元	・JIT方式による情報ネットワーク化 ・企業内部的な観点 ・サバイバルするための経営戦略

＊本章の第3・4節を中心に要約している。

部署が密接なコラボレートする関係形態が必要であると思われる。この関係構築の利点は，第1は，様々な分野で，かつ統合的な見地に立脚した業務改革が推進できるようになる。第2は，業務運営に必要な情報の質の改善や量が増大して，業務処理のスピードが飛躍的に高まる。第3は，流通システムを構成する各企業が水平的にパートナーシップを形成することによって，生産・販売・配送にかかる「コンカレント・エンジニアリング（concurrent engineering）」[37]の体制が構築でき，より効率的な顧客対応が可能になる[38]。いわゆるマーケット・イン型供給体制に変革させることである。

以上のように，クイック・レスポンス・システムの取り組みについて日・米の比較分析の視点からみると，両国の間にはいくつかの相違点と類似点が明らかになった。その理由は，移転論の視点から言えば，QRSに関する技術の移転は，QRSを規定する「制度的環境条件の類似性」と，その技術のマニュアル化・プログラム化の可能性の度合によって，その技術の移転の仕方が異なるからであろう。QRSに関する諸技術は，どちらかというと一種のルーティン化されやすい技術（マニュアル化可能）であるため，制度的環境条件の類似性が高ければ高いほど両国の間には，その類似点が多く表れるといえよう。たとえば，QRSの導入に関する日・米の類似点として，コスト削減のための標準コードを使用していることがあげられる。その意味でわ

れわれの移転論の枠組みでは，適用化（第Ⅲ象限）があてはまるということができ，制度的環境条件の類似性が高かった結果であるといえる。しかし，日・米の両国の間ではいくつかの相違点もあった。たとえば，QRS 導入目的については，アメリカは「競争力の向上」であるのに対して，日本は「JIT の実施」であり，QRS 内容については，アメリカは「VICS 標準」であるのに対して，日本は「JAN コード」のみである。その意味でこれらのケースは，部分的適用化（第Ⅱ象限）があてはまり，制度的環境条件の類似性は低かった結果であるといえる。

注

1 詳しいことは，Blattberg, Robert C., Glazer, Rashi and D. C. John Little, *The marketing information revolution*, Boston : Harvard Business School Press，1994 年を参照されたい。
2 日本ファッション教育振興協会監修『ファッションビジネス概論』財団法人日本ファッション教育振興協会，1995 年，194 ページ。
3 前掲書，194-195 ページ。
4 前掲書，195 ページ。
5 生方幸夫『SIS のしくみ』日本実業出版社，1991 年，13 ページ。
6 戦略的情報システムとは，企業の内外に張り巡らしたコンピュータ・コミュニケーション・ネットワーク（CCN）とデータベースから構成されている。この場合，社内だけのシステムでも，社外だけでのシステムでも，またデータベースだけがあっても，SIS とはいえない。あくまでもこの 3 つがそろったシステムを構築し，さらには，それが企業活動を新しいフェーズ（局面）に引き上げるように機能してこそ SIS といえる。詳しいことは，前掲書，14-15 ページを参照されたい。
7 生方幸夫，前掲書，14 ページ。
8 ファッション総研編『ファッション産業ビジネス用語辞典』ダイヤモンド社，1997 年，370 ページ。
9 日本ファッション教育振興協会監修，前掲書，196-197 ページ。
10 VAN とは value added networks の略字で付加価値通信網のことである。詳しいことは堀川信吾「中小・中堅企業の情報化戦略と戦略的情報システム」龍谷大学大学院研究紀要編集委員会編『龍谷大学大学院研究紀要—社会科学—』第 5 号，龍谷大学大学院研究紀要編集委員会，1991 年，1-15 ページを参照されたい。
11 前掲書，198-200 ページ。
12 http://www.tree.or.jp/tree/venture/semi/9712/sld005.htm
13 http://www.jaic.or.jp/works/sys.html
14 http://www.jaic.or.jp/works/sys.html
15 ファッション総研編，前掲書，77 ページ。
16 http://www.jaic.or.jp/works/sys.html
17 Phillips & Droge, Model, AMA winter educator conference proceedings, AMA Chicago, Illinois, 1995.
18 関係的交換とは，小売業と製造業者との間の交換から需要と供給の相対的関係での交換を意味する。

第6章　ファッション産業における情報化戦略（QRS）の取り組みと課題　167

19　Retail Information System, *The Quick Response Handbook*, 1994, p.1. Dave Hough, "Business Solution through EDI & Bar-coding", *EDI World*, Volume 5, EDI World Inc., 1995, p.36.
20　物流自動化のための国際的に通用する職別コード体系である。
21　加藤　司「アパレル産業における「製販統合」の理念と現実」大阪市立大学経済研究所編『季刊経済研究』Vol.21 No.3, 大阪市立大学経済研究会, 1998年, 97-117ページ。
22　韓国繊維技術振興院『Quick Responseシステムを指向する繊維・ファッション産業』韓国繊維技術振興院, 1995年, 36ページ。
23　前掲書, 36-40ページ。
　　日本ファッション教育振興協会編, 前掲書, 198-199ページ。
24　村越稔弘『ECRサプライチェーン革命』税務経理協会, 1995年, 199ページ。
25　繊維産業構造改善事業協会『米国におけるQR先進事例―第128回繊維情報懇談会講演録―』繊維産業構造改善事業協会繊維ファッション情報センター, 1996年, 1-4ページ。
26　前掲書, 37-38ページ。
27　クロス・ドキングされる商品はいわゆる定番商品で, 常に再発注されている商品である。そして, 定期的に継続的に再発注される商品でない, たとえば, ファッション関連商品などは, その配送センターに在庫されており, 各納入業者から各店舗行きのバーコードが張られているカートンなどと一緒にそこで各店舗向けに追加され, トレーラーで運ばれるのである。西村　哲『世界的流通革命が企業を変える』ダイヤモンド社, 1996年, 90ページ
28　西村　哲『世界的流通革命が企業を変える』ダイヤモンド社, 1996年, 89-92ページ。
29　経済研究所『アメリカ流通概念』流通経済研究所, 1995年, 31ページ。
30　韓国繊維産業連合会「繊維産業の流通合理化と経営革新のためのセミナー」韓国繊維産業連合会, 1995年12月, 1-5ページ。日本の新繊維ビジョンで提起された具体的な論点としては, 異業種横断的な業界組織の確立, JANコード情報データベースの開発, データ交換の標準化, QR対応のための体制整備などがあげられる。
31　韓国繊維産業連合会「これからの日本の施策方向」韓国繊維産業連合会, 1995年9月。
32　韓国繊維産業連合会「日本繊維産業の情報ネットワーク化調査報告書」韓国繊維産業連合会, 1995年5月, 5-33ページ。通産省「日本QR conference」1995年10月。
33　販売単位の最小単位を基本とした数量管理を通じて販売予測と販売結果の差異を最小化しようとすることである。
34　韓国繊維産業連合会「日本繊維産業の情報ネットワーク化調査報告書」, 前掲書, 5-33ページ。
35　通産省「日本QR conference」1995年10月。
36　繊維産業構造改善事業協会『米国におけるQR先進事例』, 前掲書, 8-9ページ。
37　同時進行的設計といわれる。これは, 各部門または企業が電子化されたデータを共有しながら, 協調して並行的に工程を進めていく設計・開発手法である。リードタイムの短縮と製造原価コストの削減が実現される。
38　原田　保『デジタル流通戦略』同友館, 1997年, 131ページ。

第7章

ファッション産業における戦略的提携の展開と課題

はじめに

　従来，アパレル企業を代表とするファッション産業は，国内の協力工場へと委託する賃加工形態を通じて発展してきた。しかしながら，最近，日本はもちろん，韓国においても国内における賃金上昇や労働不足により，中国やタイなどを中心とする東南アジア地域での現地（委託）生産，開発輸入に積極的に取り組まれており，ファッション産業のグローバル化が進展している。とくに，1990年代に入ってから，製造企業と小売企業との取引関係は，ITやグローバル化の進展に伴い，ドラスティックな変化を遂げている。今日，新しい取引関係として，「製販統合」，「製販同盟」，「パートナーシップ」，「クイックス・レスポンス（QR）」，「サプライ・チェーン・マネジメント（以下，SCM）」などの概念が注目されている。それらの用語は，若干のニュアンスの違いが存在するが，その目的と内容は，経営主体の異なる組織体同士が，特定の目的のため，特定の共同的な活動を行うことである。それゆえ，これらの概念を，本書においては，やや広い視点から「戦略的提携」の概念として用いることにする。

　戦略的提携の取り組みとして，繊維産業流通構造改革推進協議会においては，2002年4月に，従来の「QR推進協議会」から「繊維ファッションSCM推進協議会」へと略称を変更している。さらにこの協議会が「QRやECR（Efficient Consumer Response）を含むSCM」の理想的な形は，原料が加工されて製品になり，それが小売されるまでの全過程に関係する各企

業が，対等なパートナー関係を結成して協力し合い，WIN-WIN の思想のもと，とくに小売段階で発生する売行情報を基礎に，商品を切らさず，余さないように生産・供給していこうとする，いわゆるコラボレーション，または協働である[1]，とその枠組を提示している。こうした提言は，国内外間の競争が激しくなり，その有効な方策として戦略的提携が増大していることを意味しているといえよう。

そこで，本章においては，すでに本書の第2章で提示した移転仮説を念頭に入れて，今後企業が採るべきファッション・マーケティング戦略のうち，戦略的提携について日・米の国際比較分析を行い，その相違点と類似点を明らかにしようとしている。つまり，これらの異同が生じた理由について，「制度的環境条件」の類似性と移転対象となる技術のマニュアル化・プログラム化の可能性の度合との関係という移転論の視点から，その理由を示そうとしている。そのため，まず，理論的アプローチとして戦略的提携の概念と背景，および定義について検討している。その上で，ファッション産業が取り組むべき戦略的提携の方向性と必要性を検討し，日・韓ファッション産業における戦略的提携の事例を比較・分析している。また，日・韓の国際比較の視点から，ファッション産業が取り組むべき戦略的提携の今後の課題を探っている。

第1節　戦略的提携に関する理論的考察

1．戦略的提携の概念，背景，およびその定義

戦略的提携（strategic alliances）は，1980年代の米国でしばしば用いられるようになり，近年日本はもちろん，韓国においても，製販同盟や物流共同化などの側面から幅広く用いられており，その概念が幅広く認識されるようになっている。近年，ファッション産業においても，戦略的提携が競争戦略の1つとして認識されており，日本のファッション産業のみではなく，韓国のそれにおいても競争優位性の構築の一環とし，その概念の適用可能性に関する諸研究が注目を浴びている。

アメリカにおいて，戦略的提携の概念が登場してきた背景としては，1980年代の不況により，規制緩和やアンチトラスト法の適用が緩和され，企業間提携の実施が比較的容易であったことや，情報技術の進展により，企業間の情報共有や交換が促進されたことなどがその理由として挙げられる[2]。しかしながら，この用語の使われ方には，類似の用語として，取引から取り組みへ，製販同盟・統合，パートナリング，QR（ECR）[3]，カテゴリー・マネジメント，包括的提携，チーム・マーチャンダイジング（MD）などがある。これらは，若干のニュアンスの違いが存在するが，主とするその目的と内容は，経営主体の異なる組織体同士が，特定の目的のため，特定の共同的な活動を行うことである[4]。言い換えれば，これらの真の活動は，独立企業間の共同事業を意味する提携（alliance, partnership, coalition, collaboration）であり，この企業提携（corporate alliance）は同業種・異業種間，巨大企業相互，巨大企業対小企業，他国（2カ国以上）企業間，単一・複数事業の場合，同事業（業務）の分担あるいは異事業間（業務）の補完など，企業活動のあらゆる局面で行われる[5]。

表7-1　戦略提携の視点[6]

研究者	表現用語	内容
田村 正紀	製販同盟	経路紛争を解決し，両者（メーカーと流通企業）の協調面を強化する試み。成功条件は，強いメーカー（ブランド）と強い流通企業（店舗）の組み合わせにある。
石原 武政	製販統合	生産者と商業者のどちらか一方に貢献するのではなく，生産と商業（あるいは販売）との分業・調整関係そのものの効率化に貢献する。
上原 征彦	製販同盟	パワーによって対立を制御するような組織関係というよりも，むしろ，不足している機能を相互補完し合うことによって，あるいは，双方が得意とする相異なる機能を結びつけることによって，新たな創出された機能結合領域としての性格を持つものである。
矢作 敏行	戦略提携	大規模小売組織と供給業者が共通の目標を掲げ，異質な経営資源の結合効果を引き出すための取り決めを行なうこと。
三村優美子	共同取組	メーカー主導とも小売主導とも異なる第三の流通システムの可能性を有する。

出所：早川幸雄「流通チャネルにおけるECRの現状と消費者利益」『日本消費者経済学会年報』第22集，2000年，217ページ。

Kanter[7]は，競争優位性を向上しようとする企業にとって，協力的な関係

（co-operative relationships）は最も重要な要因であるが，未だその確たる定義がなされていない，と述べている。また Robinson＝Clarke-Hill らも，戦略的提携は，「相互に協力し，相互欲求に基づくパートナーシップと連合（coalition）を形成する組織に適用される用語である」[8]としている。さらに，野口郁次郎氏は，戦略的提携の条件として，「関係の長期性，関係の戦略性，関係の対等性など」をあげている。ここでいう，関係の長期性とは，取引関係が一定期間成立することを意味する。関係の戦略性とは，競争優位の確保という目的のもとに関係が成立することを意味する。要するに，提携の中心的な関心事は，競争優位の確保のための補完資源の獲得であり，新しい製品，新しい技術，新しい市場の創造である。さらに，関係の対等性とは，双方間の関係は規模や資産の格差にもかかわらず対等な関係を意味する[9]。そして，Bowersox[10]は，「戦略的提携とは，複数の独立した組織体が特別な目的達成のため，緊密に協力し合う意思決定をしているビジネス関係」であるとし，またその本質は協力関係づくりにあるとし，さらに提携の特徴は一種の相互信頼関係であり，「提携する二つの組織体は，互いに協力関係をつくるべく努力しながら，リスクと報酬とを分かち合うのを理想とする」としている。

　一方，日本においても，戦略的提携の考え方について，研究者によって様々である（表1の戦略提携の視点を参照）。矢作敏行氏は，戦略提携を包括的戦略提携と機能的戦略提携の2つに分類して議論している。包括的戦略提携とは商品開発と商品供給の効率化を目差す提携のことであり，機能的戦略提携とは商品開発を含まず既存商品の店頭品揃えの最適化と商品供給連鎖の効率化が共通の目標とされる提携であると指摘している。三村優美子氏[11]は，提携当事者間の取引というよりも，「共同取組」という表現をし，戦略的提携を流通システム全体から捉えている。

　すなわち，ファッション産業においても，戦略的提携が大きな関心事になったのは比較的最近のことであるが，その理由は企業の長期的な戦略計画と関連して構築され，企業の戦略的地位を向上するためである。そのため経営資源に補完関係のあるパートナー双方は，競争優位性の確保という共通の目的のもとで戦略的に行われることが，特徴である[12]。

2．戦略的提携の類型化

　企業提携の分類基準は，学者によりその分類基準と方法が異なる。それは，提携参加企業の目的と目標によって様々な形態の戦略的提携が行われているからである。しかしながら，戦略的提携は，大きく提携業務分野，提携方式，および企業環境という3つのカテゴリーとして分類することができるといえる。

(1) 提携業務による分類とその特徴

　提携業務による一般的分類は，技術・開発提携，生産提携，調達提携，および販売提携として分類できる[13]。第1の分類は，技術提携である。この提携の目的は，企業を取り巻く環境が複雑化し，技術革新が標準化するにつれ，企業は技術革新の期間の短縮，技術補完，技術開発の効果の最大化のため，戦略的技術提携を行っている。技術提携は，従来の商標，製造ノウハウ，エンジニアリング・サービス等の共有からクロス・ライセンシング，共同技術提携へと進展している。

　第2の分類は，調達提携である。従来この提携は，安定的な供給源の確保がその目的であったが，最近では部品・製品の相互補完的供給，同一製品の相互供給という目的へと進展している。言い換えれば，調達提携は先発企業と後発企業間の下請け・委託生産という従来の関係から，今日では先発企業間の相互補完，双方向的提携の関係へと変化している。

　第3は，生産提携である。生産提携は，製品・情報技術などの経営資源を共有する提携であり，市場確保と技術取得がその目的である。今日では，ニッチ・マーケット（隙間市場）などの特定市場への販売を目的とする少量生産型の提携が顕著である。この提携には，共同生産，OEM（Original Equipment Manufacturing）生産，アウトソーシングなどが含まれる。

　最後の提携業務による戦略的提携は，販売提携である。販売提携とは，相手の企業の販売能力を活用する委託販売，共同ブランドの使用，および製品共有による協同販売である。従来は販売網の依存する提携がほとんどであったが，今日では海外市場に子会社の販売網を設置し，地域別・業種別・製品別提携，いわゆる選択的販売提携が多くなっている。言い換えれば，この提携は，新しい市場への参入期間の短縮，流通と保管費用の削減，顧客サービ

スの向上，迅速な在庫の回転率をはかるための戦略へと変化している。

(2) 提携方式による分類とその特徴

提携方式による戦略提携は大別してジョイント・ベンチャー，契約設定，長期取引関係に三分される[14]。ジョイント・ベンチャーは，合弁企業とも言い，その対象は自国企業と外国企業間の相手国（もしくは第三国），自国での共同出資会社ということになる。契約設定は，通常，提携契約（cooperative agreement），契約提携（contractual alliance）という用語で呼ばれる資本出資を伴わない契約だけの提携形態である。具体的には，契約内容を文書化したもので技術契約，OEM（Original Equipment Manufacturing）契約などの製造契約，マーケティング上の契約を含む。長期取引関係とは，パートナー相互の信頼を基礎とする継続的な顧客関係による提携を差す。そのため個々の取引には，契約書を作成することはあっても，パートナー間の関係自体はその取引以外のもので結ばれる[15]。

(3) 企業環境変化と提携目的による分類とその特徴

企業環境変化と提携目的による分類は，大きく攻撃型提携と防衛型提携とに区別できる。攻撃型提携は，企業経営が安定的に成長する場合，規模の経済性によるグローバル競争と新しい市場への参入のための市場拡大がその目

表7-2 攻撃型提携と防衛的提携との比較

			攻撃型提携	防衛型提携
	目的		成長（市場拡大）追及の提携 市場参入，協力確保の提携	利益追求の提携 コスト・リスク削減の提携
戦略的提携		M&A	持分買収	持分売却
	合弁事業	コア事業合弁事業	主体的合弁投資	従属的合弁投資
		販売合弁事業	主体的合弁投資	従属的合弁投資
		生産合弁事業	主体的合弁投資	従属的合弁投資
		R&A合弁事業	主体的合弁投資	従属的合弁投資
	機能別提携	販売提携	成長のための目的	利益のための目的
		生産ライセンス	成長のための目的	利益のための目的
		技術提携	成長のための目的	利益のための目的
		研究開発コンソシアム	成長のための目的	利益のための目的

出所：Bleeke and Ernst, *Collaborating To Compete*, John Wiley & Sons, 1993.

的である。防衛型提携は，企業の存立危機が不透明である場合，コスト削減，リスクの削減，および生存のための利益追求がその目的である。上記の表7-2は，攻撃型提携と防衛的提携との比較である[16]。

例えば，攻撃型提携としては，第3節で展開されている韓国の E-Mart とホームプラスの戦略的提携がその事例である。つまり，これらの提携はPB（Private Brand）商品の拡大とグローバル・ソーシングを主な目的とする，いわば市場拡大である。これに対して，イトーヨーカ堂のチームMDの場合では，コスト削減とリスク回避がその提携の主な目的となっており，利益を追求する防衛型提携の典型的な事例として取り上げられる。

第2節　ファッション産業における戦略的提携の動機と必要性

企業が絶えず変化する環境に適応しようと努力する理由は，サバイバル競争のなかで生き残るためである。それゆえ，企業は生き残るため，企業の独自のアイデンティティを開発し，維持することである。ファッション産業においても，企業独自の長所を維持し，弱点を補うため，今日，同業種・異業種組織間の戦略的提携が重要な手段として用いられている。このような現象は，独立的な企業が経営資源を確保・活用するよりも，更なる経営資源を確保・活用することができるからである。言い換えれば，ファッション企業も独自のアイデンティティを維持するため，戦略的提携を行っている。

企業間の戦略的提携は，企業の生存のための組織的に産出された企業の特性，競争的利点を獲得するための環境的に派生された環境的特性，および産業特性などの変数によって誘発される。ここでいう競争的利点は相対的な概念で企業の環境から派生され，広範囲の原価優位（cost advantage）と差別化（differentiation）とに分類することができる。原価優位とは，同一な製品を提供する競争企業よりも，低い価格で市場に供給することである。差別化の利点とは，競争企業の商品・サービスに比べ，消費者に持続的に差異を感じさせることである（図7-1を参照)[17]。

戦略的提携を結ぶ諸企業は，提携パートナーの資源と技術などを共同利用

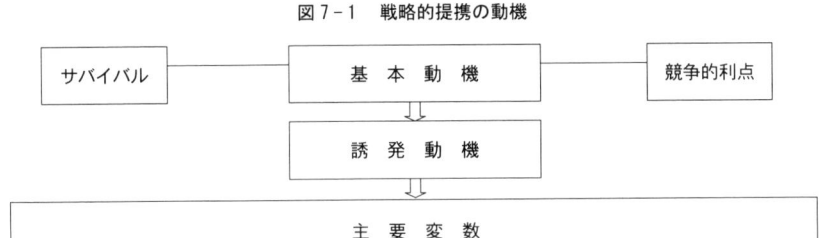

第7章 ファッション産業における戦略的提携の展開と課題　175

図7-1　戦略的提携の動機

```
┌─────────┐    ┌─────────────┐    ┌─────────┐
│サバイバル│───→│  基 本 動 機 │←───│競争的利点│
└─────────┘    └─────────────┘    └─────────┘
                      ↓
               ┌─────────────┐
               │  誘 発 動 機 │
               └─────────────┘
                      ↓
          ┌─────────────────────┐
          │   主 要 変 数       │
          └─────────────────────┘
```

企業の特性	環境的特性	産業の特性
・企業の製品／市場多様化 ・企業の規模と資源状態（資源を独立的動員する能力） ・戦略的同盟で優先的難しさ ・戦略的同盟に対する最高経営層の態度 ・企業の文化 ・技術または製造能力の獲得 ・市場進入獲得	・購買パターンの変化 ・環境的機会を利用するための必要な能力，技術，可能性の幅 ・不連続的環境変化 ・迅速な技術変化 ・多様な技術変化 ・増加された政治的複雑性 ・プロゼクット大きさと複雑性の増大 ・増加された競争力	・最小限の効率的規模 ・産業集中度と製品開発費用 ・市場参入速度の重要性 ・コストの構造 ・新規参入者の威嚇 ・代理員からの競争威嚇

↓

戦 略 的 提 携

出所：Murray, Edwin A., and Jhon F. Mahon, "Strategic Alliances: Gateway to the New Europe?", in: *Long Range Planning*, Vol.26, No.4, 1993. p. 104; Rajan P. Varadarajan, and Margaret H. Cunningham, "Strategic Alliances: A Synthesis of Conceptual Foundations", in; *Journal of the Academy of Marketing Science*, Vol.23, No.4, Fall 1995, p.291.

することによって，低価格あるいは差別化などの利点が得られる。そして，競争的利点を獲得し得る戦略的提携は，提携パートナー相互間の共同目標を実現することができるという戦略的手段ともいえる。このような企業間の戦略的提携は，かつて先端産業分野で著しく行われているが，その動機[18]は以下のようである。まず，第1の動機は，資源とリスクを共有することによっ

て相互の長所を最大化し，弱点を補うためである。企業が新しい市場への参入を図るためには，市場が要求するあらゆる成功要因を備えることはむずかしい。また最近は，競争力の源泉が膨大な研究開発費用と自動化された生産施設によるので，単独企業があらゆる投資と技術，及びリスクを負担するのは困難である。また，第2には，1つの産業の標準が自社に有利な方向で形成されることを期待して行われる戦略的提携もある。要するに，戦略的提携を通じて産業標準を決定するのは，技術開発の速度が早く，産業標準がかなり重要な役割を演じる産業では重要な動機となる。そして第3には，新製品開発の時間を短縮し，市場参入速度を高めるためにも戦略的提携が行われている。競争企業よりも，いち早く新製品を開発し，高収益性と競争優位性を確保することができる。しかしながら，企業が新製品開発や迅速な市場参入を図るためのあらゆる資源を保有することは困難であるため，戦略的提携を試みる場合もある。最後の動機は，企業活動の柔軟性を確保するため，戦略的提携が行われることである。この場合には，主に特定の産業での撤退を容易にする手段として戦略的同盟が活用される。つまり，戦略的提携を通じて景気の良くない産業を合弁投資し，景気がよくなると，合弁投資を基盤に事業拡張することができるし，景気が悪くなると，合弁パートナーに持ち株を売り，簡単に撤退することができるからである。

　しかしながら，最近，ファッション産業においては，グローバル市場経済の進展に伴ない，グローバル競争が必要不可欠なものとなっている。言い換えれば，ファッション産業は，従来とは異なる新しい課題に直面している。その課題は，以下のように要約することができる。第1の課題は，製品ライフ・サイクル（PLC）の短縮化である。第2は，研究・開発費用の上昇である。第3の課題は，規模の経済性である。第4のそれは，リスクの分散である。第5の要因は，補完資産の共有である。第6は，規制の緩和である。最後の課題は，迅速な国際市場への参入である。つまり，ファッション産業が国際市場へと参入するためには，相互補完的な資源を所有した海外企業との協力が必要となる。ファッション産業における今日的課題を解決すべき方法論として，戦略的提携は有効な手段であり，ファッション企業が取り組むべき必要性ともいえる。

第7章　ファッション産業における戦略的提携の展開と課題　177

第3節　日・韓ファッション産業における戦略的提携の事例研究

1．日本のファッション産業における戦略的提携の展開と事例
(1)　日本ファッション産業の戦略的提携の経緯

　中小公庫レポート[19]によれば，ファッション産業界においては，戦略的提携に類似した動きは，従来から存在していたと言い，その典型として素材メーカーの活動を取り上げている。すなわち，昭和30年（1955年）代初期に，合繊などの素材メーカーが原糸の糸売り・製品買いという政策展開のなかで，少数の指定商社に原糸を販売し，指定商社を通じて指定の織布業者，製編業者，染色加工場に賃加工させ，再び指定商社から製品としての織物を市場に流すという形を取ったのが端緒である。そして，当時の素材メーカーは最終製品などの小売流通段階までの関与を示すなど，積極的な展開を行った。東レのシャーベット・トーンキャンペーンがその事例である。同社は，商社，産地，織物問屋，アパレル・メーカー，小売店を系列的に配置し，これらをプロダクション・チーム（PT; Production Team）と称して主導権を発揮した経緯がある。この背景には，当時，日本のファッション産業はまだ未成熟であり，流通川上企業である素材メーカー自ら，川下に向かってチャネルリーダー化することが必要であったという事情がある。事実この時期に素材メーカーがファッション産業の発展に果たした役割は大きい。ちなみに東レのPT体制は現在でも存在しており，現在では情報ネットワークチームを構築し，さらに機能強化を図りつつある[20]。その後，昭和40年（1965年）代以降において，日本のファッション流通で主導的な役割を演じたアパレル・メーカー（卸）も，垂直的な取り組みをした。いわゆる川下上を活かして素材メーカー，商社などをリードして，下請方式で生産させるケースが一般的であった[21]。

　以上のように，日本のファッション産業においては，原材料から消費に至るプロセスの覇権をめぐっていくつかの変化を遂げてきた。まず，繊維素材メーカーが覇権を握った。自ら開発した新しい繊維素材を販売すべく，総合

商社と手を結んでテキスタイル部門を統合し,問屋そして小売に向けて販路開拓を行った。その背景になった力は,繊維素材の大量生産力と新素材開発力であった。このような素材メーカー支配型の構図を変えたのは,問屋・卸売業であり,その商品企画力であった。1970年代頃から,レナウン,オンワード樫山,ワルードといったアパレル・メーカーは相次いで再販売業者としての問屋業を脱皮し,自ら商品企画機能をもつに至った。その企画力を背景に,繊維素材・テキスタイル・縫製といった川上の生産チャネルを組織化する一方,川下に対しても百貨店や専門店を,有力な販売チャネルと編成していった。業界の主導権は,素材の手から,商品企画つまり商品の作り手へと移っていった[22]。

(2) イトーヨーカ堂のチーム・マーチャンダイジングの事例

日本における戦略的提携の典型的な事例としては,味の素とダイエー,旭化成とイトーヨーカ堂,花王とジャスコなどが取り上げられる(表7-3を参照)。このようなメーカーと小売業者間の戦略的提携は,小売企業が主導し,ロー・コストのPB商品の共同外発が主とする目的である。これらの関係は,戦略性や排他性の側面から分析すると,事業部門での自社の協力を強化する限定的な提携関係であり,戦略性が高く,排他性が強い提携関係とい

表7-3 戦略的提携の事例

小売業者	供給業者	商品分野	商品特性	供給システムの特徴	開始日
ダイエー	味の素	冷凍食品	低価格	海外含む製販統合	94年
同上	アグファ	写真フィルム	低価格	外国メーカーに生産委託	94年
イトーヨーカ堂	クラボウ,シキボウ	ポロシャツ	新合繊	チーム方式	92年
同上	旭化成,馬渕繊維	セーター	新素材	同上	92年
セブン-イレブン	食品メーカー各社	米飯,	鮮度のよさ	協同組合方式	79年
同上	味の素,伊藤忠	焼きたてパン	同上	分散生産方式	94年
同上	メーカー各社	アイスクリーム	新製品開発	共同配送導入	94年
ダイエー・ローソン	山崎製パン	同上	鮮度のよさ	同上	94年
ジャスコ	花王	花王製品		品揃え最適化,在庫圧縮	93年
相鉄ローゼン	菱食	加工食品		一括受注,一括納品	93年

出所:矢作敏行「『取引』から『提携』へ」,『流通産業』第26巻第5号,1994年,11ページ。

うよりも，その提携関係が緩いことである。なぜならば，効率性の高い（ロジスティックス・システムの構築など）戦略提携は，食品，雑貨，衣類品などの各部門において，数多く提携関係が成立しているが，資本結合や合弁会社設立の事例が少ないからである。

　ファッション産業では，とくに素材メーカーは比較的に戦略的提携を結びやすい。それは，素材メーカーは消費財 NB メーカーのように直接ブランド競争に巻き込まれることがないからである。ファッション産業における戦略的提携としては，イトーヨーカ堂のチーム・マーチャンダイジング（MD; Merchandising）がこの素材メーカーとの提携の成功例である。

　イトーヨーカ堂において，衣類部門の仕入れ体制の改革が始まったのは1991 年であった。従来，売場分類別の仕入れ体制から商品分類別仕入れ体制へと変更したのがその始まりである。つまり，売場分類別では不可能であった仕入れの集約・統合の可能性を，服種別に仕入れる体制のなかで探ろうとしたのである。売り場分類別仕入の統合は，紳士や婦人や子供の売り場において，1992 年の春夏用売り場に向けての半袖 T シャツが最初の試みであった。各売り場分類別のバイヤーたちは，半袖 T シャツの不満から分析し，その結果肌触りの大切さを突き止めた。幾つかの原材料の綿を取り寄せした結果，最終的には，カリフォルニア綿が原材料として決定された。そして，4 社の紡績会社からカリフォルニア綿を取り寄せ，日清紡のカリフォルニア・サンキホーキンスのマクロ・ロイヤルデラックスに決定した。紳士・夫人・子供という売り場分類別仕入れを横断する素材の統合が生まれた最初のケースがこれである。しかしながら，このときはまだ素材の統合にとどまり縫製メーカーの統合には至っておらず，それぞれ売り場分類別に縫製メーカーや工場が決められていた。そうするうちに，イトーヨーカ堂の仕入れ体制は，売り場分類別仕入の体制から服種別仕入れ体制へと移行した。このときから，全社的にチーム MD が意識され始め，結局，イトーヨーカ堂のチーム MD は，30 商品 30 チームが形成された[23]。

　その後，ポロシャツにおいても，素材から縫製にかけての集約・統合が試みられ，1993 年の夏に婦人物をテストし，その秋冬物の長袖のポロシャツで新合繊の素材統合が完成した。そして，94 年の半袖ポロシャツから，縫

製メーカーも一社に統一された。こうして，素材はクラボウ，縫製はシキボウ・ナシスに一括注文されることになった。つまり，イトーヨーカ堂においては，素材，縫製，そして染めも含めて，チーム・MD体制が完成され，売り方においても，店頭のビジュアルやポップが統一された。さらに価格においても，「形態安定加工」という新しい機能が打ち出された[24]。

石井淳蔵氏によれば，イトーヨーカ堂のチームMDは，伝統的システムとは異なり，幾つかの特徴を有しているという。第1のその特徴は，伝統的システムと比較して情報面とリスク負担面において透明度の高いシステムである。第2の特徴は，イトーヨーカ堂がある程度のリスクを負うシステムであることである。言い換えれば，かなりのリスクが諸メンバーによって分担されず1人のメンバーに帰属するシステムである。第3は，第2の特長によって，大量生産が可能となる。最後の特徴は，実需対応による追加生産，いわゆる同期化が容易になる[25]。一方，チームMDの最大の課題は，チームMDによって生産過程でのコストダウンが図れ，追加生産が可能な体制ができたとしても，企画された商品が市場で支持されるかどうかは別の問題である，ということである。そして，成功した製品についても，競合他社が類似の商品を導入してくる場合，当初の販売計画を上回ることは困難であるといわれている[26]。

2．韓国のファッション産業における戦略的提携の事例と特徴

韓国のファッション産業においては，1996年度から流通市場の完全自由化に伴い，海外からの先進経営技法が一気に参入しており，国内外の異業種・同業種間の競争が激しくなっている。そして，低価格志向の消費者意識とグローバル化が急速に進展しており，ファッション小売構造が，従来の百貨店主導の構造からディスカウントストア主導の構造へとゆっくり進展している。このような状況のなかで，日本のファッション産業と同じく，韓国のファッション産業においても，メーカーと流通業者とが緊密な協力関係のもとで，商品開発から物流コストの削減までの戦略的提携が増加している。以下では，E-MartのPB商品開発による戦略的提携の事例を中心として考察することにする。

第7章　ファッション産業における戦略的提携の展開と課題　181

　最近，E-Martは，高マージン品目とみなされているアパレル部門を強化するため，アパレル・メーカーと提携を結びながら，PB商品の拡大とグローバル・ソーシングに積極的に取り組んでいる。E-Martは，アパレル・メーカーとの提携によるPB商品を開発し，このPB商品が2002年の総売上高の14％（4千2百億ウォン）を占めている。このなかでも，とくにアパレルPB商品がもっとも力をいれている分野であり，2003年度のその目標は総売上高の45％の560億ウォンである。そして生活ファッション分野においても，PB商品の多様化をはかる計画である。E-Martの代表的なアパレルPB商品は，ファミリ・カジュアル・ブランドを志向する「マイクロ」である。さらに，E-Martは，「ビビアン」と独占提携を結び，「ビビアン・フォ・E-Mart」というランゼリーPBブランドと，「tomorrow」というストッキングPBブランドを独占販売している。とくにアパレル雑貨のPBブランドである「イベイジック」の場合は，販売開始して1カ月でNBストッキングの2倍以上の売上げを達成した。要するに，E-Martの戦略提携の特徴は，NB商品の販売よりも，アパレル・メーカーとの提携関係を結び，共同生産型のPB商品を開発していることである。さらに，E-Martは，コスト削減の視点から，グローバル・アウトソーシングを展開していることが，第2の特徴である。最近は，中国や東南アジアを中心にグローバル・ソーシングを展開し，とくに，有名ファッション・ブランドの現地工場のある中国からのOEM方式が拡大している[27]。

　もう1つの戦略的提携の成功事例は，韓国の三星物産とイギリスのテスコ[28]の合弁法人「ホームプラス」である。「ホームプラス」は，Glocalisation（global standard＋local standard）という徹底的な現地化政策に基づき，TESCOという商号ではなく，ホームプラスという新しい店舗網を構築している。これは，三星の共存共栄のパートナーシップという経営哲学とTESCO（TESは納品業者であり，COは創業者の意味である）の哲学とがうまく溶け込んでおり，毎年Vender Conferenceの開催，流通業者と製造者との会合の場を設けており，協力企業間のWIN-WIN戦略を強調している。それゆえ，ホームプラスは後発ファッション小売企業にもかかわらず，ディスカウントストア業界の第3位座まで急成長している。同社，製造業者

との協力のもとで400アイテムのPB商品を開発し，総売上高のうち，PB商品の売上高は2000年の3%から，2001年には4.5%まで占めている。例えば，衣類のPB商品としては，スポーツ・カジュアル・ブランドである「ベルディチェ」と，男性トータルブランドである「ビグル」があげられる。なおさら，1999年からホームプラスは全世界の850カ所のTESCO店舗と連携しており，グローバル・ソーシングとコスト削減を目差している。グローバル・ソーシングの品目は，2000年は87アイテムであったが，2001年は120アイテムまで増えており，グローバル・ソーシングの比重においても1999年の0.2%から1.0%（2000年）まで拡大している[29]。

　以上のように，戦略的提携の典型的な事例としては，日本ではイトーヨーカ堂のチームMDを始め，味の素とダイエー，旭化成とイトーヨーカ堂などが，韓国ではE-Martとホームプラスなどが挙げられる。イトーヨーカ堂のチームMDの事例では，企業の生存のために徹底的にコストを削減し，リスクを回避することによって，利益追求をその目的とする防衛型提携であるといえよう。一方，韓国のE-Martとホームプラスの事例においては，殆ど新しいPB商品の開発とグローバル・ソーシングによるグローバル競争と新しい市場への参入（市場拡大）をその目的とする攻撃型提携であるといえよう。これらの戦略的提携の共通点は，小売企業が主導し，ロー・コストのPB商品の共同開発を主とする目的である。しかしながら，これらの関係は，戦略性や排他性の側面から分析すると，事業部門での自社の協力を強化する限定的な提携関係であり，戦略性が高く，排他性が強い提携関係というよりも，その提携関係が緩いといえる。なぜならば，ロジスティックス・システム構築などのような効率性の高い戦略提携は，食品，雑貨，衣類品等の各部門で，数多く提携関係が成立しているが，資本結合や合弁会社設立の事例が少ないからである。

第4節　ファッション産業における戦略的提携の今後の方向性

　最近，ファッション産業は，従来とは異なる新しい課題に直面している。

ファッション産業においても，グローバル市場経済と情報化の進展に伴い，グローバル競争が必要不可欠なものとなっている。ファッション産業における今日的な課題としては，すでに論述したように，第1に製品ライフ・サイクル（PLC）の短縮化，第2に研究・開発費用の上昇，第3に規模の経済性，第4にリスクの分散，第5に補完資産の共有，第6に規制の緩和，最後に迅速なグローバル市場への参入，があげられる。例えば，ファッション産業がグローバル市場へと参入するためには，相互補完的な資源を所有した海外企業との協力，いわば戦略的提携が必要となる。

　ファッション産業が取り組むべき戦略的提携の類型化としては，新製品開発，市場開拓のために顕著または潜在競争者との間において水平的に行われるメーカー間の戦略的提携，流通業者間においては，卸売・小売業者間で行われる戦略的提携などがある。さらに，P&Gとウォルマート，味の素とダイエーの戦略的提携のようなメーカーと小売業間の異業種産業間において，消費者満足の実現を通じて双方の共存共栄を図るための垂直的な戦略提携も存在するのである。

　しかし，戦略的提携の今後のあり方として，阿保栄司氏は，協調の不足や組織上の障害などを指摘し，そして今後，因襲的な系列から，民主的でイコール・パートナーシップを尊重するような調和型自律分散システムとしてのサプライチェーンを目指すべきである[30]と主張している。また，西澤氏は，「サプライチェーンは，戦略的提携の重要手段であると考えられる」[31]と指摘している。つまり，ファッション産業においても，戦略的提携の手段としてサプライチェーンの構築は有効な手段になるといえよう。

　例えば，日本のファッション産業におけるSCMの流れとして，高坂氏[32]は大きく2つの類型に分類している（図7-2を参照）。その第1の類型は，同じ仕入と販売の形態をとりながら，同じ活動をライバルとは違う「製販同盟（戦略的提携）」という方法で独自性を創造し競争優位を構築した企業群である。第2のそれは，自ら企画，ソーシングし，自ら販売するといったライバルとは全く異なる「製造・小売」という活動で独自性を創造し競争優位性を構築した企業群である。第1の典型的な事例は「しまむら」である。「しまむら」の戦略的提携の特徴は，第1に，小売側が自らの小売技術の向

図7-2　日本のファッション産業のSCMの成功類型

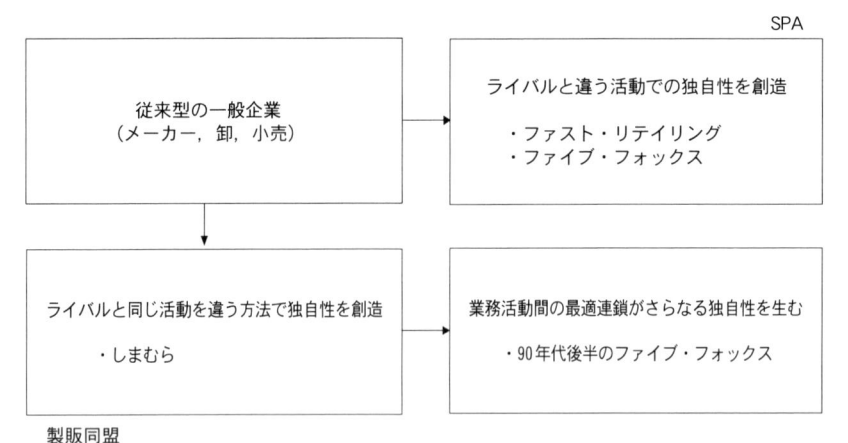

```
┌─────────────────────┐      ┌──────────────────────────────────┐
│                     │      │ ライバルと違う活動での独自性を創造 │ SPA
│   従来型の一般企業   │─────▶│ ・ファスト・リテイリング          │
│ （メーカー，卸，小売）│      │ ・ファイブ・フォックス            │
│                     │      │                                  │
└─────────┬───────────┘      └──────────────────────────────────┘
          │
          ▼
┌─────────────────────────────┐   ┌──────────────────────────────────────┐
│ ライバルと同じ活動を違う方法で │   │ 業務活動間の最適連鎖がさらなる独自性を生む │
│ 独自性を創造                  │──▶│ ・90年代後半のファイブ・フォックス     │
│ ・しまむら                    │   │                                        │
└─────────────────────────────┘   └──────────────────────────────────────┘
   製販同盟
```

出所：高坂貞夫「モード系ファッション・ブランドのSCM事例研究」菅原正博等編『次世代流通サプライチェーン―ITマーチャンダイジング革命―』中央経済社, 2001年, 45ページ。

上に集中し，その分サプライヤーがプロとしてのモノ作りのパートナーとして位置づけられる。第2の代表企業としては，「ユニクロ」と「ファイブ・フォックス」があげられる。両社の共通点は，従来の分業型事業構造を脱却し，工場から消費者の手に渡るまでを自らのリスクでSCMを実現するといった全く新しいビジネス・モデルを構築したことである。もう1つの共通点は，バブル崩壊以降も圧倒的な強さで勝ち組みとして名乗りをあげただけでなく，業務優位性の最適連鎖がさらなる独自性を生むといった持続的進化パターンに入り始めた点にある。SPA (Specialty store retailer of Private label Apparel) というビジネス・モデルは，自社企画ブランドを中心に展開するアパレル製造直売専門店の業態を指す。

　つまり，今後，ファッション産業が目指すべき戦略的提携の方向性は，すでに指摘したように，原料が加工されて製品になり，それが小売されるまでの全過程に関係する各企業が，対等なパートナー関係を結成して協力し合い，WIN-WINの思想のもと，とくに小売段階で発生する売行情報を基礎に，商品を切らさず，余さないように生産・供給していこうとするもの，いわゆるコラボレーション，または協働である。

おわりに

　以上のように，ファッション産業においては，製品ライフ・サイクルの短縮化，研究・開発費用の上昇，補完資産の共有，迅速なグローバル市場への参入などが今日的課題になっている。しかし，ファッション産業はその性格上，労働集約かつ零細中小企業構造であるがゆえに，日本のファッション産業はもちろん，韓国のそれにおいても，業際的な競争が激しくなっており，個別企業のもつ資源のみでは対処できない状況になっている。そこで，既存業界の枠内での活動のみならず，異なる企業同士がパートナーとなり，新規事業や既存事業の見直し，および新たな市場機会を得てより大きな経営目標を達成するため，戦略的提携が数多く行われている。しかも，グローバル競争が激化しており，このような戦略的提携の動きは，国内だけでなく，国境を越えて相互補完的な資源を所有した海外企業との協力も頻繁に行われている。この提携は，水平的な提携と垂直的な提携とがあるが，これらは製造・販売・配送の側面からの協力関係である[33]。

　日・韓ファッション産業における戦略的提携の事例研究においても明らかになったように，戦略的提携への取り組みは，その産業または国によって異なる。例えば，韓国ではアパレルPB商品の開発とグローバル・アウトソーシングがその目的となっているが，日本では売場分類別の仕入れ体制から商品分類別仕入れ体制への変更がその目的となっている。Bleeke and Ernstの見解からいえば，韓国のファッション産業では，戦略的提携は主体的関係に基づく合弁投資であり，その目的は市場拡大である。しかし，日本のファッション産業では，戦略的提携は従属的関係とする合弁投資であり，その目的は利益追求であるといえる。言い換えれば，韓国では「攻撃型提携戦略」であるのに対して，日本では「防衛型提携戦略」であるといえる。

　しかし，日・韓ファッション産業においては，戦略性が高く，排他性が強い提携関係というよりも，その提携関係が緩い，いわゆるほとんどの戦略的提携が事業部門での自社の協力を強化する限定的な提携関係であることが共

通的な特徴である。それは，企業間の協調の不足や組織上の障害などがその要因である。

　以上のような相違点と類似点（異同）が生じた理由は，「制度的環境条件の類似性」と「移転対象となる技術のマニュアル化・プログラム化の可能性の度合」との関係という移転論の視点からいえば，戦略的提携に関する諸技術は，その技術を規定する「制度的環境条件の類似性」と，「その技術のマニュアル化・プログラム化の可能性の度合」が低いので，その戦略・技術の修正の必要が生じ，適用が困難になり，「適応化」（第Ⅰ象限）もしくは「部分的適応化」（第Ⅳ象限）による移転とならざるをえない。

　国境を越えた企業間の提携戦略を策定するにあたって，どのような戦略・技術を展開するかについての意思決定は，経営者のマインドや企業の経営哲学などの経営方針などによって大きく異なる。つまり，それらの諸技術は人間と機械の関係のみならず，人間と人間の関係に深く依存しており，ペーパーにマニュアル化・図示化することができず，かつコンピュータにプログラム化もできない技術であり，なおさら制度的環境条件の類似性が低いといえる。それゆえ，それらの諸技術は現地の制度的環境条件に合わせて修正するという，「適応化（Adaptation）」（第Ⅰ象限）もしくは「部分的適応化」（第Ⅳ象限）による移転とならざるをえない。その意味で，適応化（第Ⅰ象限）の事例としては，日・韓の戦略的提携（韓国：攻撃型戦略的提携，日本：防衛型戦略的提携）に関するその相違点がその事例としてあげられる。

　しかし，それらの諸技術はペーパーにマニュアル化されかつ図示化されることができない，そしてコンピュータにプログラム化ができない技術であるといえども，移転対象となる技術を規定する制度的環境条件の類似性が比較的に高くない場合は，部分的適応化（第Ⅳ象限）による移転とならざるをえない。その意味で，部分的適応化（第Ⅳ象限）の事例としては，日本と韓国の間において，ほとんどの戦略的提携は事業部門での自社の協力を強化する限定的な提携関係であり，戦略性が高く，排他性が強い提携関係というよりも，その提携関係が緩い，というその共通の特徴として表れることがあげられる。

第7章　ファッション産業における戦略的提携の展開と課題　187

注

1　中小企業総合事業団繊維ファッション情報センター『繊維産業の情報化実態調査・繊維業界のSCM構築実施事例』平成14，2002年，4ページ。
2　田中孝明「サプライチェーンの再構築」(http://www.sakata.co.jp/breport/scm.html#03) を参照。
3　QRに関する詳しい研究は，鄭玹朱「ファッション産業の戦略的情報システムに関する研究―日・米間のクイック・レスポンス・システム（QRS）の比較分析を中心に―」『論究』第33号，中央大学経済学・商学研究科篇，2000年を参照。
4　中小企業金融公庫調査部「アパレル流通における製販同盟型マーチャンダイジングの進展実態と中小企業の可能性」『中小公庫レポート』No.95-4，1995年，5ページ。
5　竹田志郎『国際戦略提携』同文舘，1992年，29-30ページ。
6　田村正紀『マーケティングの知識』日本経済新聞社，1998年，115ページ。石原武政「生産と販売―新たな分業関係の模索―」『製販統合』日本経済新聞社，1996年，324-327ページ。上原征彦「流通のニューパラダイムを探る」『流通の転換』白桃書房，1997年，17ページ。矢作敏行「変容する流通チャネル『ゼミナール流通入門』日本経済新聞社，1997年，297ページ。三村優美子「製配販提携と流通取引関係の変化」『青山経営論集』第33巻第3号，1998年，54ページ。
7　Kanter, R. M., "Becoming PALS: pooling, allying and linking across companies", *Academy of Management Executive*, 3, 1989, pp. 183-193.
8　Robinson, Terry and Colin M. Clarke-Hill, "International alliances in European retailing", in P. J. McGoldrick and Gary Davies, *International Retailing: Trends and Strategies*, Pitman Publishing 1995, p.134.
9　野口郁次郎「戦略提携序説」『ビジネスレビュ』Vol.38, No4. 1991年。米谷雅之「製販戦略提携の取引論的考察」『山口経済雑誌』第43巻，1995年，3-4ページ。
10　Bowersox, D. J., et al., *Leading Edge Logistics Competitive Positioning for the 1990s*, CLM, 1989.（阿保栄司他訳，宇野政雄監修『先端ロジスティクスのキーワード』ファラオ企画，1992年，268-269ページ。)
11　三村優美子，前掲誌，54ページ。
12　Fredrick, E. and Jr. Webster, "The Changing Role of Marketing in the Corporation", *Journal of Marketing*, Vol.56. October, 1992.
13　カンミョンスウ『流通企業の戦略的提携の方案』大韓商工会議所，1997年。（韓国語）
14　竹田志郎『国際戦略提携』同文舘，1992年，30ページ。
15　前掲書，30-36ページ。
16　Bleeke and Ernst, *Collaborating To Compete*, John Wiley & Sons, 1993.
17　Murray, E. A. and J. F. Mahon, Strategic Alliances: Gateway to the New Europe?, in: *Long Range Planning*, Vol.26, No.4, 1993, p.104.; Rajan P. Varadarajan and Margaret H. Cunningham, "Strategic Alliances: A Synthesis of Conceptual Foundations", *Journal of the Academy of Marketing Science*, Vol.23, No.4, Fall 1995, p.291.
18　*Ibid.*, pp.292-3.
19　中小企業金融公庫調査部，前掲誌，7ページ。
20　前掲誌，7ページ。
21　前掲誌，7ページ。
22　石井淳蔵「対話型マーケティング体制に向けて」石原武政・石井淳蔵編『製販統合―変わる日本の商システム』日本経済新聞社，1996年，105-106ページ。
23　前掲書，106-108ページ。

24 前掲書，108-109 ページ。
25 前掲書，125-126 ページ。
26 前掲書，126-127 ページ。
27 ファイナンシャル・ニュース，2002 年 4 月 16 日。（韓国語）
28 イギリス最大の流通業であるテスコ社は，1999 年売上高（35.4 兆ウォン）で世界 11 位の小売企業であり，90 年代急成長を遂げ，イギリス及びヨーロッパ，アジア地域で 845 店舗を出店している。テスコ社は，1 万 7000 種類の衣類を含む 4 万種類の商品を取り扱っており，低価格及び環境保護支援などの政策を取り入れており，最近は電子商取引（E-Commerce）の事業分野に力を入れている。（三星テスコのホームページより）
29 三星テスコのホームページより。（韓国語）
30 阿保栄司『ロジスティクス革新戦略』日刊工業新聞社，1993 年，98 ページ。
31 西澤脩「供給連鎖管理によるロジスティクス・コスト管理」『企業会計』Vol.49, No.5, 1997 年，27 ページ。
32 髙坂貞夫「モード系ファッション・ブランドの SCM 事例研究」菅原正博等編『次世代流通サプライチェーン—IT マーチャンダイジング革命—』中央経済社，2001 年，44-45 ページ。
33 小原博「リレーションシップ・マーケティングの一吟味—アパレル産業の製販関係をめぐって—」『経営経理研究』第 63 号，拓殖大学経営経理研究所，1999 年，144 ページ。

第 8 章

ファッション産業における
アウトソーシング戦略の現状と課題

はじめに

　現在，日本とアメリカはもちろん，韓国のファッション産業においても，消費者の嗜好が同質化し，どちらかというと市場が一元化する方向にある。グローバル化の進展のもとで競争のボーダレス化，企業間競争の激化，QRS（Quick Response System）や EC（Electronic Commerce；E コマース，以下は EC と省略する）などの情報技術の急速な進展によるビジネスプロセスは急速に変化している。さらには景気鈍化による経済成長率の低下のもとで，企業を取り巻くビジネス環境はますます厳しくなり，しかもグローバル化のもとで複雑化していく傾向にある。このような環境変化への対応は，日本と韓国のファッション産業においても直面する大きな課題になっている。具体的には，日・韓それぞれのファッション産業企業がグローバルな競争優位の要因を構築するためには，何をなすべきかを検討しなければならなくなっている。なかでも，アウトソーシング戦略は，QRS と戦略的提携とともにファッション・マーケティング戦略や経営手段の 1 つであるということができる。
　アウトソーシング（outsourcing）という言葉は，外部委託，外部調達などの広い意味でとらえており，その定義は明確にされておらず，業界ないし企業ごとに捉え方や用い方が異なっているのが実態である。さらに，ファッション産業の視点からのアウトソーシング研究はほとんど行われておらず，ファッション産業におけるアウトソーシングの実態については未だに明らか

にされていない。

　そこで，本章においては，アウトソーシングに関する理論的サーベイと，日・米・韓のアウトソーシングの比較分析と事例研究を通じて，ファッション産業におけるアウトソーシング概念の適用可能性や今後のあり方を検討する。その際，今後企業が採るべきファッション・マーケティング戦略のうちアウトソーシング戦略について，移転論の視点に立ち，日・米・韓の比較分析によるその相違点と類似点を明らかにする。つまり，これらの相違点と類似点（異同）が生じた理由について，「制度的環境条件の類似性」と，「移転対象となる技術のマニュアル化・プログラム化の可能性の度合」との相関関係という移転論の視点から，明らかにしようとしている。

　そのため，次の4つの課題について検討する。第1は，ファッション産業を取り巻く環境要因と，アウトソーシングの生成と変遷を考察している。とくに，アウトソーシングの生成においては垂直的（伝統的）アウトソーシングから水平的アウトソーシング（Co-sourcing）への流れを検討しており，その特徴を明確にしている。第2は，アウトソーシングの形態を，「コスト削減型アウトソーシング」，「分社型アウトソーシング」，「ネットワーク型アウトソーシング」，「コア・コンピタンス型アウトソーシング」という4つのタイプに分類し，各々の特徴とファッション産業への適用可能性を明確にしている。第3は，国際比較の視点から日・米・韓のアウトソーシングの現状を把握し，各国のアウトソーシングの特徴を明らかにしている。最後の第4の課題は，ファッション企業のアウトソーシングの事例研究を通じて，今後のアウトソーシングのあり方について論じている。

第1節　ファッション産業の環境変化とアウトソーシングの概念

1．ファッション産業を取り巻く環境変化

　現在，日・米・韓の経済は，戦後最大というべき構造変革期にあるといえる。このような状況の中で，ファッション産業においても例外なく，効率性を発揮できる新たな構造改革に迫られている。これから，ファッション企業

が生き残るためには，ファッション産業を取り巻く環境の変化を的確に認識する必要がある。

　通商産業調査会の繊維ビジョン[1]では，環境変化の要因として，①「市場主導の時代の到来」，②「グローバル大競争時代の到来」，③「フロンティア時代の到来」の3点をあげている。市場主導の時代の到来とは，産業活動の主導権が供給サイドから需要サイドへの移行を現しており，市場での徹底した合理・革新的活動のみによって産業の発展が確保される状況のことである。グローバル大競争時代の到来とは，グローバル競争時代が到来したことを指している。今日では，従来の海外からの低価格製品との競合とは異なり，ファッションに対する消費者の嗜好も世界の標準的嗜好になりつつある。それゆえ，欧米のファッション産業の資本は，従来のようなライセンス供与型事業展開ではなく，直接進出する形でグローバル市場への参入を活性化させつつある。その結果，世界経済は，「かつての味方」企業との競争も避けられない状況である。いわば，今日の競争では，グローバルスタンダードに照らして価値のある企業や製品のみが生き残ることができ，その競争原理は欧米諸国の採用する国際標準的経営戦略との競争になるといえる。もう1つのフロンティア時代の到来の環境変化要因とは，ニューフロンティア時代が到来したことをあげられる。近年の技術革新は，情報技術の分野のみだけではなく，あらゆる産業においても急激に進展しており，これは，ファッション産業においても大きなインパクトを与えている。また，多様な分野での技術革新とともに，ファッション産業自体にいろいろなビジネス機会（ニューフロンティア）が生まれている。

　以上のようなファッション産業を取り巻く3つの環境変化要因を考察すれば，日・米・韓のファッション産業は，効率性の高い新たな構造改革を推進すべきか，またはグローバルな環境の変化に対してどう対処すべきかについて検討しなければならなくなっている。その場合，アウトソーシング戦略は，構造改革やグローバルな環境での競争力強化に関して重要かつ有効な手段の1つとなる。

2. アウトソーシングの概念
(1) アウトソーシングの生成・変遷

18世紀の産業革命以降，企業は効率的な生産方式の研究を通じて，消費者が必要とする商品を供給してきた。第二次世界大戦後から高度成長期にかけては，企業は「作れば売れる」式の販売活動を展開することができた。しかし，1990年代には，供給が需要を上回り，供給と需要の調和が崩れ，企業は，恒常的に過剰在庫と在庫コストを抱えることになった。それゆえ，商品価格が上昇するだけでなく，多様かつ迅速に変化する消費者のニーズを充たさなかったため，消費者の企業ばなれが進んでいた。

そこで，アメリカの経済は，肥大・硬直化した組織のスリム化に焦点が当てられることになり，アメリカ企業において，いわゆるリストラ，ダウンサイジング，リエンジニアリング[2]といったさまざまな経営手法が用いられることになる。「アウトソーシング」もそこに端を発している[3]。島田達己氏によれば，アウトソーシングとは，「経営機能や資源の外部化，または外部調達を意味し，その機能や資源を外部機関（ベンダー）に請け負ってもらうことであり，その実体はすでに昔から行われていた」[4]ということである。言い換えれば，ビジネスプロセスの一部を外部企業に任せる「外部委託」や「外注」，すなわち「資源の外部化」を意味する。それゆえ，同氏によれば，「アウトソーシングの対象は，情報システムのみならず，総務，人事，販売，生産など経営機能であればどのような機能であっても構わず，古くから行なわれてきていた」[5]という。

このアウトソーシングが世界的に注目を浴びるようになったのは，1989年にアメリカのコダック社[6]が行った情報システム部門の大掛かりなアウトソーシングである。日本でも，1980年代終わり頃からアウトソーシングの本格的な活用が始まった。一方，韓国においては，アウトソーシングが本格的にとり入れたのはIMFの時代（1997年の金融危機）に入ってからである。

1990年代に入ってから，アウトソーシングは，マーケティング，設計，製造，R&Dなどまで拡大しており，以前の垂直的（伝統的）アウトソーシングから水平的アウトソーシング（Co-sourcing）[7]へと進展している。図

8-1は垂直的アウトソーシングと水平的アウトソーシング(コ・ソーシング)とを比較したもの[8]である。

水平的アウトソーシングの特徴は企業間の関係にある。従来の企業間の関係は比較的に固定的かつ閉鎖的な関係であった。つまり，従来の企業間関係は，下請制度においてもみられるように，組織内の階層構造を反映する垂直的な関係であった。しかし，コ・ソーシングは，企業間の関係が流動的かつ水平的な共有関係である。

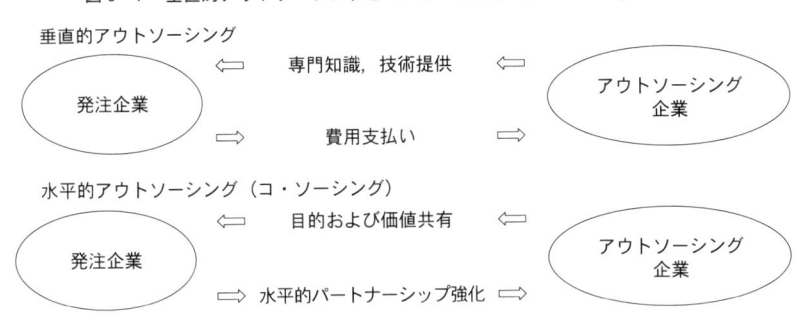

図8-1　垂直的アウトソーシングとコ・ソーシング(Co-Sourcing)との比較

垂直的アウトソーシング

発注企業　⇐　専門知識，技術提供　⇐　アウトソーシング企業
　　　　　⇒　費用支払い　　　　　⇒

水平的アウトソーシング(コ・ソーシング)

発注企業　⇐　目的および価値共有　⇐　アウトソーシング企業
　　　　　⇒　水平的パートナーシップ強化　⇒

出所：Lee, Koang-Hyun, *Outsourcing*, korea noritukyoukai, 1998, p.31

最近，企業にとって，アウトソーシングを通じて調達される外部の情報，機能，サービスなどを，どのように自社に適用させるかが重要な課題になっている。このような課題を解決するプロセスとして，コ・ソーシングまたは企業間ネットワークが出現した。すなわち，コ・ソーシングは，下請けなどの垂直的関係を形成するのではなく，参加するパートナーと共同・共生するという水平的な観点から問題を解決する方法である。

グローバル化と情報化などが急速に変化する環境変化のなかで，企業の競争優位を保つためには，あらゆる事業・機能などを内部化するという伝統的な経営方式から，自社のコア・コンピタンスをのぞきその他の機能，部門，プロセスなどを外部で相互調達し，シナジー効果を共有することに注目している。その手段がコ・ソーシングであり，これはアウトソーシングの長期化から発生する問題への解決策ともいえる。

当然であるが，ファッション産業界においても，アウトソーシングという言葉がよく用いられている。ファッション産業では，ブランドを構築するための情報収集と調査，そしてトレンドを分析するための情報収集，ブランドCI，媒体広告，商品企画，プロモーション，イベント，物流，流通，在庫処分などあらゆる分野でアウトソーシングを利用することができる。とくにファッション産業では，多段階工程や労働集約などという特徴を有しており，他製造業よりもアウトソーシングは有効な経営・マーケティング戦略ともいえる。

(2) アウトソーシングの定義

アウトソーシングとは，一言でいえば「外部（OUT）資源（SOURCE）の活用」である。つまり，すべての業務を自社内で抱え込み，情報を外部に蓄積する従来の経営スタイルから一変し，外部の高度な「専門性」，「システム」そして「ノウハウ」を有効活用することで，業務の効率化を図ること，これがアウトソーシングである[9]。しかし，その定義をめぐってさまざまな議論がある。それは，産業を取り巻く環境が変化するとともにアウトソーシングの定義そのものが変化しているからである。

以下においては，数多くのアウトソーシングの定義が存在しているが，情報システムのアウトソーシングの定義と最近の定義とを分類し考察することにする。

まず，情報システムのアウトソーシングの典型的な例としては，Clark＝Zmud，Apte，日本IBM，野村総合研究所などの定義を取り上げることができる。まずClark＝Zmudは，「情報サービスのアウトソーシングとは，情報サービスを供給するために技術資源や人的資源について，当該組織から外部パーティに情報システム責任の所有権を移転することである。そして，所有権の移転には，契約による請負または資産の完全な売却が含まれる。また情報サービスの種類と提供者の定義は大きく拡大し，あらゆるタイプのコンピュータ・通信技術およびこれらの技術の獲得，開発，導入，管理などに関わるあらゆる活動を含んでいる」[10]と定義している。また，Apteによれば，「アウトソーシングとは情報システム機能の一部または全部を選択的にThird Partyの請負人に移転することである」[11]と定義している。日本IBM

では,「アウトソーシングとは,情報システムのオペレーションを長期継続的に外部の会社に責任を含め依頼する関係である。一般的に顧客とアウトソーシング会社とは提供されるサービスに対しサービス・レベルを設定し,そのサービス・レベルを保証したオペレーションをアウトソーシング会社が提供する。そして,情報システムのオペレーションには,ホストシステムオペレーションとその管理,ネットワークオペレーションとその管理,アプリケーションの開発・保守,およびエンドユーザコンピューティングに関するインフラストラクチャーの提供と保守支援などが含まれる」[12]と定義している。野村総合研究所では,「アウトソーシングとはユーザー企業の機関業務の全部もしくは一部の業務を一括して委託するサービスであり,システムの運用の包括的責任がベンダー側にある。そして比較的長期間(5年以上)の契約に基づくもので,ユーザーとベンダー相互の信頼関係をベースとしていることと,顧客企業の情報処理子会社ではないこと」[13]と定義されている。

　これらの広狭の代表的な4つの定義は情報システムとの関わりでの定義であり,その定義がそれぞれ異なるその理由は,「アウトソーシングの実態が多くの次元を持っており,そのために各定義が次元の違う対象に焦点を当てていることに起因する」[14]と島田氏はいう。

　一方,最近のアウトソーシングに関する定義を考察すると,中小企業研究センターは,アウトソーシングを「社内の必要ではあるが付加価値の低い業務を外部委託したり,自社にない機能を外部の経営資源に求めることにより企業の機能を柔軟に組み替えるための戦略的な経営手法である」[15]と定義している。また,IBMは,アウトソーシングを戦略的な側面から,「情報システムに関連する機能を長期・継続的に外部の会社に責任を含め委託すること」,「一般的にお客様とアウトソーシング会社との間で提供されるサービスに対しサービス・レベルを設定し,アウトソーシング会社はそのサービス・レベルを保証したサービスを提供すること」[16]と定義している。さらに,ニッセイ基礎研究所は,「アウトソーシングとは,広く捉えるならば外部機能や資源の活用であり,企業が行う場合,従来内政化していた機能を明確な戦略的目的を持って外部化すること」[17]であると定義している。

　以上,アウトソーシングの定義を考察してみたが,当初のアウトソーシン

グといえば情報システムのことを指していたが，近年では単に情報システムにとどまらず，ビジネスプロセスのあらゆる局面に及んでいる。そして，アウトソーシングの戦略的な意味合いが強まってきているのは，企業活動において付随的かつ派生的に発生する従来型の外部経営資源の活用ではなく，自社の経営目標を達成するための重要な手法としてアウトソーシングを積極的に取り入れる考え方が浸透してきているからである。企業が外部の経営資源や機能を戦略的に活用する場合は，① 業務の特性上，自前で行うのが極めて困難，② コストの圧縮，③ 外部の専門性の導入，④ 自社の経営資源のコア業務への集中という背景と目的があるからである。このうち，① は施設管理や運送などのように業務の内容や特性上，人員や設備を自社で賄うには障害が多く，外部の専門企業に委託せざるを得ない業務である。② は ① とも関連するが，「外部企業に委託する方が社内で行うよりも低コストである」という最も明確なアウトソーシングの目的であり，企業の意思決定もスムーズに行われる。すなわち，①② の背景や目的は企業経営の戦略以前に，外部に委託する何らかの必然性を有しているものであり，アウトソーシングが真に戦略的な意味合いを帯びてくるのは③，④ といった目的による活用のされかたをした場合であると考えられる[18]。

第2節　ファッション産業におけるアウトソーシングの形態と特徴

　ファッション産業界においては，ファッション情報，商品企画，デザイン，ブランドなどの商品のハードウェア部門だけではなく，ソフトウェア部門の比重が高付加価値を生み出すという特徴を有しており，他産業かつ企業よりアウトソーシングの形態がさらに多様化すると思われる。アウトソーシングの形態[19]には，① コスト削減型アウトソーシング，② 分社型アウトソーシング，③ ネットワーク型アウトソーシング，④ コア・コンピタンス型アウトソーシング，という4つのタイプに分類することができる（図8-2を参照）。

図8-2 アウトソーシングの形態

形　態		目　的
コスト削減型アウトソーシング		コスト削減のためのアウトソーシング
分社型アウトソーシング	Profit-Center	専門性を確保している機能を外部化し，収益率を向上するためのアウトソーシング
	Spin-Off	自社保有の一定技術等を分社化して事業化するが，コア・コンピタンスは保有するアウトソーシング
ネットワーク型アウトソーシング		コア・コンピタンス以外の諸機能をアウトソーシングし，供給企業間のネットワークを形成してシナジー効果を極大化させるためのアウトソーシング
コア・コンピタンス型アウトソーシング		コア・コンピタンス自体を外部競争に漏出してコア事業の競争力をいっそう高くしようとするアウトソーシング

出所：Lee, Koang-Hyun, *Outsourcing, korea noritukyoukai*, 1998, p.45.

　コスト削減型アウトソーシングとは，企業は重要なコア・コンピタンスではなく，コスト削減のできる機能をアウトソーシングすることによって，経営管理コストを削減し利益を追求しようとする戦略である。韓国の企業がよく用いているアウトソーシングの形態である[20]。ファッション企業は，従来からコストを削減するための外注，委託の形態をもっており，素材の情報収集と購入にコンバーターを利用して少人数の素材担当やマーチャンダイザー（Merchandiser）が業務を遂行してきた。しかし，素材の情報の探索や購買などを自らしようとするならば，多くの人件とコストが発生する。それゆえ，ファッション・ビジネスにおける一般的アウトソーシングの形態であるコンバーターの活用はコスト削減型アウトソーシングの代表的な事例ともいえる。

　分社型アウトソーシングは企業内部の機能を分社化することである。分社型アウトソーシングには，利益追求型（Profit Center）アウトソーシングとスピン・オフ型（Spin-off）アウトソーシングとに分類することができる。利益追求型アウトソーシングは，社内ではあまり重要ではないが，専門性を確保している機能を分社化することである。つまり，外部の競争者に漏出することによって，自ら収益を創出しようとするアウトソーシングである[21]。スピン・オフ型アウトソーシングは，自社が保有している一定の技術

または一定工程の製品ライン，コンピタンスなどを分社化してビジネス化することである。つまり，これは組織をスリム化するアウトソーシングであり，他の企業に技術や情報を提供するが，コア・コンピタンスは母企業が保有しており，消極的な形態のアウトソーシングである。

さらに，ネットワーク型アウトソーシングは，いくつかの企業が相互の経営資源を共有し，相互補完的に活用するというより洗練された形態のアウトソーシングである。アウトソーシングの機能が相互補完的な関係になることによって，アウトソーシングを活用する企業はもちろん，アウトソーシングを供給する企業も効率的な経営とともにより高い付加価値サービスを活用することができるので，お互いの意見の違いなどを解消することができるというメリットがある。例えば，企業は有名なブランドをライセンスで導入してから自らデザインないし生産をしなくても，さらにそれをサブ・ライセンスとして与えるブランド・ビジネスが1つの例としてあげられる。また，イタリアのファッション企業である Organizer 社がこのようなバーチャル・コーポレーションの例である。

コア・コンピタンス型アウトソーシングは，コア・コンピタンスそのものを外部化することによって，コア事業の競争力をさらに高くしようとするアウトソーシング戦略である。機能別コア・コンピタンスとその例の代表的な企業は図8-3のとおりである[22]。コア・コンピタンス中心の競争力のある事業を行うためには，とりあえずコア・コンピタンスにアプローチしなければならない。Prahalad＝Hamel[23]が提示した企業のコア・コンピタンスへのアプローチは，企業のよりいっそうの競争力と成長を増大するのに大きな役割を果たした。

コア・コンピタンスのアプローチが企業の個別的な戦略樹立にどのような影響を与えるかについて考察すると，以下のとおりである。第1に，コア・コンピタンスのアプローチは多角化への指針的な役割をする。すなわち，これは，既存の事業分野からコア・コンピタンスを発揮できない分野に進出する場合に有効である。第2に，企業のコア・コンピタンスを把握することは現在参加している事業の競争力を維持する役割を果たす。第3に，コア・コンピタンスのアプローチは戦略的提携を効果的に運用することができる。第

4に，コア・コンピタンスのアプローチは企業のグローバル化を促進させる役割を果たす。最後の第5には，コア・コンピタンスのアプローチは組織の活性化を主導し，企業全体の目標と戦略事業部の目標を一致させる役割を果たす。

図8-3 機能別コア・コンピタンスの事例

機能別分野	コア・コンピタンス	代表的な企業
経営管理	効果的財務管理システム 強力なリーダーシップ	HANSON, EXXON WAL-MART
研究開発	新製品開発	MAZDA, HONDA
生産	柔軟性と迅速な反応速度	BENETTON
デザイン・マーケティング	デザイン能力 市場流れへの迅速な対応	APPLE COMPUTER GAP
販売・流通	販売向上 顧客サービスの品質向上と効率性	WALT DISNEY MARKS & SPENSER

出所：Grant, R., *Contemporary Strategy Analysis,* Blackwell, 1995, p.131.

第3節 日・米・韓のアウトソーシングの現状比較

1．日・米・韓のアウトソーシングの現状
(1) 日本のアウトソーシングの現状

日本でのアウトソーシングは，従来からコスト削減の経営手法として進展してきたため，多くの企業はある特定分野に特化しており，コア・コンピタンスを強化して企業の競争力をつけるという観点からのアウトソーシングではないといえる。日本でこれが本格的に注目されるようになったのは，さまざまな複合的な要因が考えられるが，バブル崩壊にともない経済成長が鈍化し低成長時代に突入したこと，経済のグローバル化，規制緩和等がメガ・コンペティションを引き起こしコスト圧縮，品質の向上，競争力の向上等の必要性が生じたからである。これらの要因が企業の国際競争力強化，情報化への対応，コア事業への経営資源の集中といった，より一層の戦略的アウトソーシングへと変えつつある。

労働省の調査結果「平成9年度産業労働事情調査結果報告書[24]」によれば、アウトソーシングを導入する背景としては、①景気低迷の長期化による企業収益の悪化、②グローバル競争の激化、③情報化の進展、④経営効率化に対する要請の高まり、いわゆる限られた資源を有効かつ効率的に活用するための、競争力のある部門（コア業務）への経営資源の集中的な投入、⑤アウトソーシング関連産業の発展、という5つの項目を取り上げている。同報告によれば、企業がアウトソーシングに求める効果としては、①自社の機能より高度で専門的な外部資源・サービスの有効活用、②人件費や業務処理コストの削減による経営の効率化、③コストの外部化や固定費の変動費化による、環境変化に対する経営の弾力化、④経営資源・人材のコア業務や得意分野への集中、⑤品質や顧客サービスの向上、などがあげられる。最近のアウトソーシングの業務動向としては、「人事管理」、「対個人サービス」、「教育訓練・研修」、「営業販売」など事務・管理部門やその他の部門においてアウトソーシングを開始する企業の割合が高い（図8-4を参照）。

図8-4　アウトソーシングの業務（日本）

業務内容	比率	業務内容	比率
人事管理	2.4	物流	39.4
教育訓練・研修	12.6	研究開発・設計	10.1
福祉厚生	7.9	広告・マーケティング・調査	13.0
経理	26.4	営業・販売	6.5
その他の事務管理	9.5	施設管理関係	31.3
情報処理・システム開発	22.8	対個人サービス	2.0
製造・建設	54.5	その他	3.6
機器点検・保守	38.0		

出所：労働省「平成9年度産業労働事情調査結果報告書―アウトソーシング等業務委託の実態と労働面への影響に関する調査―」より作成。

(2) アメリカのアウトソーシングの現状

① アウトソーシングの導入比率と規模

近年、アメリカでは、あらゆるビジネス部門がアウトソーシングの対象になっている。製造部門のすべてをアウトソーシングするファブレス企業や、

情報ネットワークを活用したアウトソーシング戦略で注目される企業など，戦略的アウトソーシングによって事業拡大に成功している企業が多く出現している。このような状況のなかで，The Outsourcing Institute によれば，1996年のアメリカアウトソーシング市場規模は1000億ドルであったという。しかし，依然として情報テクノロジー分野が全体の40％を占め，総務・人事・財務・経理・マーケティングといった分野が30％と，非常に高い割合を占めている。アメリカにおいては，既にアウトソーシングがすべてのビジネスプロセスを対象としたマネジメント・ツールになりつつある[25]。

アメリカのリサーチ会社であるDun & Bradstreet 社[26]によれば，1996年現在，アメリカにおけるアウトソーシング事業は1年間で35％以上の成長率を期待できることが予測されている。同時に，2001年には3180億ドルの市場規模を誇ると分析されている。「アウトソーシング」の市場規模は調査を行う研究機関によって数値に多少誤差があるが，既に1000億ドルを超えた市場であり，2000年にはその約3倍の成長率を見せることはほぼ明確である。アウトソーシング市場の成長率は，The Outsourcing Institute が1995年の時点で予測していた2000年の市場規模は1210億ドルであるが，1996年次の報告では倍以上になっていることからも理解できる。また，アメリカ企業におけるアウトソーシングの導入率に関しては，研究機関によって報告値に多少の違いはあるものの，現時点でほぼ90％以上の企業が何らかの業務のアウトソーシングを行っていることがわかる。アメリカのNation's Business の調査結果（1996年）[27]では，「アウトソーシング」の導入率は財務・会計部門（50％）とマーケティング・営業（69％）が最も高

図8-5　アウトソーシングを導入している企業率（アメリカ）

区　分	アウトソーシング導入企業率
The Outsourcing Institute	90％（1997）
AT. KEARNEY	58％（1992）→86％（1995）
Nation's Business	87％（1996）
Hewitt Associate	93％（1996）
American Management Association	94％（1997）

出所：日本能率協会『アウトソーシングがわかる本』日本能率協会，1998年。

い。すなわち，アメリカでは，あらゆるビジネス部門がアウトソーシングの対象になっている。製造部門のすべてをアウトソーシングするファブレス企業[28]や，情報ネットワークを活用したアウトソーシング戦略で注目される企業など，戦略的なアウトソーシングによって事業拡大に成功している企業が多く出現している。

② アウトソーシング導入の理由

The Outsourcing Institute の「The Outsourcing Institute's Top Ten Reasons Companies Outsource」によれば，アメリカの企業がアウトソーシングを導入する理由として，①「カンパニー・フォーカスの向上」，②「世界レベルの能力へのアクセス」，③「リエンジニアリング効果の加速」，④「リスク分散」，⑤「多目的への経営資源の転用」⑥「設備投資資金の捻出」，⑦「キャッシュフローの改善」，⑧「コスト削減」，⑨「社内にはない経営資源へのアクセス」，⑩「経営困難，またはコントロール外の機能への対応」をあげている[29]。ここで注目すべきことは，アメリカでは，アウトソーシングを導入する理由として，コスト削減が8位であるのに対して，日本ではコスト削減が主要目的となっている。また，データクエストでは，アメリカ企業がアウトソーシングする理由として，①情報技術のスキルを得ること，②業界の専門知識を得ること，③アプリケーションの専門知識を得ること，④情報技術管理の柔軟性・信頼性を高めること，⑤ITパフォーマンスを高めること，⑥競争力を高めること，⑦ITとビジネス戦略を結びつかせること，⑧リスクを分担すること，などをあげており，コスト削減は，それほど重要な理由でないとしている[30]。

(3) **韓国のアウトソーシングの現状**

韓国においても，以前からアウトソーシングは存在していたが，コア的な経営戦略の観点から企業がアウトソーシングに注目したのは，IMF時代に入ってからである。企業にとって，アウトソーシングは，コスト削減の手段から競争力強化の手段，さらに低成長時代に生き残るための経営・マーケティング戦略として認識されるようになった。また，最近，政府の産業政策もアウトソーシングの対象を製造業からサービス業まで含む方向に転換しており，さらに公共部門の改革にもアウトソーシング戦略が注目されるように

図8-6　アウトソーシングの導入分野（韓国）

導入分野	比率（%）
情報処理及びシステム開発	18.8
生　　産	17.0
警備保安	16.8
建物管理	15.5
物　　流	9.3

出所：Choi Jai-Hyoan, *Fashion Outsourcing*, tisikisouko, 1999, p.54.

なった。

　大韓商工会議所が1998年に上場企業を対象に調査した資料によると，調査企業の54.3%が業務の一部をアウトソーシングしていることが明らかになった。アウトソーシングの総件数は464件であり，アウトソーシングの活用は1社当り平均2〜3件であった。アウトソーシングを導入した時期は，43.9%が1995年以降であり，とくにIMF体制以降多様な形態のアウトソーシングが普及したという。契約期間は，64.5%が1年以下の短期契約であったという。アウトソーシングの導入分野は，図8-6のとおりである。その他，教育研修（2.6%），福祉（1.7%），研究開発（1.5%），デザイン（1.5%），環境管理（1.5%），人事管理（0.2%）などの分野においてのアウトソーシングの導入比重は低くなっているが，アウトソーシングが幅広く導入されていることが明らかになった[31]。

2．国際比較視点からの相違点と類似点

　ここでは，前節の日・米・韓のアウトソーシングの現状に基づいて，比較の視点から各国のアウトソーシングの特徴について検討してみる。島田氏によれば，アウトソーシングにおける日・米の相違は，基本的に2点に集約されるという。1つは，日本の企業は別会社による子会社や合弁会社方式を採る場合が少なくない。もちろん，セブン-イレブンのように別会社ではないが，売却も移籍も伴わない開発・運用の外注も多い。要するに，日本のアウトソーシングは，本来的な外注方式と系列による別会社方式の二重性をもつところにその特徴がある[32]という（図8-7を参照）。

図8-7 日米のアウトソーシングの相違点

	日　本	米　国
センタの売却	少ない	多い
社員の移籍	ほとんどない	多い
契約期間	短い	長い
請負方式	外注又は子会社／合弁	外注

出所：島田達己『アウトソーシング戦略』日科技連出版社，1995年，30ページ。

　また，アウトソーシングを，日本では未だにコスト削減のための経営方式としてとらえているのに対して，アメリカでは最近のIT革命を反映して，アウトソーサーの専門性を活用し，さらにビジネスモデルの組み替えによる価値創造型へと展開していることである。韓国においても，日本と同じく，アウトソーシングをコスト削減の経営方式としてとらえているのが実態である。要するに，韓国と日本では，コスト削減のできる機能をアウトソーシングすることによって，経営管理コストを削減し利益を追求しようとする戦略としてアウトソーシングを導入している。いわゆるコスト削減型アウトソーシングである。これに対して，アメリカでは，従来のコスト削減型アウトソーシングや分社型アウトソーシングでなく，ネットワーク型ないしコア・コンピタンス型アウトソーシング戦略をとっているのが大きな相違点である。さらに最近アメリカでは，新しい業務に乗り出す際に，外部の専門ノウハウを得よう（Buy-In）としてアウトソーシングを活用するケースがみられる。アメリカのアウトソーシングの活用は，Push-Out型活用から，さらに進んでBuy-In型活用に到達している。これに対して，日本と韓国の活用は，未だにコスト削減が主な目的となっており，アウトソーシングの可能性を活かしきっていない。

第4節　ファッション企業のアウトソーシングの事例研究

1．鈴屋の事例[33]

　鈴屋[34]は，商品の企画，生産，販売を行うアパレル企業である。小売業で

は，POS（Point of Sale）による単品管理システムが重要な役割を担い，それを支えるために，情報システム部門は24時間365日間，それの運用にかかっていた。それが企業の大きな負荷となるため，1992年に昼夜自動無人運転を実現した。それと同時に，同社はコスト削減の目的でアウトソーシングに踏み切った。

同社がアウトソーシングを行った内容は，①ホストコンピュータの自動運転，②自動運転中の異常監視，③パソコンによる異常検知と通報，④管理者自宅からのリモート修復，⑤24時間のマシンルームリモート監視，⑥電子メールで結果報告である。契約に関しては，現状のコスト分析を行い，両者で二分できる費用の内訳を，固定部分と変動部分とに分けて金額を算定し，期間を当初3年として契約した。

その効果は，定性・波及効果と定量効果（投資採算）とに分類し説明する。まず，定性・波及効果としては，①専用施設ということもあって，セキュリティの強化をはかることができたこと，②従前期の倍の資源をダイナミックな相互利用による処理時間の短縮をはかることができたこと，③ハードの能力アップを実現したことで，システム機器の陳腐化リスクを回避することができたこと。④システム管理要員の物理的，精神的負担を解消し，ユーザー部門に足を運ぶなど，より質的業務のウェイトをあげることができたこと，などがあげられる。定量効果は，①投資（5千万円），②効果（コスト減5千万円／年当り）ができたことである。

2．レナウン「07fun」[35]の事例[36]

「07fun」[37]とは，07un＝レナウン，f＝fashion，free，funを合成したもので，「皆さんと一緒に自由で楽しい夢のあるファッションサイトをつくっていきたい」ということである。

レナウンがECサイト「07fun」を立ち上げた理由は，いままでの自前主義からの決別の意味を込めて，ECサイトの運営業務は可能な限り外部の企業にアウトソーシングするためであった。ECサイトのシステムは，構築から運営・管理までをアイアイジェイテクノロジー（IIJ-tech，東京都千代田区）にアウトソーシングしている。ECサイト用の在庫の保管やユーザー宅

への配送は日本通運，ユーザーからの問い合わせや返品に対応するカスタマーセンターについてはNTTテレマーケティングにアウトソーシングしている。わずか3人しか社員のいない事業室は，商品企画や販売する商品のセレクションなどマーチャンダイジングに特化している。在庫情報はIIJ-techにあるサーバーで管理されており，オンラインショッピング事業室と埼玉県三郷市にある日本通運の流通センターからチェックできる。毎日夕方に流通センターでその日の注文を確認し，商品の発送業務を行う。その際に在庫情報を更新するので，それを事業室でチェックして商品の補充をする。事業室から各ブランドを管轄する部門に発注し，レナウンの千葉県習志野市の物流拠点から日通の流通センターに納品される仕組みになっている。この作業はすべてオンラインで遂行できる。

おわりに

　近年，ファッション産業が克服すべき課題としては，市場主導の時代への対応不全，グローバル大競争時代におけるさらなる国際展開の必要性，ニューフロンティア時代への新たな挑戦の必要性，繊維産地改革の困難な道のり[38]，などがあげられる。これらの問題の解決方法論として，数多くの経営手法や戦略が世の中に出されてきた。その1つの方法論として，アウトソーシングは有効な経営手法や戦略の1つであるといえよう。

　とくに，ファッション産業においては，ファッション情報，商品企画，デザイン，ブランドなどの商品のハードウェア部門だけではなく，ソフトウェア部門の比重が高付加価値を生み出すという特徴を有している。また，労働集約的・多工程産業という特徴をもっており，他産業・企業よりもアウトソーシングの形態がさらに多様化すると思われる。

　以上では，ファッション産業におけるアウトソーシング戦略について，日・米・韓の国際比較の視点から分析したように，各国の間においてアウトソーシング活用の動機とその定義については，基本的な相違点と類似点が生じていることが，明らかになった。例えば，アウトソーシング戦略について

は，① センターの売却は日本では「少ない」のに対して，アメリカでは「多い」。② 社員の移籍は，日本では「ほとんどない」のに対して，アメリカでは「多い」。③ 契約期間は，日本では「短い」のに対して，アメリカでは「長い」。④ 請負方式は，日本では「外注又は子会社／合弁」であるのに対して，アメリカでは「外注」であるなど（第8章の図8-7を参照），の相違点が挙げられる。一方，その類似点としては，韓国と日本ではコスト削減が主な目的であり，経営管理コストを削減し利益を追求しようとする戦略としてアウトソーシングを導入していることが挙げられる。

このような相違点と類似点（異同）が生じた理由は，「制度的環境条件の類似性」と「移転対象となる技術のマニュアル化・プログラム化の可能性の度合」との関係という移転論の視点からいえば，アウトソーシング戦略に関する諸技術は，その技術を規定する「制度的環境条件の類似性」と，「その技術のマニュアル化・プログラム化の可能性の度合」が低いので，その戦略・技術の修正の必要が生じ，適用が困難になり，適応化（第Ⅰ象限）もしくは部分的適応化（第Ⅳ象限）による移転とならざるをえない。

アウトソーシング戦略を策定するにあたって，どのような戦略・技術を展開するかについての意思決定は，基本的に経営者のマインドや企業の経営哲学などの経営方針などによって大きく異なる。移転論から言えば，それらの諸技術は人間と機械の関係だけでなく，とくに人間と人間の関係に深く依存しており，ペーパーにマニュアル化・図示化することができず，かつコンピュータにプログラム化もできない技術であり，なおさら制度的環境条件の類似性が低いといえる。それゆえ，それらの諸技術は現地の制度的環境条件に合わせて修正するという，「適応化（Adaptation）」（第Ⅰ象限）もしくは「部分的適応化」（第Ⅳ象限）による移転とならざるをえない。その意味で，適応化（第Ⅰ象限）の事例は，両国の間においてその相違点として表れる。

しかし，それらの諸技術はペーパーにマニュアル化されかつ図示化されることができない，そしてコンピュータにプログラム化ができない技術であるといえども，移転対象となる技術を規定する制度的環境条件の類似性が比較的に高くない場合は，部分的適応化（第Ⅳ象限）による移転とならざるをえない。その意味で，部分的適応化（第Ⅳ象限）の事例は，その共通点の特徴

として表れる。例えば，日本と韓国では，アウトソーシングをコスト削減の経営方式，すなわち経営管理コストを削減し利益を追求しようとする戦略として導入していることである。

注
1 通商産業省生活産業局編『繊維ビジョン』通商産業省生活産業局，1999年，7-9ページ。
2 リエンジニアリングは，全く新しい発想のもとで，業務内容・遂行方法の見直し改善を図る手法。従来行ってきた遂行方法を変えることなしに業務の合理化を行うことには限界があり，全く発想を変えて業務遂行方法を抜本的に変革することで，大幅なコスト低減，品質の向上を実現させようとしたものである。それゆえ，リエンジニアリングはリストラよりもさらに積極的な合理化策である。これは，アメリカで生まれた考え方で，効率のよくない業務の流れ（ビジネス・プロセス）を組み立て直すことにより，業務のシステムを抜本的に革新する。このため「ビジネス・プロセス・リエンジニアリング」ともいわれる。リストラの場合，不景気から脱出するために，人員削減・経費削減などいわゆる後ろ向きの合理化策を取ることが多いが，リエンジニアリングの場合は，逆に成長部門には人員をたくさん配置し，資金を投入するなど，前向きに業務の流れを立て直していく。事例としては，アメリカの自動車メーカー・クライスラー社が日本の自動車メーカー・本田技研工業のシステムをモデルに，企業の経営システムを抜本的に変えたことなどが取り上げられる。
3 http://www.senshu-u.ac.jp/~the0350/E08/tanabe1.htm
4 島田達己『アウトソーシング戦略』日科技連出版社，1995年，3ページ。
5 前掲書，3ページ。
6 コダック社といえば，鉄道や発電所まで自営する自前主義で知られる企業であったが，それが大規模な「外部委託」を行い，それが成功したことでアメリカ国内はもとより日本にも紹介され，アウトソーシングこそがこれからの時代を切り開く有効な経営方法であるという認識が広まったのである。当時，コダック社は，老朽化した生産部門の改革を喫緊の課題としており，情報システムの大幅変更が求められていた。そのためには，資金，人材，時間，技術など種々の難題をクリアする必要があった。そして，社内資源だけでは対応不可能との判断からアウトソーシングに踏み切った。その結果，情報サービスの質は改善され，情報システム費用は削減され，「株主の利益向上」というアメリカ企業にとって重要な目的も達成された。これを契機に，アウトソーシングはアメリカ，そして日本へと浸透するようになった。
7 アウトソーシングという元請け・下請けという垂直的な関係ではうまくいかない事例が多く，共同，共生といったイコール・パートナーとして問題解決していくポスト・アウトソーシングの考え方。EDSを代表に，コンピュータ・ベンダーのカスタマー部門では，このコ・ソーシングを自らのビジネス・コンセプトに捉えている。
8 Lee, Koang-Hyun, *Outsourcing,* korea noritukyouka, 1998, p.31
9 アメリカ政府のITアウトソーシング (http://www.res.otaru-uc.ac.jp/~kotaro/Lesson/Org.Info./98.report/out3.htm)
10 Clark, T. D. Jr. & R. W. Zmud, *Issues Reading the Outsourcing of Information Service,* Center for Information System Research, College of Business, Florida State University, 1991, pp.1-48.
11 Apte, U M., "Global Outsourcing of Information Systems and Processing Services", *The Information Society,* Vol.7, 1991, pp.289-303.
12 日本IBM「アウトソーシング―アメリカにおける最新動向」セミナー資料，1992年。

13 溝口一郎「新規事業—野村総合研究所」『日経ビジネス』1992年11月23日。
14 島田達己, 前掲書, 13ページ。
15 中小企業研究センター『アウトソーシングと中小企業発展の新たな可能性』, 1996年。
16 http://www-6.ibm.com/jp/services/stratout/leadstory/story3.html
17 http://www.nli-research.co.jp/ (ニッセイ基礎研究所)
18 http://www.nli-research.co.jp/report/REVIEW/9709-1.html (戦略的アウトソーシングは根づくか)
19 Lee, Koang Hyun, *op. cit.*, pp.44-46.
20 Choi Jai Hyoan, *Fashion Outsourcing*, tisikisouko, 1999, pp.31-32.
21 *Ibid.*, p.35.
22 Grant, R., *Contemporary Strategy Analysis*, Blackwell, 1995, p.131.
23 Prahalad, C. K. & Hamel, Gary, *Competing for Future*, Harvard Business School Press, Boston, 1994, pp.79-91.
24 この調査は, 1997年9月に労働省が業務委託の実態把握を目的として, 約4500企業に対してアンケート調査を行ったものである。
25 http://www.res.otaru-uc.ac.jp/~kotaro/Lesson/Org.Info./98.report/out3.htm
26 http://www.dnb.com/
27 Nation's Business, "Reader's view on Outsourcing", May, 1996.
28 ファブレス企業とは, 自社工場を一切持たず, 製品規格と開発に主力を置くメーカーのこと。製造工程のうち部品加工や組み立ては行わず, 独自に企画・設計した商品の製造を外部メーカーに委託する。いわばフロー型経営の典型である。ファブレス企業の場合, 経営資本をその分野だけに集中させればよいため, 少ない経営資本でも成功する確率が高い。このためアメリカベンチャー企業の多くはこの形態をとっている。日本でもあっという間に一流企業に仲間入りしたゲーム機メーカーの任天堂がそのはしり。最近では, 日本国内で開発した製品を生産コストのやすいアジア地域の工場に委託して製造してもらう傾向が強くなっている。しかし, こうした形態では技術やノウハウが他社などに流れやすい。また, 産業の空洞化を助成する恐れもあるなどのデメリットも指摘されている。
29 The Outsourcing Institute (The Outsourcing Institute's Top Ten Reasons Companies Outsource).
30 http://home.saison.co.jp/SIS/pont/VOL15/p2.html
31 Choi Jai Hyoan, *op. cit.*, pp.54-55.
32 島田達己, 前掲書, 29ページを参照されたい。島田氏は, アメリカ型アウトソーシングと日本型アウトソーシングとに分類し詳しく説明している。
33 前掲書, 224-238ページ。
34 鈴屋ホームページ (http://www.suzuya-net.co.jp/)
35 http://www.07fun.com/
36 日経ネットビジネス「ECビジネス研究—レナウン (07fun)—」, 2000年5月15日, 112-114ページ。
37 http://www.07fun.com/
38 前掲書, 9-34ページ。

終　　章

第1節　本書の総括

　本書は，既存のファッション・マーケティング研究を踏まえながらも，日・米・韓の国際比較の視点から，「グローバル競争時代におけるファッション・マーケティングの構図と戦略に関する理論的研究」を試みることが，その目的であった。しかし，ファッションの研究はもちろん，ファッション・マーケティングに関する研究の蓄積は，韓国はもちろん，日本でさえも，その質・量ともに乏しく，むしろ軽視される傾向にさえあるといわざるを得ない状況にある。そんななかで，本書の意図は，グローバルな視点からのファッション・マーケティング戦略の体系化を試みることであった。
ファッション産業は1990年代に入ってから，グローバル化の時代が本格的に到来する中で，「グローバル競争時代」という新たな局面に立たされており，解決すべき諸課題に直面している。しかし，ファッション・マーケティング戦略の一般概念の枠組みを提示することは困難であるため，日・韓（または米）の企業が実践するファッション・マーケティング戦略について，国際比較をし，その技術が外国に移転可能かどうかの視点から考察すれば，日本と韓国のファッション・マーケティング戦略や技術に見られる類似点と相違点が明らかになるのではないかと考えた。
　つまり，グローバル競争時代のファッション・マーケティング戦略の日・米・韓比較を戦略・技術の移転可能性の視点から研究することによって，グローバル・ファッションマーケティング戦略の定式化が可能になると考えた。それが可能なら，ファッション・マーケティングという概念の一般化も可能性を帯びてくる。それゆえ，1国でのファッション・マーケティング戦略の一般概念の研究の枠組みは，むしろ国際比較により次第に明確にされて

終　章　211

いくのではないかと考え，本書では，ファッション・マーケティング戦略・技術について移転論の視点からまとめられている。その意味で，この研究は，ファッション・マーケティング戦略の一般概念の研究の位置づけを提示し，グローバル競争時代のグローバル・ファッションマーケティング戦略の定式化についての議論の出発点を提示したのではないかと考えている。

　以上の問題意識のもとで，本書で明らかにしたことは，以下の3点である。

　第1点は，田村氏の研究に基づいて，移転論の視点から日本の初期ファッション・マーケティング戦略を分析し，日米の両国においてそれらの戦略の異同が存在する理由を，縦軸の「文化構造」や「経済過程」や「企業内外の諸『組織』」といった「制度的環境条件の類似性」と，横軸の「移転対象となる技術のマニュアル化・プログラム化の可能性の度合」との関係を定式化し，ファッション・マーケティング戦略や諸技術の移転の仕方が，適用化によるか，もしくは適応化によるかの相違を示すことにより，明らかにしようとした。つまり，ファッション・マーケティング戦略のうち製品・価格・プロモーション戦略と深く関係する諸技術の項目では，類似性の平均値が高かった。その理由は，アメリカと日本の間において，制度的環境条件の類似性と，移転対象となる技術のマニュアル化・プログラム化の可能性の度合が大きかった結果であり，その技術を日本の環境条件に修正せずにそのまま「適用化（標準化）」（第Ⅲ象限）もしくは「部分的適用化」（第Ⅱ象限）による移転が容易であった結果である。

　それに対して，流通チャネル戦略と深く関係する技術の項目では，13項目のうち類似性の平均値が一番低かった。その理由は，日本のアパレル産業では書面契約を欠いた取引契約が横行し，また百貨店取引などに典型的にみられるように優越的地位を用いた返品制などが存在することを反映したものであり，また日本では素材部門とアパレル部門との分断傾向を表したものである。例えば，「書面契約を欠いた取引契約」と「優越的地位を用いた返品制」は日本独自の制度的環境条件であり，それは「文化構造」に影響を受けるものである。また，「企業内外の諸『組織』」に影響を受けた事例は，日本では素材部門とアパレル部門との分断傾向を表したことである。つまり，

日・米の両国において，制度的環境条件の類似性と移転対象となる技術のマニュアル化・プログラム化の可能性の度合が小さく，その技術の移転が容易とはいえない。それゆえ，移転対象となる技術を日本の制度的環境条件に合わせて修正し，「適応（修正）化」（第Ⅰ象限）もしくは「部分的適応化」（第Ⅳ象限）による移転を行った結果であることが明らかになった。

第2点は，すでに提示した移転の枠組みに基づいて，ファッション産業および流通システムについて具体的に日・韓国際比較の分析を行いながらその類似点と相違点を明らかにし，移転可性について考慮したことである。詳しく言えば，日本と韓国のファッション産業の間には，韓国はデザイン，素材，色相等の視覚的な面では日本との格差はあまりないものの，感覚的な面とマーケティング戦略的な側面では日本と比較すると約10年程度遅れており，消費社会の成熟度と事業構造の側面でも約15年の格差があるといわれている。また，流通システムの国際比較分析では，流通の系列化が著しく，その構造が多段階構造になっていることが，その類似点として明確になった。それに対して，韓国では非近代的小売業態（在来市場）と近代的小売業態（百貨店）との並存，卸売主導型流通構造であることが，その相違点として明らかになった。つまり，日・韓の両国の間において，それぞれの異同が生じた理由は，移転対象となる技術を規定する制度的環境条件の類似性とそれらの技術のマニュアル化・プログラム化の可能性の度合の多少（移転の仕方）によって表れた結果であり，すでに提示した理論的移転の枠組みの妥当性が裏付けられたことになる。その結果，日本と韓国のファッション産業が今後採るべきファッション・マーケティング戦略はもちろん，どのような戦略の技術が，そのまま導入するという「適用（標準）化」（第Ⅲ象限），もしくは「部分的適用化」（第Ⅱ象限）による移転をなすべきか，または現地の制度的環境条件に合わせて修正し，「適応（修正）化」（第Ⅰ象限）または「部分的適応化」（第Ⅳ象限）による移転をなすべきか，いわゆるグローバル・ファッションマーケティング戦略の方向性について明らかにした。

第3点は，移転論を念頭において，近年のファッション・マーケティングの実際の戦略（クイック・レスポンス・システム；QRS，提携戦略，アウトソーシング戦略）について日・米・韓の国際比較分析を行い，各国でのそ

れぞれの戦略の相違点と類似点について明らかにしたことである。つまり，すでに提示した移転の枠組みから言えば，これらの異同が生じたのは，「文化構造」や「経済過程」や「企業内外の諸『組織』」といった「制度的環境条件の類似性」と，移転対象となる技術のマニュアル化・プログラム化の可能性の度合の多少によって，移転の仕方（適用・適応化）が異なり，これがその理由であることがわかった。つまり，各国間の類似点は「適用（標準）化」（第Ⅲ象限）による移転であり，その相違点は「適応（修正）化」（第Ⅰ象限）による移転の結果であることを示唆したことである。例えば，QRSの内容の相違点からみれば，アメリカではVICS標準を採用しているが，日本では標準を採用せずJANコードのみを使用している。それに対して，QRSの導入に関する日米の類似点は，商品サイクルの短縮によるコスト削減，資本回転率を高めると同時に，製品を適時に，適量に，適所に，適価に提供するという点で標準コードを使用していることである。

　また，戦略的提携では，韓国の企業は市場拡大を目的とする攻撃型提携戦略であるのに対して，日本の企業は利益追求を目的とする防衛型提携戦略である。しかし，ほとんどの戦略的提携は事業部門での自社の協力を強化する限定的な提携関係であり，戦略性が高く，排他性が強い提携関係というよりも，その提携関係が緩い，ことがその共通の特徴である。

　さらに，アウトソーシング戦略については，①センターの売却は日本では「少ない」のに対して，アメリカでは「多い」。②社員の移籍は，日本では「ほとんない」のに対して，アメリカでは「多い」。③契約期間は，日本では「短い」のに対して，アメリカでは「長い」。④請負方式は，日本では「外注又は子会社／合弁」であるのに対して，アメリカでは「外注」であるなどの相違点が明らかになった。つまり，これらの諸技術の移転の仕方を検討することが，今日のファッション・マーケティング戦略の一般概念の方向性について，国際比較の視点から明らかになるのではないか，と考える。

　以上を要約すると，ファッション・マーケティング技術の移転は，制度的環境条件の類似性と，技術のマニュアル化・プログラム化の可能性の度合が高くなるか否かによって，その移転の仕方が異なることがわかった。クイック・レスポンス・システム（QRS）に関する諸技術は，どちらかといえば

一種のルーティン化されやすい技術（マニュアル化可能）であるため，制度的環境条件の類似性が高ければ高いほど両国の間には，その類似点が多く現れるといえよう。例えば，QRSの導入に関する日・米の類似点として，コスト削減のための標準コードを使用していることがあげられる。それゆえ，適用（標準）化（第Ⅲ象限）といえるであろう。

　しかし，日・米の両国の間ではいくつかの相違点もある。QRS導入目的については，アメリカは「競争力の向上」であるのに対して，日本は「JITの実施」であり，QRS内容については，アメリカは「VICS標準」であるのに対して，日本は「JANコード」のみである。その意味で部分的適用化（第Ⅱ象限）であり，制度的環境条件の類似性が低かった結果であるといえる。

　一方，戦略的提携とアウトソーシング戦略に関する諸技術は，制度的環境条件の類似性と，移転対象となる技術のマニュアル化・プログラム化の可能性の度合が低いことから，その戦略・技術の修正の必要が生じ，適用が困難になり，適応（修正）化（第Ⅰ象限）もしくは部分的適応化（第Ⅳ象限）による移転とならざるをえない。戦略的提携とアウトソーシング戦略を策定するにあたって，どのような戦略・技術を展開するかについての意思決定は，経営者のマインドや企業の経営哲学などの経営方針などによって大きく異なる。つまり，これらの諸技術は人間と機械の関係だけでなく，人間と人間の関係に深く依存しており，制度的環境条件に強く依存するといえる。例えば，日・韓（または米）の戦略的提携については，韓国は攻撃型戦略的提携であり，日本は防衛型戦略的提携である。アウトソーシング戦略については，センターの売却は日本では「少ない」のに対して，アメリカでは「多い」。社員の移籍は，日本では「ほとんどない」のに対して，アメリカでは「多い」。契約期間は，日本では「短い」のに対して，アメリカでは「長い」など，の相違点が明らかになった。つまり，これらの諸技術の移転の仕方を検討することが，今日のファッション・マーケティング戦略の一般概念の方向性について，国際比較の視点から明らかになるのではないか，と考える。

第2節　今後の研究課題

　しかし，以上の本書を展開する際，移転対象となるファッション・マーケティング技術のうち，どのような技術がマニュアル化・プログラム化しやすいか否か，かつ制度的環境条件の類似性が少ないか否かまでは検証できず，さらに「部分的適用化」（第Ⅱ象限）または「部分的適応化」（第Ⅳ象限）に関する技術移転の仕方についても，アンケートやインタビューによる実証的検証をすることができなかった。

　そこで，今後の研究課題としては，移転仮説による検討結果を踏まえた上で提示した「ファッション・マーケティング技術の移転に関する枠組み」に基づいて，日本，韓国，さらにアメリカの企業を対象として実証研究を行うことが，最大の課題となる。詳しく言えば，ファッション・マーケティング技術の移転研究においては，縦軸を制度的環境条件の類似性，横軸を移転対象となる技術のマニュアル化・プログラム化の可能性の度合とし，比較すべき2つの国を念頭におき，移転すべきファッション・マーケティング技術について，移転の可能性の基準を，縦軸と横軸で観て行く方法である。

　具体的には，ファッション・マーケティングの各戦略や諸技術を，例えば，日本と韓国（またはアメリカ）を念頭に，すでに提示した移転の枠組みにあてはめ，その技術の移転可能性について，実証研究を進め，その中で，各国に見られる共通点を見つけ出すことが必要となる。この共通点こそ，ファッション・マーケティング戦略・技術の一般的特徴といえ，共通点を体系化することこそが，本書の最終的課題といえる。

　つまり，今後の研究課題は，以上のファッション・マーケティング技術の移転に関する枠組みに基づき，以下の3点について実証研究を行い，具体的な一般化へのファッション・マーケティング技術の移転論を構築することである。

　第1の今後の研究課題は，日本型ファッション・マーケティング戦略の特徴について明らかにすることである。なぜならば，本書の第Ⅰ部では，田村

氏の既存研究に基づいて移転仮説による日本における「初期」のファッション・マーケティング戦略とその特徴についてはある程度検証することを試みた。しかし，今日での日本におけるファッション・マーケティング戦略の展開と特徴（日本型ファッション・マーケティング戦略）についてまでは明らかにすることができなかったからである。この問題は，今の時点で，アメリカと日本のマーケティング環境の相違だけでなく，例えば，日本と韓国との相違を考慮しての，ファッション・マーケティング技術の移転について検討していく必要がある。さらに，国内外企業のファッション・マーケティング戦略について実証研究を行い，日本型ファッション・マーケティング戦略のフレームワークを明らかにすることが，その目的である。

　第2の研究課題は，第1の研究課題と関連するが，日本型ファッション・マーケティング戦略と国際比較分析を行い，国家間の異同を発見し，それらの異同はどのような制度的環境条件のもとで発生するかについて解明することである。それと同時に，ファッション・マーケティング技術のうち，どのような技術の類似性が少ないか否か，言い換えればどのような技術がマニュアル化・プログラム化しやすいか否かについて，国内外の諸企業を対象とする実証研究を行い，一般化へのファッション・マーケティング技術の移転論の構築を試みることである。

　第3の研究課題は，以上の一般化へのファッション・マーケティング技術の移転論に基づいて，今日のグローバル競争時代において企業が展開すべきQRSや戦略的提携やアウトソーシング戦略などに関するファッション・マーケティング戦略の技術においても，移転対象となる技術のマニュアル化・プログラム化の可能性の度合と，それらを規定する制度的環境条件の類似性との間の相関関係について，国内外の諸企業を対象とする実証研究を行い，それらの関係を究明することである。つまり，ファッション・マーケティング戦略の構成要素のうち，どのような戦略の技術が現地の制度的環境条件に修正せずに適用化・部分的適用化すべきか，またはどのような戦略の技術が現地の制度的環境条件に合わせて修正するという適応・部分的適応化すべきかを明らかにし，今後の「グローバル・ファッションマーケティング戦略」の一般概念のあり方や方向性を提示することである。

参考文献

【欧文の参考文献】（アルファベット順）
- Alexander, R. S. and the Committee on Definition of the American Marketing Association, Marketing Definition: A Glossary of Marketing Terms, Chicago: American Marketing Association, 1960 (Reprint, 1963).
- Apte, U. M., "Global Outsourcing of Information Systems and Processing Services", *The Information Society*, Vol.7, 1991, pp.289-303.
- Assael, H., *Marketing management: strategy and action*, Boston, Mass.: Kent Pub. Co., 1985.
- Barber, Bernard. and Lyle. S. Lebel, "*Fashion in Women's Clothes and the American Social System*", Social Force 31, December 1952, pp.124-131.
- Bartels, Robert, *The development of marketing thought*, Homewood, R. D. Irwin, 1962.
- Bartels, Robert, *The history of marketing thought* (2 ed.), Grid Inc, 1976.
- Blattberg, Robert C. and Rashi Glazer, John D. C. Little, *The marketing information revolution*, Boston: Harvard Business School Press, 1994.
- Bleeke and Ernst, *Collaborating To Compete*, John Wiley & Sons, 1993.
- Bohdanowicz, Janet and Liz Clamp, *Fashion Marketing*, 1th, Biddles Ltd., 1994.
- Bohdanowicz, Janet and Liz Clamp, *Fashion Marketing*, London: Routledge, 1994.
- Buzzell, R. D., "Can you Standardize Multinational Marketing?", *Harvard Business Review*, Nov.-Dec., 1968.
- Clark, T. D. Jr. & R. W. Zmud, *Issues Reading the Outsourcing of Information Service, Center for Information System Research*, College of Business, Florida State University, 1991, pp.1-48.
- Collingan, C. and M. Hird, *International Marketing*, Croom Helm, 1986.
- Converse, P. D. and F. M. Jones, *Introduction to Marketing*, Principle of Wholesale and Retail Distribution, 1948.
- Cravens, D. W. Shipp, S. H. and K. S. Cravens, "Analysis of co-operative inter organisational relationships", 'strategic alliance formation and strategic alliance effectiveness', *Journal of Strategic Marketing*, 1, 1993, pp.55-70.
- Davis, Fred, *Fashion, culture, and identity*, Chicago: University of Chicago Press, 1992.
- Definitions of Marketing Terms ... Consolidated Report of the Committee on Definitions, *The National Marketing Review*, Vol. I, No.2, Fall 1935.
- Dickerson, K., *Textiles and Apparel in the Global Economy*, Prentice Hall, New York, 1995.
- Drucker, P. F., *The practice of Management*, London: Heinemann, 1958.
- Dotty Boen Oelkers, *Fashion Marketing*, South-Western, a division of Thomson Learning, Inc., 2004.
- Edwin A. Murray and Jhon F. Mahon, *Strategic Alliances: Gateway to the New Europe?*,

- in: *Long Range Planning*, Vol.26, No.4, 1993.
- Ishiyama Akira, *Cosume Lexicon for Fashion Business*, dauitudosya, 1972.
- Rajan P. Varadarajan, and Margaret H. Cunningham, "Strategic Alliances: A Synthesis of Conceptual Foundations", *Journal of the Academy of Marketing Science*, Vol.23, No.4, Fall 1995.
- Fredrick, E. and Jr. Webster, "The Changing Role of Marketing in the Corporation", *Journal of Marketing*, Vol.56. October, 1992.
- Fullerton, R. A., "How Morden is Morden Marketing? Marketing's Evolution and The Myth of the 'Production Era'", *Journal of Marketing*, Vol.52 (January) 1988, pp.108-125.
- Gilligan, C. and Hird, M., *International Marketing*, 1986.
- Gorsline, Douglas, *A history of fashion: a visual survey of costume from ancient times*, London: Fitzhouse Books, 1991.
- Grant, R., *Contemporary Strategy Analysis*, Blackwell, 1995.
- Greenwood, Kathryn Moore, and Mary Fox Murphy, *Fashion Innovation and Marketing*, New York: MaCmillian Publishing Co., 1978.
- Happer, W. Bord, Jr. and Orville C. Waker, Jr., *Marketing Management: A Strategic Apporoach*, Irwin, 1990.
- Hines, Tony and Margaret Bruce, *Fashion marketing: contemporary issues*, Oxford: Butterworth-Heinemann, 2001.
- Hirotaka, Takeuchi, and Michael E. Porter, "Three Roles of International Marketing in Global Strategy", in M. E. Porter ed. *Competition in Global Industries*, Boston, MA, Harvard Business School Press, 1986.
- Hollander, F. S., "The Marketing Concept: A DejaVu", George Fisk (ed) *Marketing Management Technology as Social Process*, New York : Praeger, 1986, pp.3-29.
- Hough, Dave, "Business Solution through EDI & Barcoding", *EDI World*, Volume 5, EDI World Inc., 1995.
- Hunter, AQ., *Quick Response in the Apparel Industry*, Textile Institute, Manchester, 1990.
- Jarnow, J. and Dickerson, K., *Inside the Fashion Business*, Prentice Hall, New York, 1997.
- Jeannette, A. Jarnow, and Beatrice Judelle, *Inside the Fashion Business-Text and Readings-*, John Wiley & Sons. Inc., New York, 1974.
- Jones, Richard M, *The Apparel Industry*, Blackwell Science Ltd, 2002.
- Kanter, R. M., "Becoming PALS: pooling, allying and linking across companies", *Academy of Management Executive*, 3, 1989, pp.183-193.
- Keegan, Warren J., *Global Marketing Management*, 4th, Prentice-Hall, 1989.
- Keith, Robert J., "The Marketing Revolution", *Journal of Marketing*, Vol.24 (January), 1960, pp.35-38.
- Kelly, E. J., *Marketing ; strategy and function*, Englewood Cliffs, N. J.: Prentice-Hall, 1965.
- Kincade, D. and Cassil, N., "Company Demographics as an Influence on Adoption of Quick Response", *Clothing and Textiles Research Journal*, 11, 1993, pp.23-30.
- King, Charles W., "A Rebuttal to the 'Trickle down' Theory", *Fashion Marketing*, London, George Allen & Ltd., 1973.
- King, Charles W., "The Innovator in the Fashion Adoption Process", In L. George Smith, ed., *Reflections on Progress in Marketing*, Chicago: American Marketing Association, 1964.

- King, Robert L., "The Marketing Concept", *Science in Marketing*, George Schwartz (ed), Wiley, 1965, pp.70-97.
- Kolodny, R., *Fashion Design for Modern*, Fairchild Publication, Inc, New York, 1968.
- Kotabe, M., *Global Sourcing Strategies*, Quarum Book, New York, 1992.
- Kotler, Philip and Gary Armstrong, *Principles of Marketing*, 4th ed., Jersey: prentice-Hall, Inter-national Editions, 1989.
- Leung, S., "Evaluation of Two Pick and Place Devices used on Clothing Materials", *Journal of Clothing Technology and Management*, 9, 1992, pp.29-49.
- *Marketing News*, Vol.19 No.5, March 1, 1985.
- Maria Costantino, *Fashion Marketing and PR*, Bt Batsford Ltd London, 1998.
- McCammon, Bert C., "Perspective for Distribution Programming", in Louis P. Bucklin, *Vertical Marketing System*, Illinois: Scott and Co., 1970.
- Mee, John F., "The Marketing Dominated Economy", in Ralph. L. Day, *Concepts for Modern Marketing*, International Textbook Company, 1968.
- Nation's Business, "*Reader's view on Outsourcing*", May, 1996.
- Nystrom, Paul.H., *Economics of Fashion*, Ronald Press, New York, 1928.
- OECD, *Business-to-Consumer Electronic Commerce: Survey of Status and Issues*, 1997.
- OECD, *Electronic Commerce: Opportunities and Challenges for Government*, 1997.
- Phillips & Droge, *Model*, AMA winter educator conference proceedings, AMA Chicago, Illinois, 1995.
- Prahalad, C. K. and Hamel, Gary, *Competing for Future*, Harvard Business School Press, Boston, 1994, pp.79-91.
- Reibstein, David J., *Marketing: concepts, strategy, and Decision*, Prentice-Hall, 1985.
- "Report of the Definitions Committee of the American Marketing Association", *Journal of Marketing*, Vol.14, No.2, 1948.
- "Report of the Definitions Committee", *The Journal of Marketing*, Vol.Ⅷ, No.2, October 1948.
- Retail Information System, *The Quick Response Handbook*, 1994.
- Reynold, William H., "Car and clothing; understanding Fashion Trend", *Fashion Marketing*, London, George Allen & Ltd., 1973.
- Richard, m. Jones, *The Apparel Industry*, Blackwell Publishing, 2002.
- Robinson, Dwight E., "*Fashion Theory and Product Design*", Harvard Business Review 36, November-December, 1958, pp.126-138.
- Robinson, Dwight E., "The Economic of Fashion Demand", *The Quarterly Journal of Economic*, Vol 75, 1961, pp.376-398.
- Robinson, Peter, *Marketing fashion: strategies and trends for fashion brands*, London: Financial Times Retail & Consumer, 1999.
- Robinson, Terry, and Colin M. Clarke-Hill, "International alliances in European retailing", in P. J. McGoldrick and Gary Davies, *International Retailing: Trends and Strategies*, Pitman Publishing, 1995.
- Rowstow, W. W., *The Stages of Economic Growth*, Cambridge University Press, 1971.
- Shaw, Arch W., "Some problems in market distribution", *Quarterly Journal of Economics*, August, 1912.
- Sidney Packard & Abraham Raine, *Consumer Behavior and Fashion Marketing*, Wm. C.

Brown Company Publishers, 1979.
- Sidney Packard, Arthur A. Winters and Nathan Axelrod, *Fashion Buying and Merchandising,* Fairchild Publication, Inc, N. Y., 1976.
- Solomon, Michael R., *The Psychology of Fashion,* Lexington Book, 1985.
- Sproles, G. B., *Fashion: Consumer Behavior Toward Dress,* Minneapolis, Burgess Publishing Company, 1979.
- Stanton, William J., *Fundamentals of Marketing,* 6th, Edition, New York: McGraw- Hill, Inc, 1981.
- Stern, Louis W. and Adel I. El-Ansary, James R. Brown, *Management in Marketing Channels,* prentice- Hal, Englewood Cliffs: New Jersey, 1989.
- Stern, Louis W. and Adel I. El-Ansary, *Marketing Channels,* Englewood Cliffs, New Jersey: Prentice Hall, 2nd edition, 1982.
- Taplin, I., "Continuity and Change in the US Apparel Industry", *Journal of Fashion Marketing and Management,* Vol.3, 1999, pp.360-369.
- Troxell, Mary. D. and Elaine, Stone, *Fashion Merchandising,* The Gregg/McGraw- Hill Book Company, N. Y., 1981.
- Walwyn, S., "A Vision of Sourcing", *Journal of Clothing Technology and Management,* (Special Edition), 1997.
- Walwyn, S., "A Vision of Sourcing for a Global Market", *Journal of Fashion Marketing and Management,* 1, 1997, pp.251-259.
- Wiechmann, V. E., *Marketing Management in Multinational Firms,* 1976.
- Wood, Van R. and Scott J. Vitell, "Marketing and Economic Development: Review, Synthesis and Evaluation", *Journal of macromarketing,* spring 1986, pp.28-48.

【日本語の参考文献】（五十音順）
- イップ，S.（浅野徹訳）『グローバル・マネジメント』ジャパンタイムズ，1995年。
- コトラー，P.（村田昭治監修）『マーケティング原理』ダイヤモンド，1992年。
- ショウ，A. W.（伊藤康雄・水野裕正訳）『市場配給の若干の問題点』文眞堂，1975年。
- ショー，A.（丹下博文訳・解説）『市場流通に関する諸問題：基本的な企業経営原理の応用について』白桃書房，1992年。
- チャネラー『ファッションビジネス入門読本』チャネラー，1996年。
- ドラッカー，P. F.「明日を経営するもの」，現代経営研究会訳『現代の経営』1961年。
- パワーソックス，D. J. ほか（宇野政雄監修）『先端ロジスティクスのキーワード』ファラオ企画，1992年。
- ファッション総研編『ファッション産業ビジネス用語辞典』ダイヤモンド，1997年。
- ポーター，M. E. 編著（土岐坤［ほか］訳）『グローバル企業の競争戦略』ダイヤモンド社，1989年。
- マーケティング史研究会編『日本流通産業史』同文舘，2001年。
- マーケティング史研究会編『日本のマーケティング―導入と展開―』同文舘，1995年。
- モヒウディンイムティアズホセイン（Mohiuddin Imtiazhossain）「日本アパレル産業における輸出マーケティング 1945-1965 (1)」『経済論叢』157巻第4号，京都大学経済学会，1996年，30-54ページ。
- モヒウディンイムティアズホセイン（Mohiuddin Imtiazhossain）「日本アパレル産業における輸出マーケティング 1945-1965 (2)」『経済論叢』第158巻第3号，京都大学経済学会，1996年，

22-49 ページ。
・ルート F. R.（中村元一監訳）『海外市場戦略』HBJ 出版局，1989 年。
・阿保栄司『ロジスティクス革新戦略』日刊工業新聞社，1993 年。
・安田隆二「業種・業際の「超融合化」時代の企業戦略」ダイヤモンド・ハーバード・ビジネス編集部篇『電子商取引のマーケティング戦略』ダイヤモンド社，1996 年。
・井田重男「アパレル産業における実需直結供給システム」『繊維工学』Vol.40, No.10, 繊維工学編集委員会，1987 年，37-39 ページ。
・宇野正雄『ファッション・マーケティング』実業出版社，1985 年。
・恵美和昭稿「ファッション・ビジネスの構造(1)」『衣生活』4 月号，1990 年。
・恵美和昭「ファッション・ビジネスの構造(2)」『衣生活』5 月号，1990 年。
・雲英道夫「流通機能へのアプローチ」『専修商学論集』専修大学学会，第 46 号，1989 年。
・塩浜方見『ファッション産業』日本経済新聞社，1970 年。
・加藤　司「アパレル産業における「製販統合」の理念と現実」大阪市立大学経済研究所編『季刊経済研究』Vol.21 No.3, 大阪市立大学経済研究会，1998 年，97-117 ページ。
・河合　玲『グローバル・ファッションと商品企画』ビジネス社，1992 年。
・河野公洋『国際電子商取引の実際』東京経済情報出版，1999 年。
・垣本嘉人「化学繊維産業生成期におけるマーケティング活動―帝人・東レを事例として―」『国学院大学経済学研究』第 30 輯，國學院大學大学院経済研究科，1999 年，23-46 ページ。
・関沢英彦「流行を作る人々―流行の最先端を感じる能力―」藤竹暁編著『流行・ファッション』至文堂，2000 年，72-73 ページ。
・岩沢孝雄『取引流通システムと競争政策』白桃書房，1998 年。
・康　賢淑「日本アパレル上位企業の分析―消費と連動するプロセスの創成」『経済論叢』第 162 巻第 3 号，京都大学経済学会，1998 年，25-50 ページ。
・康　賢淑「戦後日本のアパレル産業の構造分析」『経済論叢』第 161 巻第 4 号，京都大学経済学会，1998 年，86-109 ページ。
・久保村隆祐・荒川祐吉編『商業学』有斐閣，1974 年。
・金　良姫「韓日アパレルのグローバル MD 主導商品連鎖と競争優位」『東京大学経済学研究』第 38 号，東京大学形材研究会，1996 年，45-62 ページ。
・金　良姫「韓国アパレル産業の成熟への企業の対応様式と競争優位―2 社の事例研究」『産業学会研究年報』第 12 号，産業学会，1997 年，87-95 ページ。
・経済研究所『アメリカ流通概念』流通経済研究所，1995 年。
・原田　保『デジタル流通戦略』同友館，1997 年。
・原田　保「流通システムの革新へ向けた QR の戦略的導入論―小売企業とアパレルメーカーによるコラボレーション」『香川大学経済論叢』第 70 巻第 4 号，香川大学経済学会，1998 年，15-53 ページ。
・光野　桃「グッチ，プラダ・・・・革小物ブランンドが新イタリア・ファッションをリード」『エコノミスト』1996 年 5 月 28 日，61-67 ページ。
・江尻　弘「次世代流通機構」『繊維機械学会誌』Vol.46, No1, 41-46 ページ。
・江尻　弘『流通論』中央経済社，1979 年。
・江尻　弘『ファッション産業のゆくえ』日本実業出版社，1975 年。
・溝口一郎「新規事業―野村総合研究所」『日経ビジネス』1992 年 11 月 23 日。
・荒川祐吉「マーケティング研究の歴史」日本マーケティング協会編『マーケティング・ニュース』No.171, 1972 年。
・荒川祐吉『商業構造と流通合理化』千倉書房，1969 年。

- 荒川祐吉『流通研究の潮流』千倉書房，1988 年。
- 荒川祐吉『現代配給理論』千倉書房，1960 年。
- 高橋由明・林正樹・日高克平編著『経営管理方式の国際移転―可能性の現実的・理論的諸問題』中央大学出版部，2000 年。
- 高坂貞夫「モード系ファッション・ブランドの SCM 事例研究」菅原正博ら編『次世代流通サプライチェーン―IT マーチャンダイジング革命―』中央経済社，2001 年，43-58 ページ。
- 国民金融公庫調査部『日本のファッション産業』中小企業リサーチセンター，1979 年。
- 佐藤 肇『日本の流通機構：流通問題分析の基礎』有斐閣，1974 年。
- 斎藤雅通「チャネル政策」保田芳明編『マーケティング論』大月書店，1999 年，141-156 ページ。
- 三村優美子「製配販提携と流通取引関係の変化」『青山経営論集』第 33 巻第 3 号，1998 年，39-58 ページ。
- 出牛正芳編著『基本マーケティング用語辞典』白桃書房，1995 年。
- 初沢敏生「ファッション産業の展開に関する考察」『福島大学教育学部論集』第 48 号，福島大学教育学部，1990 年，19-26 ページ。
- 小原 博・鈴木紀江「外資系企業の日本市場マーケティング―ファッション・ビジネス "Max Mara" の事例―」『経営経理研究』第 65 号，拓殖大学経営経理研究所，2000 年，63-92 ページ。
- 小原 博「リレーションシップ・マーケティングの一吟味―アパレル産業の製販関係をめぐって―」『経営経理研究』第 63 号，拓殖大学経営経理研究所，1999 年，127-150 ページ。
- 小原 博『日本マーケティング史―現代流通の史的構造―』中央経済社，1994 年。
- 小阪 恕『グローバル・マーケティング』国元書房，1997 年。
- 小山栄三『ファッションの社会学』時事通信社，1977 年。
- 松江 宏「マーケティングの概念」松江宏編著『現代マーケティング論』創成社，2001 年。
- 上原征彦「流通のニューパラダイムを探る」『流通の転換』白桃書房，1997 年。
- 城座良之・清水敏行・片山立志『グローバル・マーケティング』税務経理協会，1995 年。
- 森 浩「米国繊維業界におけるマーケティング・リサーチについて」『日本紡績月報』No.128，日本紡績協会，1957 年，2-18 ページ。
- 菅原正博『ファッションマーケティング』チャネラー，1996 年。
- 世界銀行著『東アジアの奇跡：経済成長と政府の役割』東洋経済新報社，1994 年。
- 清水 滋『繊維小売業のマーケティング』ビジネス社，1983 年。
- 生方幸夫『SIS のしくみ』日本実業出版社，1991 年。
- 西山和正『ファッション産業』東洋経済新報社，1971 年。
- 西村和代「生活起点からみたアパレルのマーケティング課題―自分化する生活者への対応」『生活起点』第 18 号，セゾン総合研究所，1999 年，41-48 ページ。
- 西村 哲『世界的流通革命が企業を変える』ダイヤモンド社，1996 年。
- 西村 林・三浦 収編著『現代マーケティング入門』中央経済社，1991 年。
- 西村 林『現代流通論』中央経済社，1993 年。
- 西澤 脩「供給連鎖管理によるロジスティクス・コスト管理」『企業会計』Vol.49, No.5, 1997 年。
- 石井淳蔵「対話型マーケティング体制に向けて」石原武政・石井淳蔵編『製販統合―変わる日本の商システム』日本経済新聞社，1996 年。
- 石原武政「生産と販売―新たな分業関係の模索―」『製販統合』日本経済新聞社，1996 年。
- 川本 勝「流行の理論」藤竹暁編著『流行・ファッション』至文堂，2000 年，33-41 ページ。
- 川本 勝『流行の社会心理』勁草書房，1981 年。
- 繊維工業審議会「アパレル・ワーキング・グループ報告」『明日のアパレル産業』日本繊維新聞

- 社，1977 年。
- 繊維産業構造改善事業協会『米国における QR 先進事例—第 128 回繊維情報懇談会講演録—』繊維産業構造改善事業協会繊維ファッション情報センター，1996 年。
- 村越稔弘『ECR サプライチェーン革命』税務経理協会，1995 年。
- 村田昭治「マーケティングとは何か」田内幸一・村田昭治編『現代のマーケティングの基礎理論』同文館，1981 年，3-68 ページ。
- 村田昭治監修『マーケティング原理』ダイヤモンド社，1992 年。
- 森　浩「米国繊維業界におけるマーケティング・リサーチについて」『日本紡績月報』No128，日本紡績協会，1957 年。
- 大塚佳彦『ファッション業界』教育者，1987 年。
- 大塚賢龍「アパレル産業のマーケティング戦略—プライベート・ブランド MD の体系化」『甲子園大学紀要』第 30 号，甲子園大学経営情報学部，2002 年，1-24 ページ。
- 大塚賢龍「消費経済におけるファッションブランド・アイデンティティ」『甲子園大学紀要』第 23 号，甲子園大学経営情報学部，1995 年，15-21 ページ。
- 岡本義行「アパレル産業の日本的特徴」『法政大学産業情報センター紀要』グノーシス第 5 号，法政大学産業情報センター，1996 年，14-28 ページ。
- 竹田志郎『国際戦略提携』同文館，1992 年。
- 中小企業金融公庫調査部「アパレル流通における製販同盟型マーチャンダイジングの進展実態と中小企業の可能性」『中小公庫レポート』No.95-4，1995 年。
- 中小企業研究センター「アウトソーシングと中小企業発展の新たな可能性」，1996 年。
- 中小企業総合事業団繊維ファッション情報センター『繊維産業の情報化実態調査・繊維業界の SCM 構築実施事例』2002 年。
- 通産省「日本 QR conference」1995 年 10 月。
- 通商産業省産業政策局編『卸売活動の現状と展望』日本繊維新聞社，1977 年。
- 通商産業省生活産業局編『繊維ビジョン』通商産業省生活産業局，1999 年。
- 塚田朋子「ファッション業界における新製品開発の主役達—国産カバンの成功事例を基に—」『中小企業季報』No.4，大阪形材大学中小企業・経営研究所，1999 年，11-17 ページ。
- 塚田朋子「リアルタイム・マーケティングに関する方法論的一考察」『経営論集』第 47 号，東洋大学経営学部，1998 年，89-104 ページ。
- 塚田朋子「わが国のファッションに対するマーケティング史研究の方向」『経営論集』第 51 号，東洋大学経営学部，2000 年，175-189 ページ。
- 塚田朋子「ファッションと「グローバル・スタンダード」(1) 和製モダニズムの出発点」『経営研究所論集』第 23 号，東洋大学経営研究所，2000 年，77-94 ページ。
- 鶴田満彦「グローバル経済の矛盾」徳重昌志・日高克平編著『グローバリゼーションと多国籍企業』中央大学企業研究所研究叢書 23，中央大学出版部，2003 年，1-15 ページ。
- 鄭　玹朱「ファッション産業における国際マーケティング戦略および流通構造分析に関する一考察—日・韓の国際比較の視点から—」(商学修士論文) 中央大学，1999 年。
- 鄭　玹朱「ファッション産業における戦略的提携に関する研究」『大学院研究年報』商学研究科篇 (中央大学大学院研究年報編集委員会)，第 33 号，2004 年。
- 鄭　玹朱「ファッション産業のアウトソーシングに関する研究—米国との比較観点から日韓ファッション産業のコア・コンピタンス型アウトソーシング戦略の今後のあり方」『大学院研究年報』商学研究科篇 (中央大学大学院研究年報編集委員会)，第 31 号，2002 年，65-78 ページ。
- 鄭　玹朱「電子商取引の国際比較とファッションマーケティング戦略への適用可能性についての研究」『論究』経済学・商学研究科編 (中央大学大学院生研究機関誌編集委員会)，第 34 巻第 1

号，2001 年。
- 鄭　玹朱「日・韓のファッション流通システムの国際比較に関する研究―ファッション産業におけるグローバル流通チャネル戦略を念頭において」『大学院研究年報』商学研究科篇（中央大学大学院研究年報編集委員会），第 30 号，2001 年，103-115 ページ。
- 鄭　玹朱「日・韓ファッション産業の国際マーケティング戦略―今後のグローバル・マーケティング戦略を念頭において」『大学院研究年報』商学研究科篇（中央大学大学院研究年報編集委員会），第 29 号，2000 年，101-113 ページ。
- 鄭　玹朱「ファッション産業の戦略的情報システムに関する研究―日・米間のクイック・レスポンス・システム（QRS）の比較分析を中心に」，経済学・商学研究科編『論究』33 巻第 1 号，中央大学大学院生研究機関誌編集委員会，2000 年，139-160 ページ。
- 鄭　玹朱「日本における初期のファッション・マーケティング技術の移転とその展開に関する研究」『久留米大学商学研究』第 11 号第 1 号，久留米商学会委員会，2005 年，93-130 ページ。
- 田口冬樹『現代流通論』白桃書房，1994 年。
- 田村正紀『マーケティングの知識』日本経済新聞社，1998 年。
- 田村正紀「日本企業におけるアメリカ型マーケティング戦略導入と条件」『国民経済雑誌』第 140 巻第 6 号，神戸大学経済経営学会，1979 年，53-63 ページ。
- 田村正紀『現代の流通システムと消費者行動：構造転換にどう対応するか』日本経済新聞社，1976 年。
- 田村正紀『日本型流通システム』千倉書房，1986 年。
- 田中孝明「サプライチェーンの再構築」(http://www.sakata.co.jp/breport/scm.html#03)
- 田中千代編『服飾辞書』同文書院，1973 年。
- 田島義博・宮下正房編著『流通の国際比較』有斐閣，1985 年。
- 渡辺博史「アパレル業界―独り勝ちオンワード樫山に他社の追撃態勢整う―」『エコノミスト』1996 年 5 月 28 日，68-71 ページ。
- 島田達己『アウトソーシング戦略』日科技連出版社，1995 年。
- 藤原　肇「アパレル産業における情報の連続化」『繊維機械学会誌』Vol.46，No1，35-40 ページ。
- 藤本健太郎「サイバー空間におけるマーケティングの新潮流」ダイヤモンド・ハーバード・ビジネス編集部篇『電子商取引のマーケティング戦略』ダイヤモンド社，1996 年，69-94 ページ。
- 陶山計介「21 世紀型マーケティング戦略の新地平―「モダン」と「ポストモダン」の相克―」近藤文男・陶山計介・青木俊昭『21 世紀のマーケティング戦略』ミネルヴァ書房，2001 年，1-19 ページ。
- 徳永豊編『例解・マーケティング管理と診断』同文舘，1989 年。
- 日経ネットビジネス「EC ビジネス研究―レナウン（07fun）―」，2000 年 5 月 15 日，112-114 ページ。
- 日本 IBM「アウトソーシング―米国における最新動向」セミナー資料，1992 年。
- 日本ファッション教育振興協会教材開発委員会『ファッションビジネス概論』日本ファッション教育振興協会，1995 年。
- 日本興業銀行産業調査部編『読本シリーズ・日本産業読本・第 7 版』東洋経済新報社，1997 年。
- 八巻俊雄『マーケティング論』日本放送出版協会，1989 年。
- 被服文化協会編『服装大百科事典』文化服装学院出版局，1969 年。
- 尾原蓉子「日本・ファッション産業―情報化，ビジネス戦略に遅れた日本のファッション産業の未来」『エコノミスト』1996 年 5 月 28 日，56-60 ページ。
- 尾崎久仁博「マーケティング発展段階をめぐって―通説と最近の議論の動向―」『同志社商学』第 45 巻第 4 号，1993 年，91-115 ページ。

- 富澤修身『ファッション産業論―衣服ファッションの消費文化と産業システム―』創風社，2003年。
- 福永成明・境野美津子『アパレル業界』教育社，1995年。
- 福田敬太郎『商学原理』千倉書房，1966年。
- 文化出版局編『服飾辞典』文化出版局，1979年。
- 米谷雅之「製販戦略提携の取引論的考察」『山口経済雑誌』第43巻，1995年，3-4ページ。
- 片岡一郎・田村茂・村田昭治・浅井慶三郎『現代マーケティング総論』同文舘，1964年。
- 朴　奉寅「韓国繊維産業の成長と特質」島田克美・藤井光男・小林英夫編著『現代アジアの産業発展と国際分業』ミネルヴァ書房，1997年。
- 堀川信吾「中小・中堅企業の情報化戦略と戦略的情報システム」龍谷大学大学院研究紀要編集委員会編『龍谷大学大学院研究紀要―社会科学―』第5号，龍谷大学大学院研究紀要編集委員会，1991年，1-15ページ。
- 野口生次郎「戦略提携序説」『ビジネスレビュ』Vol.38, No4. 1991年。
- 矢作　敏行「変容する流通チャネル『ゼミナール流通入門』日本経済新聞社，1997年，297ページ。
- 柳　洋子「ファッションと流行」藤竹暁編著『流行・ファッション』至文堂，2000年，97-106ページ。
- 林　周二『流通（経済学入門シリーズ）』日経文庫，日本経済新聞社1982年。
- 林　周二『流通革命』中央公論社，1962年。
- 林　周二・田島義博編『流通システム』第2版，日本経済新聞社，1970年。
- 鈴屋マーケティング研究室，野村総合研究所編著『離陸するファッション産業』東洋経済社，1978年。
- 鈴木安昭・関根孝・矢作敏行編『マテリアル流通と商業』有斐閣，1994年。
- 鈴木安昭・田村正紀『商業論』有斐閣，1980年。
- 鈴木典比古『国際マーケティング』同文舘，1989年。
- 鈴木裕久「流行」池内一編『講座社会心理学3集合現象』東京大学出版会，1977年。
- 吉田正昭・村田昭治・井関利明共編『消費者行動の分析モデル』丸善，1969年。
- 和田充夫・恩蔵直人・三浦俊彦著『マーケティング戦略』有斐閣アルマ，2001年。

【韓国語の参考文献】（五十音順）
- 李　好定『ファッション流通産業』教学研究社，1996年。
- 李　好定『ファッション・マーケティング』教学研究社，1993年。
- 李　好定『ファッション・マーケティング―ファッションマーチャンダイジング・システムの開発に関する実証的研究―』教学研究社，1993年。
- 兪　泰順・片　信徳「商標イメージが衣類製品の品質と価格知覚に与える影響」『暁成大学論集』第48輯，暁成女子大学家庭大学衣類学科，1994年，231-246ページ。
- 柳　徳桓「地域縫製・ファッション産業の発展方案」『市政研究』第19号，啓明大学家庭学科，1999年，198-251ページ。
- 方　康雄・尹　明淑「小売機関とファッション商品化政策」『大田大学論文集』第10巻第1号，大田大学経営学科，1992年，68-70ページ。
- 宋　琦変・鄭　恵栄『ファッション・マーケティング』法文社，1988年。
- 宋　笑令「ファッション情報活動に関する理論的研究」『同国大学論集』第24輯，1995年，311-340ページ。
- 成　周和「衣類ファッション製品開発のための消費者情報活用に関する研究」『マーケティング

論集』第2輯，大邱・慶北マーケティング学会，1991年，43-59ページ。
- 成　周和「衣類ファッション製品における競争優位のためのマーケティング活動と対応方案」『永進専門大学論文集』第15輯，1993年，87-104ページ。
- 産業研究院『繊維・生活産業の発展戦略』産業研究，1999年。
- 呉　相洛「韓国繊維産業の市場拡大とファッション産業化方案」『ソウル大学経営論文集』第6集，ソウル大学経営学科，1978年，2-3ページ。
- 金　元銖『小売企業経営論』経文社，1989年。
- 韓国繊維産業連合会『第11次韓日繊産連年次合同会議結果報告書』1996年。
- 韓国繊維産業連合会『繊維産業統計月報』各年号。
- 韓国繊維産業連合会『自己ブランド開発及び海外マーケティング戦略』韓国繊維産業連合会，1994年。
- 韓国繊維産業連合会『QR-TIIP事業報告書』2000年。
- 韓国繊維産業連合会「日本繊維産業の情報ネットワーク化調査報告書」韓国繊維産業連合会，1995年5月，5-33ページ。
- 韓国繊維産業連合会「繊維産業の流通合理化と経営革新のためのセミナー」韓国繊維産業連合会，1995年。
- 韓国繊維産業連合会「これからの日本の施策方向」韓国繊維産業連合会，1995年9月。
- 韓国繊維技術振興院『Quick Responseシステムを指向する繊維・ファッション産業』韓国繊維技術振興院，1995年。
- 韓国商工会議所『ニューメディアを利用したマーケティング戦略』大韓・ソウル商工会議所，1997年。
- 潘　柄吉『グローバル競争時代の国際マーケティング』(第4版)，博英社，1995年。
- ホンビュンスック『ファッション商品と消費者行動』修学社，2001年。
- ファイナンシャル・ニュース，2002年4月16日。
- ビョンミョンシク，「韓国ファッション流通の構造と改善方案(1)」，韓国マーケティング研究院『Marketing』，1997年10月号，41ページ。
- パクフン『繊維産業の国際競争力分析と政策的示唆点』産業研究，2003年。
- パクフン『わが繊維産業のインド市場進出の拡大方案』産業研究，2002年。
- パクカンヒ・キムジョンウォン・ユファスック『繊維・ファッション産業』教学研究社，2000年。
- チェチェハン『ファッション・マーケティング戦略』韓国言論資料刊行会，1996年。
- チェイギュ・イジョンヨン「韓国繊維類製品の国際競争力の強化方案のための実証的研究」『マーケティング論集』第2輯第1巻，大邱・慶北マーケティング学会，1992年，137-160ページ。
- カンミョンスウ『流通企業の戦略的提携の方案』大韓商工会議所，1997年。
- キムホンダイ『新国際マーケティング論』ヒョンソル出版社，1999年。
- キムチュンバイ・キムスックン『グローバル時代の国際マーケティング』ヒョンソル出版社，1998年。
- コウンジュ『ファッション情報産業』ケイシュン社，2001年。
- イブリョン・アンビョンギ共著『ファッション・マーケティング』ヒョンソル出版社，1997年。
- アンクァンホ他2名著『ファッション・マーケティング』修学社，1999年。
- RASA学院『アパレルマーケティング』RASA出版，1993年。
- Lee, Koanghyun, *Outsourcing*, korea noritukyouka, 2000.
- Sproles, G. B., *Fashion: Consumer Behaior Toward Dress*, Minneapolis, Burgess Publishing Company, 1979. (宋瑢燮・鄭恵栄訳『ファッションマーケティング』法文社，1994年。)
- Choi Jai Hyoan, *Fashion Outsourcing*, tisikisouko, 1999.

英文人名索引

Apte 194
Assael 124
Barber＝Lebel 13
Bleeke and Ernst 185
Bowersox 171
Buzzell 57, 132
Clark＝Zmud 194
Cranch 42
Elton 42
Emlen 42
Greenwood＝Murphy 26, 31
Happer＝Walker 124
Hunt 41
Jarnow＝Judelle 13
Kanter 170
Keegan 121, 131
Keith 43
King 20, 30
Kotler 98
Levitt 132
Moyer 42
Nystrom 13

Phillips＝Droge 146
Porter 57, 130, 131, 132, 133
Prahalad＝Hamel 198
Preston 42
Reibstein 124
Reynold 20
Robinson 13
Robinson＝Clarke-Hill 171
Root 124
Simmel＝Tarde 19
Solomon 20
Sorenson＝Wiechmann 57
Sproles 20
Stanton 20
Stern＝El-Ansary＝Brown 98
Takeuchi＝Porte 129
Troxell＝Stone 13, 26
Vitell 41
Wheeler 31
Wood 41
Yip 128

和文人名索引

ア行

阿保栄司 183
安保哲夫 40, 50, 51, 52, 57
荒川祐吉 97
石井淳蔵 180
石山 彰 20

岩沢孝雄 97
尹 明淑 18
薄井和夫 23
宇野正雄 31, 40, 47, 48, 53
恵美和昭 6, 22, 23, 24, 25, 46
小原 博 34
尾原容子 24

カ行

片岡一郎　43
川本　勝　16, 17, 19
小阪　恕　115
呉　相洛　26
小林　元　6, 22
小山栄三　16

サ行

境野美津子　27
塩浜方美　33
島田達己　195
鈴木紀江　34
鈴木典比古　95, 121, 126, 127, 128
鈴木裕久　20

タ行

高井　眞　126
高坂貞夫　183
高橋由明　40, 51, 54, 122, 123
田島義博　95
田村正紀　33, 40, 48, 50, 53, 54, 58, 97
塚田朋子　45

ナ行

富澤修身　21
中川敬一郎　55
西澤　脩　183
西村　哲　157
西山和正　26
野口郁次郎　171

ハ行

福永成明　27
方　康雄　18

マ行

三村優美子　171

ヤ行

矢作敏行　171
柳　洋子　21

ラ行

李　好定　16, 18, 32, 106, 112
ロウスト（Rowstow）　126

事項索引

英文

AI（Artificial Intelligence；人工知能） 144
Buy-In 型活用 204
CAD（Computer-Aided Design） 144
CAM（Computer-Aided Manufacturing） 144
CG（Computer Graphics） 151
CIM（Computer Integrated Manufacturing） 151, 141
DC（designers characters） 81
　──ブランドブーム 82
　──ブランドメーカー 82
Down Stream（川下） 155, 159
EC（Electronic Commerce） 189
ECR（Efficient Consumer Response） 168
EDI（Electronic Date Interchange） 152, 155, 157
EDLP（Everyday Low Price） 157
EOS（Electric Ordering System） 153
Glocalisation（global standard＋local standard） 181
Hunt の 3 つの範疇 41
ICA（国際流行色委員会） 15, 141
JAN（Japan Article Number） 159
　──コード 166, 214
JAPAN APPAREL INDUSTRY COUNCIL 145
Levi Strauss 社 156
　──の事例 155
　──の QRS の特徴 155
MSM（Model Stock Management） 156
NB（National Brand） 120
OEM（Original Equipment Manufacturing） 173
PB（Private Brand） 174
POS（Point of Sale；販売時点情報管理） 113, 143, 157, 161, 205
Push-Out 型活用 204
QRS（Quick Response System） 189, 216
　──導入目的 166
　──の導入 213
　──の内容 213
　──の発展段階の特徴 150
QR とテクノロジー 152
QR の動き 153
SCM（Shipping Container Marking） 148
SPA（Specialty store retailer of Private label Apparel） 184
The Outsourcing Institute 201
The Quick Response Handbook 147
Up Stream（川上） 155, 159
VICS 標準 166, 214
WAL-MART と Levi Strauss 社の相違点 159
WAL-MART と Levi Strauss 社の類似点 158
WAL-MART の QRS 157
WAL-MART の事例 157
WIN／LOSE 取引関係 147
WIN-WIN 169
　──戦略 181
　──の関係 146
　──の思想 184
　──の相互利益的な業務協力関係 147

ア行

アウトソーシング（outsourcing） 189
　──市場の成長率 201
　──戦略 213, 214, 216
　──導入の理由 202
　──の概念 192
　──の活用 204
　──の業務 200
　──の形態 190, 196
　──の生成・変遷 192
　──の定義 194

ア行

アクセサリー産業　27
アパレル小売産業　28
アパレル産業　27, 28, 78, 79, 81
アパレル・メーカー　178
アメリカ型のファッション・マーケティング戦略　49, 50, 59, 68
アメリカ型ファッション・マーケティング技術　60
アメリカのQR導入状況　154
アメリカの繊維製品の流れ　151
移転仮説 1　55
移転仮説 2　56
イトーヨーカ堂のチーム・マーチャンダイジング（MD ; Merchandising）　178, 179
衣類部門の仕入れ体制　179
インタビュー調査　46
インフラストラクチャー　195
ウェブスター辞書（Webster's Unabridged Dictionary）　13
エコロジー（Ecology）　85
オート・クチュール　23
オーバーストア　89
卸売業主導型チャネル・システム　99
卸売主導型流通構造　212

カ行

海外ファッション情報　141
海外ブランド導入の自由化　84
買付方式　109
開発輸入方式　109
価値転換期　90
各国共通セグメント方式　129
カテゴリー・マネジメント　170
川下戦略　87
環境依存型ファッション・マーケティング戦略　54
環境改変型ファッション・マーケティング戦略　54
関係性　146
　　──マーケティング（relationship marketing）　146
関係的交換（relational exchange）　146, 147
韓国
　　──のアウトソーシングの現状　202
　　──のアパレル市場の発展過程　83
　　──のアパレル製品別流通チャネル　110
　　──のファッション・マーケティング活動　89
　　──のファッション流通構造　110
韓国のファッション流通システム　106, 114
　　──の構造的特徴　109
　　──の特徴　107
　　──の問題点　112
企業環境変化と提携目的による分類　173
企業内外の諸『組織』　55
技術提携　172
機能的戦略提携　171
機能別コア・コンピタンスの事例　199
基本的品質　25
協働的関係性　147
クイック・レスポンス（QR）　168
　　──・システム（QRS）　139, 144
　　──の生成背景　144
　　──（QR）の発展段階　147
　　──のモデル　146
国別多様なセグメント方式　129
グループⅠ（第Ⅰ象限）　64
グループⅡ（第Ⅱ象限）　65
グループⅢ（第Ⅲ象限）　65
グループⅣ（第Ⅳ象限）　65
グローバリゼーション　11
グローバル
　　──化の意味　122
　　──競争時代　1, 210
　　──顧客の位置づけ　129
　　──市場参入計画　123, 124
　　──市場参入の意思決定　123
　　──市場参入モード　124, 125
　　──戦略の確立　83
　　──戦略の類型　130
　　──・ソーシング　181, 182
　　──な流通チャネル　115, 116
グローバル・ファッション
　　──時代　132
　　──製品ライフ・サイクル　121
グローバル・ファッションマーケティング　2, 5, 91, 131
　　──戦略　120, 126, 129, 133, 134, 216
　　──戦略の構図　128, 132
　　──戦略の定式化　210
経済過程　55

経済・社会のグローバル化　1
経済発展の段階　127
形態安定加工　180
現地化（Localization）　57
原毛から消費者までの流通期間　164
コア・コンピタンス型アウトソーシング　190, 198
攻撃型戦略的提携　186, 214
攻撃型提携　173
　——戦略　185, 213
後行マーケティング戦略　128
小売業主導型チャネル・システム　99
国際移転の研究　57
コスト削減型アウトソーシング　190, 197
コペルニクス的回転　45
コンカレント・エンジニアリング（concurrent engineering）　165

サ行

在庫管理の支援体制　157
サプライ・チェーン　145, 183
　——・マネジメント　168
三種の神器ブーム　44
資源の最小化（minimize slack resources）　146
市場細分化戦略　59
実証的検証　215
質的拡大期　90
資本依存論（resource dependence theory）　146
しまむら　183
ジャスト・イン・タイム（JIT；Just In Time）　163
シャーベット・トーン　47
　——キャンペーン　177
ジョイント・ベンチャー　173
消費者重視　89
消費者主導型チャネル・システム　99
消費者主導型のファッション流通システム　106
消費者主導のプロダクト・アソートメント　107
商品企画　88
情報の種類　141
「初期」のファッション・マーケティング技術の移転　55, 58
　——の特徴　59
初期のファッション・マーケティング研究　43
垂直的（伝統的）アウトソーシング　190, 192
　——とコ・ソーシング（Co-Sourcing）との比較　193
垂直的流通システム（vertical marketing system：V. M. S）　98
水平的アウトソーシング（Co-sourcing）　190, 192
鈴屋の事例　204
ストア・ブランド　27
生活文化産業　75
生活文化提案産業　77
生産システムの構成要素　50
生産者主導型チャネル・システム　99
生産提携　172
製造業主導型のファッション流通システム　106
制度的環境条件　57, 63, 64
　——の類似　40
　——の類似性　91, 115, 116, 165, 186, 207, 211, 213
　——の類似度　133
制度的環境の要因　54
制度的関連性　53
製販統合　168
製販同盟　168, 169
製品ライフ・サイクル　120
セールス・プロモーション　22
先行マーケティング戦略　127
戦前のマーケティング研究　44
戦略提携の視点　170
戦略的情報システム（Strategic Information System：SIS）　143
戦略的提携（strategic alliances）　169, 198, 213, 214, 216
　——の考え方　171
　——の条件　171
　——の動機　175
　——の特徴　183
　——の方向性　184
　——の類型化　172, 183
相互依存的集合体（interdependent organizations）　98

素材メーカー支配型の構図　178

タ行

大韓商工会議所　203
多品種少量生産　67
チーム・マーチャンダイジング（MD）　170
チャネル・キャプテン　96, 97, 99
チャネル・コマンダー　99
中小公庫レポート　177
注文制作（customization）　149
調達提携　172
直接投資　125
提携業務による一般的分類　172
提携方式による戦略提携　173
適応化（Adaptation）（第Ⅰ象限）　56, 57, 91, 132, 186, 207, 212
適合マーケティング戦略　127
テキスタイル産業　28
テキスタイル・マーケティング　31
適用化（Application）（第Ⅲ象限）　56, 57, 91, 132, 166, 211, 212
デザイン創造産業　77
伝統的流通システム　98
動機理論　19, 20
トータル・ファッション（Total Fashion）　85
トリクル・アクロス理論（trickle across theory）　20
トリクル・アップ理論（trickle up theory）　20
トリクル・ダウン理論（trickle down theory）　20

ナ行

ナショナル・ブランド（NB）　27
日・韓ファッション産業の発展プロセス　85
日・韓ファッション流通システム　95
日米のアウトソーシングの相違点　204
日本
　——型ファッション・マーケティング戦略　215, 216
　——的生産システムの国際移転モデル　50, 53, 57
　——のアウトソーシングの現状　199
　——のアパレル産業の発展過程　80
　——のアパレル流通チャネル　107
　——のファッション産業のSCMの成功類型　184
　——のファッション流通構造　111
　——のファッション流通システム　102
　——のファッション流通システムの構造的特徴　107
　——ファッション教育振興協会　27
　——ファッション産業の変遷過程　78
ネットワーク型アウトソーシング　190, 198

ハ行

バイイング・パワー（buying power）　99
パートナーシップ　168
パリ・コレクション　141
販売促進　88
販売提携　172
比較流通（comparative distribution or comparative marketing）　95
標準化（Standardization）　57
　——（適用化）—適応化の問題　131
　——論争　131
ファアチャイルド・ファッション辞典　13
ファッション（fashion）　5, 11, 12, 13, 16, 21, 22, 27
　——化　15, 22
　——革命時代　103
　——現象　19
　——現象の特質　17
　——孤（arc of fashion）　30
　——小売構造　180
　——小売産業　81
　——・サイクル　17, 18, 29, 120
　——採用過程（fashion adoption process）　20
　——採用動機　19
　——産業（fashion industry）　3, 12, 21, 22, 33
　——産業革命の時代　80, 81
　——産業人材育成機構（IFI）　22, 24
　——産業の情報化の進展　143
　——産業の特性　76
　——産業の特徴　77
　——産業の範囲　26, 27, 28
　——商品　89, 150
　——商品の特性　29

――情報　141, 196
――情報の収集・活用　142
――情報の種類　140
――・スタイル（fashion style）　11
――製品の属性　67
――の概念　3, 12, 13, 26
――の国際化　122
――の定義　12, 13, 14, 15
――の特性　16, 18
――の変化速度　29
――・ビジネス（fashion business）　12, 21, 22, 23, 24, 25, 26, 27
――・フィーリング　88
――不在時代　83
ファッション・マーケティング　5, 31
　――環境　63
　――技術　39, 40, 41, 76, 91, 133, 215, 216
　――技術の移転　46, 52, 62, 63, 65, 66, 67, 68, 213
　――技術の移転研究　41
　――技術の移転に関する枠組み　64
　――技術の移転の成否　54
　――技術の移転論　215
　――技術の移転論の構築　216
　――技法の移転背景　45
　――研究　5, 43, 48
　――研究の一般概念　4
　――戦略　1, 3, 92, 189
　――戦略の一般概念　210, 211, 213, 214
　――戦略の一般理論　2
　――戦略の体系化　210
　――戦略の中核　50
　――の概念　29
　――の技術　58
　――の技術移転の枠組み　69
　――の研究　39
　――の先行研究　47
　――の台頭　87
　――の定義　30
　――の特性　34
　――の特徴　32
　――の捉え方　31
ファッション流通システム　5, 96, 97, 103, 114
　――の特徴　100

ファッドサイクル　120
付加的品質　25
服飾辞書　14
物的流通管理（Physical Distribution Management）　113
物流業務の効率化　156
部分的適応化（第Ⅳ象限）　56, 91, 186, 207, 212
部分的適用化（第Ⅱ象限）　56, 91, 166, 211, 212
プロダクション・チーム（PT；Production Team）　177
プロダクト・アウト（product-out）型　82, 139
　――生産供給体制　159
文化構造　55
分社型アウトソーシング　190, 197
並行輸入方式　108
防衛型戦略的提携　186, 214
防衛型提携　174
　――戦略　185, 213
包括的戦略提携　171
ポリエステル　47

マ行

マーケット・イン（market-in）型　83, 139, 140, 156
　――供給体制　165
　――体制　159
マーケット・セグメンテーション　81
マーケティング
　――・インフラストラクチャー　56
　――慣行の移転　42
　――技術の移転　41, 42
　――技術の導入　39
　――・コンセプト　42, 127, 128
　――志向　87
　――戦略　87
　――・チャネル（marketing channel）　98, 115
　――定義　31
　――の導入　43
　――の本格的導入　45
マーチャンダイザー　33
マーチャンダイジング　23, 24, 33, 34, 88
　――計画　65
　――政策　157

マネジリアル・マーケティング　45,66
丸松商店の事例　161

ヤ行

やや広義のファッション産業　75,76
輸出　124
輸入アパレルの流通チャネル　107
輸入総代理店方式　108

ラ行

ライセンス契約　125
リードタイム　156
　——の短縮　161
流行　21
流通システム　95,115,212
　——の概念　97
　——の系列化　115
　——の国際比較　95
流通チャネル戦略　67,211

流通チャネルの形態　98
流通チャネルの標準化戦略　114,115
流通の系列化　212
流通の国際研究　96
流通の国際比較　95
量的拡大期　89
類似国グループ化方式　130
レジデント・バイイング・オフィス
　　　（Resident buying office）　107
レナウン「07fun」の事例　205
ロジスティックス・システム構築　182

ワ行

ワコール
　——社と丸松商店との比較　162
　——社のシステムの特徴　160
　——のJANソースマーキングに関するシステムの展開　160
　——の事例　159

著者紹介

鄭　玹朱（チョン　ヒョンジュ）

中央大学大学院商学研究科博士課程修了（商学博士）
中央大学商学部非常勤講師
現在，別府大学国際経営学部国際経営学科教授，
　　久留米大学商学部非常勤講師
専攻分野：マーケティング論，国際マーケティング論，ファッショ
　　　　　ン・マーケティング論，地域マーケティング論
主要論文
「ファッション産業における戦略的提携に関する研究―日韓の国際比較の視点から―」『アジア経営研究』第11号，アジア経営学会，2005年。
「日本における「初期」のファッション・マーケティング技術の移転とその展開に関する研究」『久留米大学商学研究』第11巻第1号，2005年。
「グローバル競争時代におけるファッション・マーケティング戦略に関する理論的研究」（博士学位論文，中央大学），2006年。
などがある。

グローバル・ファッションマーケティングの構図と戦略
―理論と事例研究―

2008年9月20日　第1版第1刷発行	検印省略
2023年3月20日　第1版第6刷発行	

著　者　鄭　　　玹　　朱

発行者　前　　野　　　隆

発行所　株式会社　文　眞　堂
　　　　東京都新宿区早稲田鶴巻町533
　　　　電話　03（3202）8480
　　　　FAX　03（3203）2638
　　　　http://www.bunshin-do.co.jp
　　　　郵便番号$_{00041}^{162-}$振替00120-2-96437

製作・モリモト印刷
© 2008
定価はカバー裏に表示してあります
ISBN978-4-8309-4609-7　C3034